高等院校课程设计案例精编

Adobe Illustrator+Photoshop 平面设计经典课堂

魏砚雨　邱志茹　编著

清华大学出版社
北　京

内容简介

本书以Illustrator/Photoshop为写作平台，以平面设计综合应用为创作导向，围绕平面作品的创作展开讲解。书中的每个案例都给出了详细的操作步骤，并描述了操作过程中的设计技巧。

全书共分为9章，分别对Illustrator CC 2017/Photoshop CC 2017的工作界面、基本图形的绘制与填充、对象的编辑与管理、文本的创建、图层和蒙版的应用、图像色彩的调整等重要知识点进行了详细阐述，并针对明信片设计、标志设计、手机APP图标设计、宣传页设计、封面设计、海报设计、商品包装设计的方法和操作技巧做出细致讲解。本书结构清晰，思路明确，内容丰富，语言简练，既有鲜明的基础性，也有很强的实用性。

本书既可作为大中专院校及高等院校相关专业的教学用书，又可作为平面设计爱好者的学习用书。同时，还可作为社会各类Illustrator、Photoshop培训班的教材。

图书在版编目(CIP)数据

Adobe Illustrator +Photoshop平面设计经典课堂 / 魏砚雨，邱志茹编著. —北京：清华大学出版社，2019（2021.2重印）
（高等院校课程设计案例精编）

ISBN 978-7-302-53138-8

Ⅰ. ①A… Ⅱ. ①魏… ②邱… Ⅲ. ①图像处理软件 Ⅳ. ①TP391.413

中国版本图书馆CIP数据核字（2019）第110441号

责任编辑： 李玉茹
封面设计： 杨玉兰
责任校对： 吴春华
责任印制： 丛怀宇
出版发行： 清华大学出版社
　　网　　址： http://www.tup.com.cn，　http://www.wqbook.com
　　地　　址： 北京清华大学学研大厦A座　　**邮　　编：** 100084
　　社 总 机： 010-62770175　　**邮　　购：** 010-62786544
　　投稿与读者服务： 010-62776969，c-service@tup.tsinghua.edu.cn
　　质量反馈： 010-62772015，zhiliang@tup.tsinghua.edu.cn
印 装 者： 涿州汇美亿浓印刷有限公司
经　　销： 全国新华书店
开　　本： 185mm×260mm　　**印　　张：** 15.5　　**字　　数：** 364千字
版　　次： 2019年8月第1版　　**印　　次：** 2021年2月第3次印刷
定　　价： 69.00元

产品编号：082227-01

FOREWORD
前 言

为什么要学设计

随着社会的发展，人们对美好事物的追求与渴望，已达到了一个新的高度。这一点充分体现在了审美意识上，毫不夸张地讲，我们身边的美无处不在，大到园林建筑，小到平面海报，抑或是小门店也都要装饰一番，以凸显出自己的特色。这一切都是“设计”的结果，可以说生活中的很多元素都被有意或无意地设计过。俗话说：学设计饿不死，学设计高工资！那些有经验的设计师们，月薪过万元不是梦。正是因为这一点，很多人都投身于设计行业。

问：学设计可以就职哪类工作？求职难吗？

答：广为人知的设计行业包括室内设计、广告设计、UI 设计、珠宝设计、服装设计、环艺设计、影视动画设计……那么，你还在问求职难吗？

问：如何选择学习软件？

答：根据设计类型和就业方向，学习相关软件。例如，平面设计类的软件大同小异，重在设计体验。室内外设计软件各有侧重，贵在实际应用。各类软件之间也要配合使用，就像设计师要用 Photoshop 对建筑效果图做后期处理，为了让设计作品呈现更好的效果，有时会结合使用视频编辑软件与平面软件。

问：没有美术基础的人也可以学设计吗？

答：可以。设计类的专业有很多，并不是所有的设计专业都需要有美术功底，如工业设计、展示设计等。俗话说“艺术归结于生活”，学设计不但可以提高自身审美能力，还能有效地指引他人制作出更精良的作品。

问：设计该从何学起？

答：自学设计可以先从软件入手：位图、矢量图和排版。学会了软件可以胜任 90% 的设计工作，只是缺乏“经验”。设计是软件技术 + 审美 + 创意，其中软件学习比较容易掌握，而审美品位的提升则需要多欣赏优秀作品，只要不断学习，突破自我，就可以轻松掌握优秀的设计技术！

系列图书课程安排

本系列图书既注重单个软件的实操应用，又看重多个软件的协同办公，以“理论知识 + 实际应用 + 案例展示”为创作思路，向读者全面阐述各软件在设计领域的强大功能。在讲解过程中，结合各领域的实际应用，对相关的行业知识进行深度剖析，以辅助读者完成各种类型的设计工作。正所谓要“授人以渔”，读者不仅可以掌握这些设计软件的使用方法，还能利用它独立完成作品的创作。本系列图书包含以下作品：

- 《3ds max 建模技法经典课堂》
- 《3ds max+Vray 效果图表现技法经典课堂》
- 《SketchUp 草图大师建筑 • 景观 • 园林设计经典课堂》
- 《AutoCAD + 3ds max + Vray 室内效果图表现技法经典课堂》
- 《AutoCAD + SketchUp + Vray 建筑室内外效果表现技法经典课堂》
- 《Adobe Photoshop CC 图像处理经典课堂》
- 《Adobe Illustrator CC 平面设计经典课堂》
- 《Adobe InDesign CC 版式设计经典课堂》
- 《Adobe Photoshop + Illustrator 平面设计经典课堂》
- 《Adobe Photoshop + CorelDRAW 平面设计经典课堂》
- 《Adobe Premiere Pro CC 视频编辑经典课堂》
- 《Adobe After Effects CC 影视特效制作经典课堂》
- 《HTML5+CSS3 网页设计与布局经典课堂》
- 《HTML5+CSS3+JavaScript 网页设计经典课堂》

配套资源获取方式

需要获取本书配套实例、教学视频的教师可以发送邮件至 619831182@qq.com 或添加微信号 DSSF007 回复“经典课堂”，制作者会在第一时间将其发至您的邮箱。

适用读者群体

- ☑ 网页美工人员；
- ☑ 平面设计和印前制作的人员；
- ☑ 平面设计培训班学员；
- ☑ 大中专院校及高等院校相关专业师生；
- ☑ 平面设计爱好者自学用书；
- ☑ 从事艺术设计工作的初级设计师。

作者团队

本系列图书由魏砚雨、邱志茹编著。其他参与编写的人员还有黄春风、伏凤恋、王春芳、杨继光、李瑞峰、王银寿、李保荣，在此对他们的辛苦付出表示真诚的感谢。

致谢

为了使本系列图书尽可能满足读者的需要，许多人付出了辛勤的劳动。在此，向参与本书出版工作的“ACAA 教育集团”和“Autodesk 中国教育管理中心”的领导及老师、米粒儿设计团队成员等致以诚挚谢意。同时感谢清华大学出版社的所有编审人员为本系列图书的出版所付出的辛勤劳动。本系列图书在编写过程中力求严谨细致，由于时间仓促、精力有限，书中难免会出现疏漏和不妥之处，希望读者朋友批评指正，万分感谢！

读者朋友在阅读本系列图书时，如遇与本书有关的技术问题，可通过微信号 dssf2016 进行咨询，或者在获取资源的公众平台上留言，我们将在第一时间为您解答。

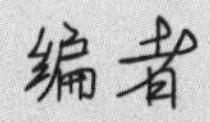

本书知识结构导图

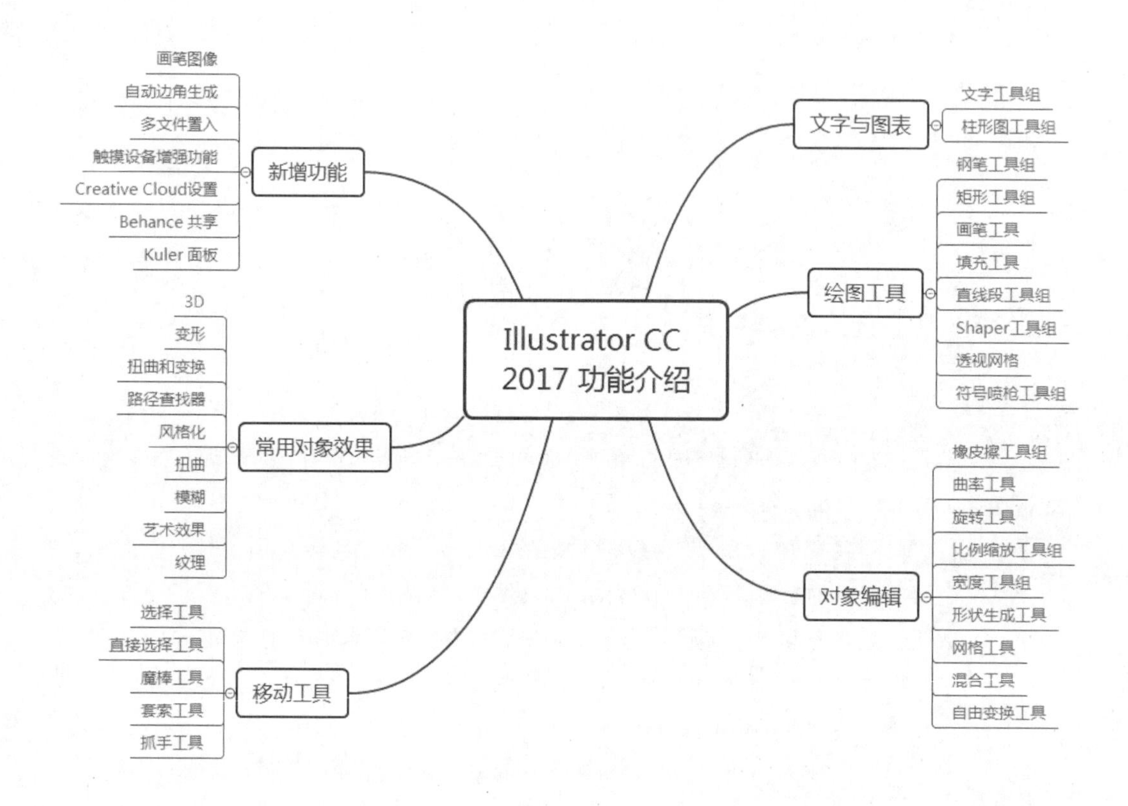

Illustrator CC 2017 功能介绍
新增功能
画笔图像
自动边角生成
多文件置入
触摸设备增强功能
Creative Cloud设置
Behance 共享
Kuler 面板
常用对象效果
3D
变形
扭曲和变换
路径查找器
风格化
扭曲
模糊
艺术效果
纹理
移动工具
选择工具
直接选择工具
魔棒工具
套索工具
抓手工具
文字与图表
文字工具组
柱形图工具组
绘图工具
钢笔工具组
矩形工具组
画笔工具
填充工具
直线段工具组
Shaper工具组
透视网格
符号喷枪工具组
对象编辑
橡皮擦工具组
曲率工具
旋转工具
比例缩放工具组
宽度工具组
形状生成工具
网格工具
混合工具
自由变换工具

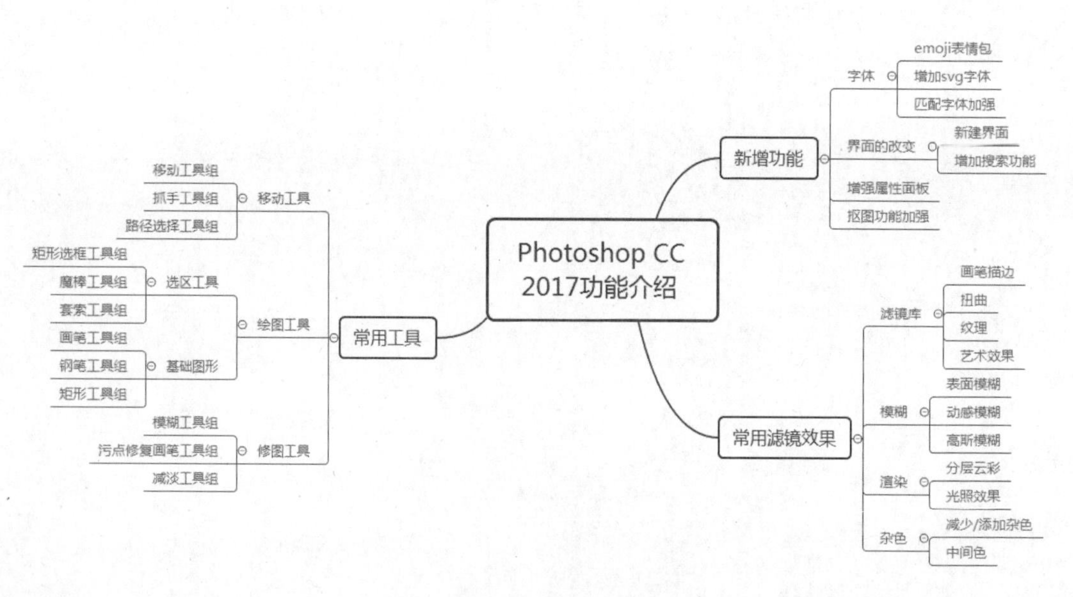

Photoshop CC 2017功能介绍
常用工具
移动工具
移动工具组
抓手工具组
路径选择工具组
绘图工具
选区工具
矩形选框工具组
魔棒工具组
套索工具组
基础图形
画笔工具组
钢笔工具组
矩形工具组
修图工具
模糊工具组
污点修复画笔工具组
减淡工具组
新增功能
字体
emoji表情包
增加svg字体
匹配字体加强
界面的改变
新建界面
增加搜索功能
增强属性面板
抠图功能加强
常用滤镜效果
滤镜库
画笔描边
扭曲
纹理
艺术效果
模糊
表面模糊
动感模糊
高斯模糊
渲染
分层云彩
光照效果
杂色
减少/添加杂色
中间色

CONTENTS
目 录

CHAPTER / 01
Illustrator CC 知识准备

CHAPTER / 02
Photoshop CC 知识准备

CONTENTS

CHAPTER / 03

明信片设计

CHAPTER / 04

标志设计

CHAPTER / 05

手机 APP 图标设计

CHAPTER / 06

宣传页设计

CHAPTER / 07

封面设计

CONTENTS

CHAPTER / 08

海报设计

CHAPTER / 09

商品包装设计

CHAPTER 01

Illustrator CC 知识准备

本章概述 SUMMARY

Illustrator 是 Adobe 公司开发的基于矢量图形的优秀软件，并对位图具有一定的处理能力。使用 Illustrator 可以创建光滑细腻的艺术作品，如插画、广告图形等。Illustrator 与 Photoshop 有着类似的操作界面和组合键，并能共享一些插件和功能，是众多设计师、插画师的最爱。

■ 学习目标

√ 熟练应用基本图形的绘制与填充
√ 熟练应用对象的编辑与管理
√ 熟练应用文本的设置与编辑
√ 熟练应用对象效果
√ 熟练应用外观与样式

◎为对象应用效果

◎径向模糊

1.1 初识 Illustrator CC 2017

Illustrator CC2017 的工作界面主要由标题栏、菜单栏、工具箱、面板、页面区域、滚动条、状态栏等部分组成，如图 1-1 所示。

图 1-1

- 标题栏：位于窗口的最上方，用于显示当前软件的名称。右侧为【转到 Bridge】和【排列文档】的快捷按钮。
- 菜单栏：包括文件、编辑、对象、文字等 9 个主菜单，每一个菜单又包括多个子菜单，通过执行这些命令来完成各种操作。
- 工具箱：包括了 Illustrator CC 中所有的工具，大部分工具还有其展开式工具栏，里面包含了与该工具功能相类似的工具，可以更方便、快捷地进行绘图与编辑。
- 面板：Illustrator CC 最重要的组件之一，在面板中可设置数值和调节功能。面板可根据需要分离或组合，具有很大的灵活性。
- 页面区域：指工作界面中间黑色实线的矩形区域，这个区域的大小就是用户设置的页面大小。
- 滚动条：当屏幕内不能完全显示出整个文档时，通过对滚动条的拖动来实现对整个文档的浏览。
- 状态栏：显示当前文档视图的显示比例、当前正在使用的工具和时间、日期等信息。

■ 1.1.1 新建文件

启动 Illustrator CC 软件，执行【文件】|【创建】命令或按下 Ctrl+N 组合键，弹出【新建文档】对话框，如图 1-2 所示。

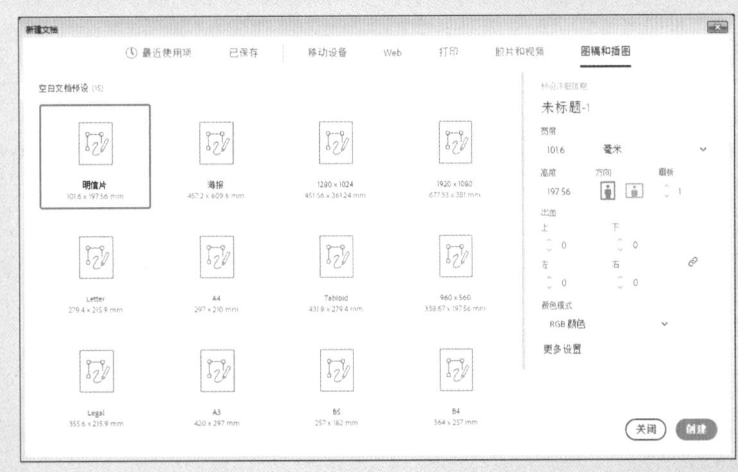

图 1-2

> **操作技法**
>
> 按下 Ctrl+Alt+N 组合键，可不通过对话框，直接创建一个新文件，其参数以上次设置的【新建文件】的参数为准。新建文件时，按下 Ctrl+Shift+N 组合键，可打开【从模板新建】对话框，在软件自带的模板上进行设计创作。

对话框中的各项参数如下。

- 名称：可以在该文本框中输入新建文件的名称，默认状态下为“未标题 -1”。
- 配置文件：选择系统预定的不同尺寸类别。
- 画板数量：定义视图中画板的数量，当创建 2 个或 2 个以上的画板时，可定义画板在视图中的排列方式、间隔距离等选项。
- 大小：可以在下拉列表框中选择软件已经预置好的页面尺寸，也可以在【宽度】和【高度】参数栏中自定义文件尺寸。
- 单位：在下拉列表框中选择文档的度量单位，默认状态下为“毫米”。
- 取向：用于设置新建页面是竖向还是横向排列。
- 出血：可设置出血参数值，当数值不为 0 时，可在创建文档的同时，在画板四周显示设置的出血范围。
- 颜色模式：用于设置新建文件的颜色模式。
- 栅格效果：为文档中的栅格效果指定分辨率。
- 预览模式：为文档设置默认预览模式，可以使用【视图】菜单更改此选项。

在【新建文档】对话框内的【预览模式】下拉列表中，“默认值”模式是在矢量视图中以彩色显示在文档中创建的图稿。放大或缩小时将保持曲线的平滑度。“像素”模式是显示具有栅格化（像素化）外观的图稿。它不会对内容进行栅格化，而是显示模拟的预览。“叠印”模式提供“油墨预览”，以模拟混合、透明和叠印在分色输出中的显示效果。

1.1.2 储存文件

执行【文件】|【存储】命令，或按下 Ctrl+S 组合键，弹出【存储为】对话框。在对话框中输入要保存文件的名称，设置保存文件的位置和类型，单击【保存】按钮，如图 1-3 所示。

存储为
库 ▸ 文档 ▸
搜索 文档
文件名(N): 未标题-1
保存类型(T): Adobe Illustrator (*.AI)
使用画板(U)
全部(A)
范围(G):
1
浏览文件夹(B)
保存(S)
取消

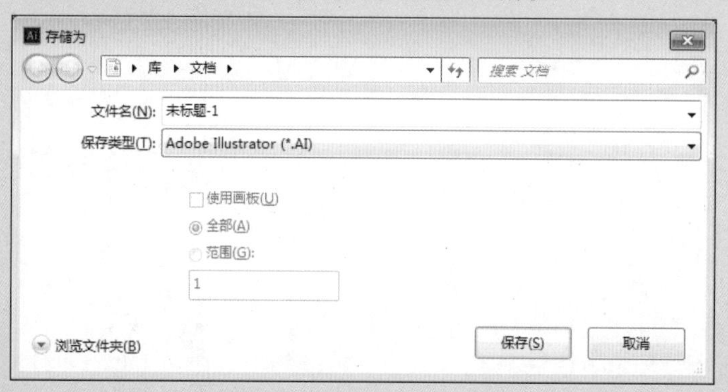

图 1-3

若是既要保留修改过的文件，又不想放弃原文件，执行【文件】|【存储为】命令，或按 Ctrl+Shift+S 组合键，打开【存储为】对话框，在对话框中为修改过的文件重新命名，并设置路径和类型，单击【保存】按钮，原文件保持不变，修改过的文件被另存为一个新的文件。

1.1.3 导出文件

执行【文件】|【导出】命令，弹出【导出】对话框，在【文件名】下拉列表框中重新输入文件的名称，在【保存类型】下拉列表框中设置导出的文件类型，以便在指定的软件系统中打开导出的文件，单击【保存】按钮，在弹出的对话框中设置所需要的选项后，单击【确定】按钮，完成导出操作，如图 1-4 所示。

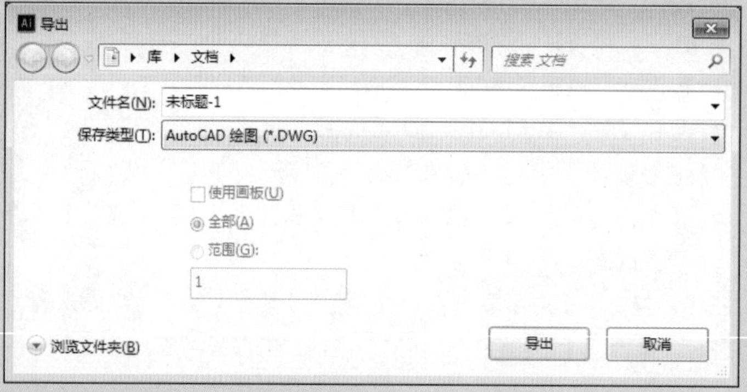

导出
库 ▸ 文档 ▸
搜索 文档
文件名(N): 未标题-1
保存类型(T): AutoCAD 绘图 (*.DWG)
使用画板(U)
全部(A)
范围(G):
1
浏览文件夹(B)
导出
取消

图 1-4

1.2　基本图形的绘制与填充

在 Illustrator 工具箱中，有多个绘制基本图形的工具，如【矩形工具】、【圆角矩形工具】、【椭圆工具】等，利用这些工具可以绘制出简单的矩形、圆角矩形、圆形等图形。

1.2.1　绘制直线与曲线

线形工具是指【直线段工具】、【弧形工具】、【螺旋线工具】、【矩形网格工具】、【极坐标网格工具】，使用这些工具可以创建出由线段组成的各种图形，这里主要介绍绘制直线与曲线的方法。

1. 绘制直线

选择【直线段工具】，在视图中单击鼠标左键并拖动，松开鼠标后完成直线段的绘制。

2. 绘制曲线

选择【弧形工具】，在页面上拖动鼠标。如果要绘制精确的弧线，选择【弧形工具】后，在画板中单击鼠标，弹出【弧线段工具选项】对话框，设置各项参数，如图 1-5、图 1-6 所示。

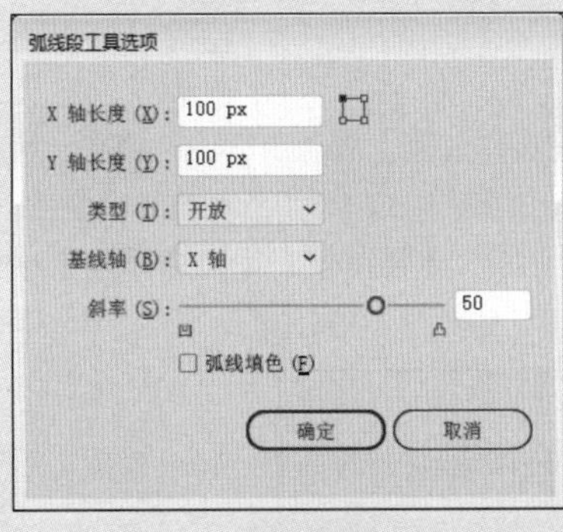

图 1-5

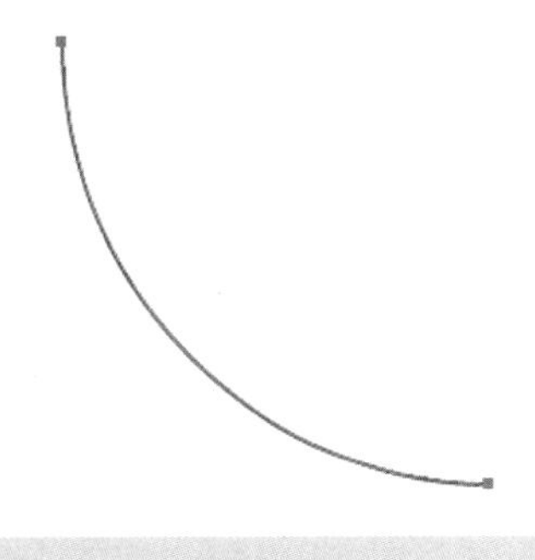

图 1-6

对话框中各选项的介绍如下。

- X 轴长度：用来确定弧线在 X 轴上的长度。
- Y 轴长度：用来确定弧线在 Y 轴上的长度。
- 类型：在【类型】下拉列表框中可选择弧线的类型，有开放型弧线和闭合型弧线。
- 基线轴：选择所使用的坐标轴。
- 斜率：用来控制弧线的凸起与凹陷程度。

1.2.2　绘制几何图形

在 Illustrator 工具箱中，有多个绘制基本图形的工具，如【矩形工具】▭、【圆角矩形工具】▢、【椭圆工具】◯等，利用这些工具可以绘制出简单的矩形、圆角矩形、圆形等图形。

1. 绘制矩形

选择【矩形工具】▭，在页面中的任意位置单击鼠标，弹出【矩形】对话框，根据需要在【宽度】和【高度】参数栏中进行设置，可设置的参数值范围为 0~5779mm，单击【确定】按钮，在页面中显示相应大小的矩形，单击【取消】按钮，将关闭对话框并取消绘制矩形的操作，如图 1-7 所示。

直接拖动鼠标也可绘制矩形，但矩形的尺寸需要后期设置。选择【矩形工具】▭，单击鼠标左键并拖动，如图 1-8 所示。松开鼠标，完成矩形的绘制，如图 1-9 所示。

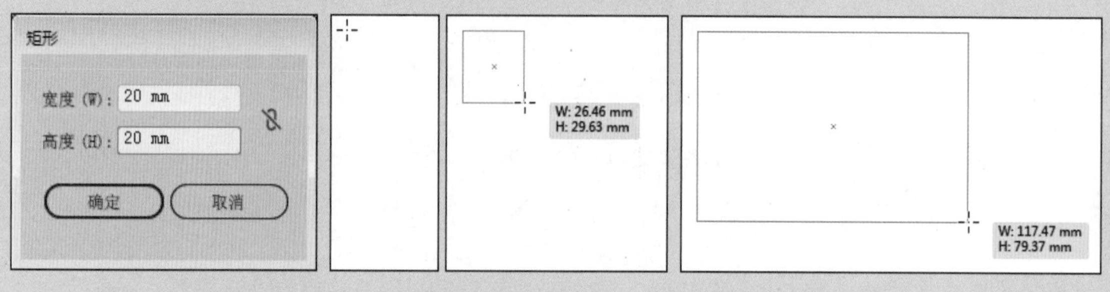

图 1-7　　图 1-8　　图 1-9

2. 绘制圆角矩形

选择【圆角矩形工具】▢，在工作页面上拖动鼠标进行绘制。如果要绘制精确的圆角矩形，选择【圆角矩形工具】▢，在页面中单击，弹出【圆角矩形】对话框，在【宽度】、【高度】、【圆角半径】参数栏中输入数值，单击【确定】按钮，如图 1-10 所示。

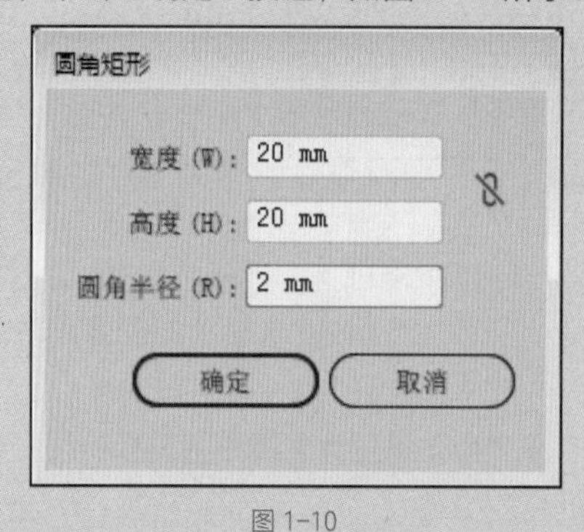

图 1-10

操作技法

在绘制圆角矩形过程中，按住上箭头或下箭头键，可以改变圆角矩形的半径大小；按住左箭头键，可使圆角变成最小半径值；按住右箭头键，可使圆角变成最大半径值。在绘制圆角矩形过程中，按住 Shift 键，可以绘制圆角正方形；按住 Alt+Shift 组合键，可以绘制以起点为中心的圆角正方形。

3. 绘制椭圆形与圆形

选择【椭圆工具】◯，在页面上拖动鼠标。或在页面中单击，弹出【椭圆】对话框，在【宽度】和【高度】参数栏中输入数值，单击【确定】按钮，如图 1-11 所示。

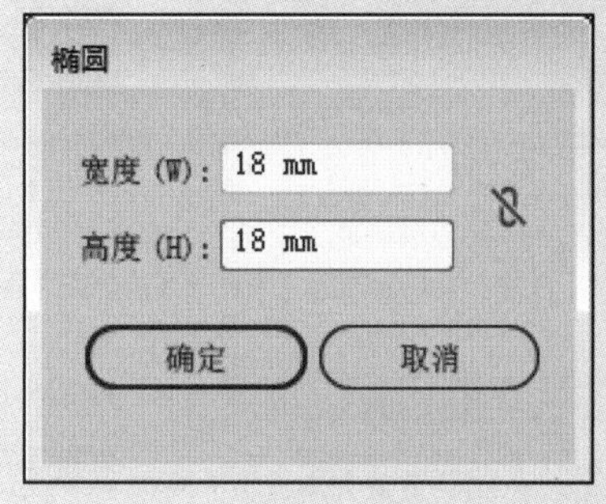

图 1-11

4. 绘制星形

选择【星形工具】，在页面中单击，弹出【星形】对话框，在【半径 1】参数栏中设置图形内侧点到星形中心的距离，【半径 2】参数栏中设置图形外侧点到星形中心的距离，【角点数】参数栏中设置图形的角数，如图 1-12、图 1-13 所示。

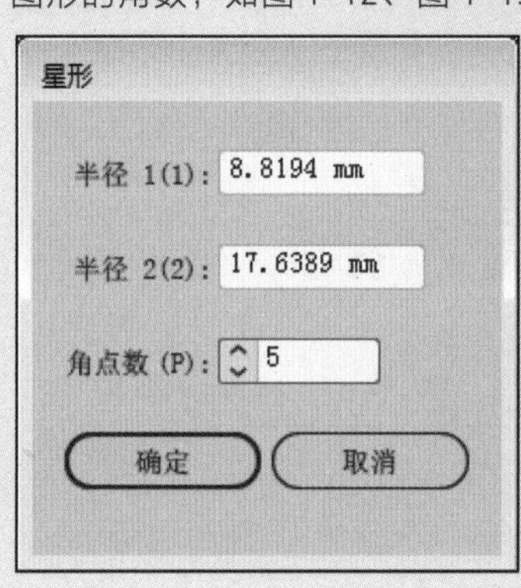

图 1-12

图 1-13

> 操作技法
>
> 在绘制椭圆形的过程中，按住 Shift 键，可以绘制正圆形；按住 Alt+Shift 组合键，可以绘制以起点为中心的正圆形。

1.2.3 设置填充与描边

给图形设置不同的颜色，会产生不同的感觉。使用 Illustrator 中的各种工具、面板和对话框可以为图形设置颜色。

1. 填充颜色

在 Illustrator 软件中，颜色填充有两种方法：一是在【颜色】面板中设置填充颜色；二是在【色板】面板中选择颜色并进行填充。下面详细介绍这两种填充方式。

（1）【颜色】面板。

执行【窗口】|【颜色】命令，弹出【颜色】面板，单击面板右上角的按钮，在弹出的菜单中选择当前取色时使用的颜色模式，可使用不同颜色模式显示颜色值，如图 1-14 所示。

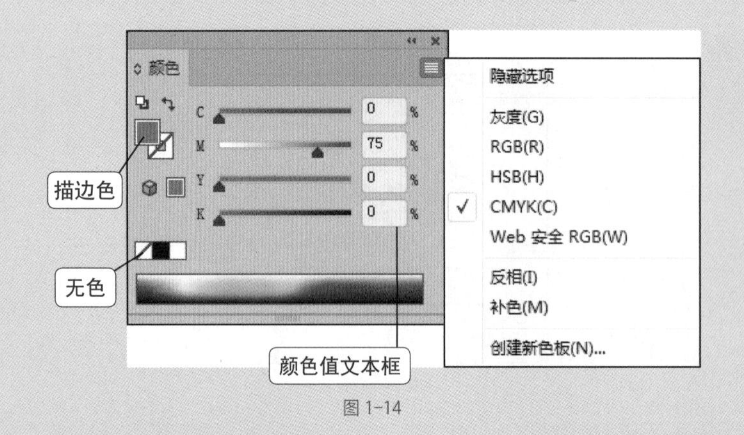

图 1-14

（2）【色板】面板。

执行【窗口】|【色板】命令，弹出【色板】面板，提供了多种颜色、渐变和图案，还可以添加并存储自定义的颜色、渐变和图案，如图 1-15 所示。

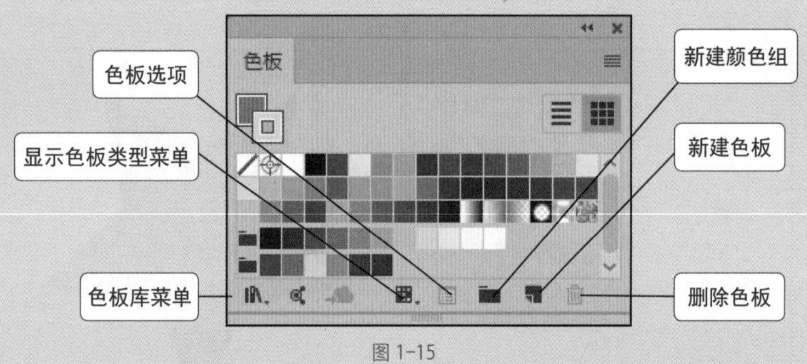

图 1-15

色板库是预设颜色的集合，执行【窗口】|【色板库】命令或单击【色板库菜单】按钮，可以打开色板库。执行【窗口】|【色板库】|【其他库】命令，在弹出的对话框中可以将其他文件中的色板样本、渐变样本和图案样本导入【色板】面板中。

单击【显示色板类型菜单】按钮，并选择一个命令。选择【显示所有色板】命令，可以使所有的样本显示出来；选择【显示颜色色板】命令，仅显示颜色样本；选择【显示渐变色板】命令，仅显示渐变样本；选择【显示图案色板】命令，仅显示图案样本；选择【显示颜色组】命令，仅显示颜色组。

双击【色板】面板中的颜色缩略图，弹出【色板选项】对话框，设置其颜色属性，如图 1-16 所示。

2. 渐变填充

在 Illustrator CC 中，创建渐变效果有两种方法，一是使用【渐变工具】，二是使用【渐变】面板，设置选定对象的渐变颜色；还可以直接使用【样本】面板中的渐变样本。

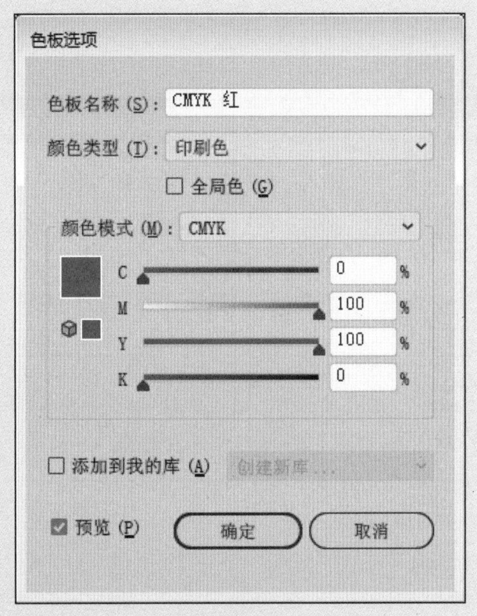

图 1-16

如果需要精确地控制渐变颜色的属性，就需要使用【渐变】面板。执行【窗口】|【渐变】命令，弹出【渐变】面板，如图 1-17 所示。

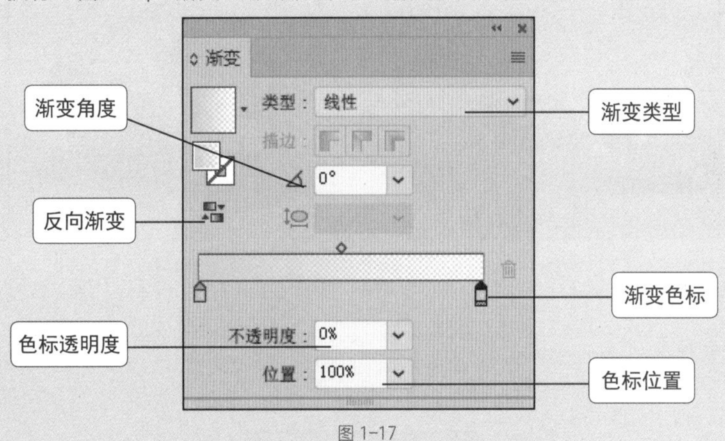

图 1-17

在渐变条下方单击，添加一个色标，在【颜色】面板中调配颜色，可以改变添加的色标颜色，也可按住 Alt 键复制色标。用鼠标按住色标不放并将其拖动到【渐变】面板外，可直接删除色标。

渐变颜色由渐变条中的一系列色标决定，色标是渐变从一种颜色到另一种颜色的转换点。选择【线性】或【径向】渐变类型；在【角度】参数栏中显示当前的渐变角度，输入数值后按 Enter 键可改变渐变的角度；单击渐变条下方的渐变色标，在【位置】参数栏中显示出该色标的位置，拖动色标可改变该色标的位置，如图 1-18 所示；调整渐变色标的中点（使两种色标各占 50% 的点），可以拖动位于渐变条上方的菱形图标，或选择图标并在【位置】参数栏中输入0~100的值，如图1-19所示。

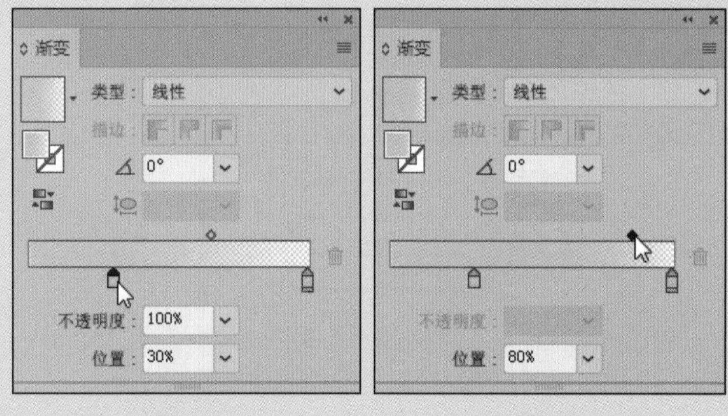

图 1-18　　　　图 1-19

3. 图案填充

在【色板】面板中提供了多种图案可供选择，选中对象后单击所需图案样本即可，如图 1-20、图 1-21 所示。

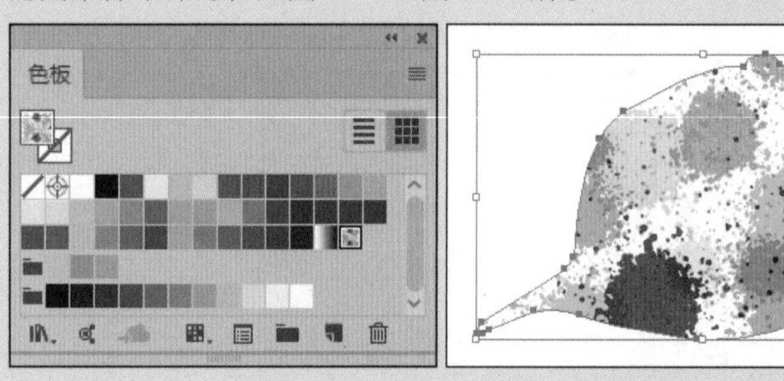

图 1-20　　　　图 1-21

4. 描边

执行【窗口】|【描边】命令，弹出【描边】面板，如图 1-22 所示。

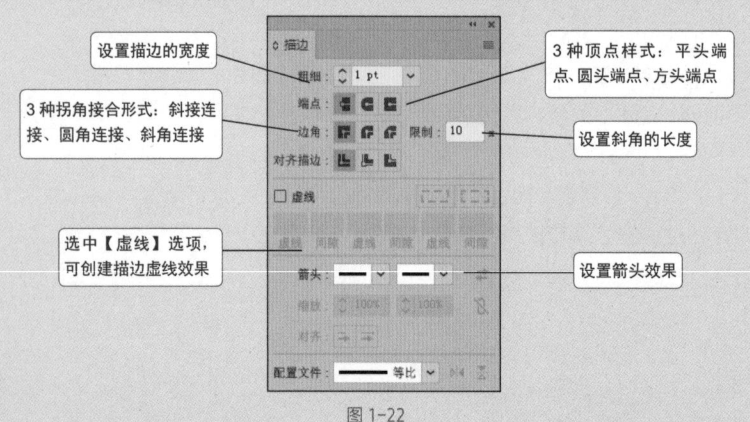

图 1-22

1.3　对象的编辑与管理

为了更有效地管理画面中的图形对象，可合理地设置对象的对齐与分布，使画面看起来更加规整、舒适。在 Illustrator CC 中，对象的移动、变换、复制、群组等内容是最基本的操作技能，本节将介绍这些基本的操作方法。

1.3.1　对象的基本变换

对象的编辑主要包括对象的移动、旋转、缩放、分布等。在 Illustrator CC 中，配备了多种对象操作工具，包括用于选取对象的选择工具、直接选择工具、编组选择工具等；用于变换对象的旋转工具、比例缩放工具、自由变换工具等。此外，还可通过相关的对话框和调板来实现对象操作。

1. 移动对象

单击【选择工具】▶工具，选择需要移动的对象，按住鼠标左键并拖动。在选中对象的状态下，按下键盘的上、下、左、右方向键可进行位置的微调。

如果要进行精准的移动，选中要移动的对象，执行【对象】|【变换】|【移动】命令或按 Ctrl+Shift+M 组合键，弹出【移动】面板，如图 1-23 所示。

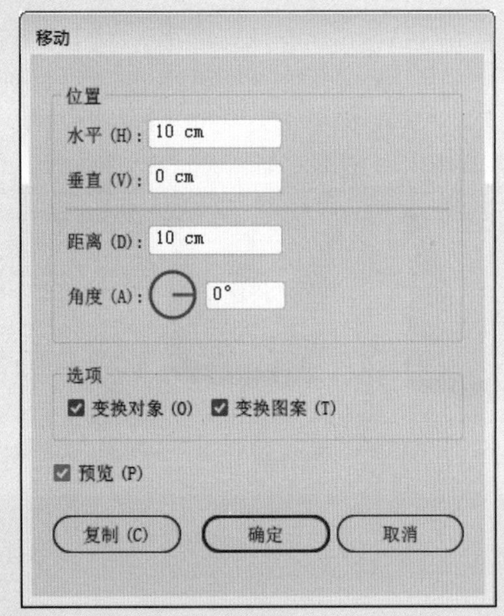

图 1-23

2. 缩放对象

单击【比例缩放工具】，选择对象，出现中心控制点，在中心控制点上单击鼠标并拖动可以移动中心控制点的位置，在对象上拖动可以缩放对象，如图 1-24、图 1-25 所示。

图 1-24　　图 1-25

> **操作技法**
> 在移动的同时按住 Alt 键，可以复制相应的对象。

3. 镜像对象

镜像对象指的是将对象翻转过来。直接拖动左边或右边的控制手柄到另一边，可以得到水平镜像。直接拖动上边或下边的控制手柄到另一边，可以得到垂直镜像。按住 Alt+Shift 组合键，拖动控制手柄到另一边，对象会成比例地沿对角线方向镜像。按住 Alt 键，拖动控制手柄到另一边，对象会成比例地从中心镜像。

> **操作技法**
> 镜像对象可以通过两种方法实现。第一种：使用边界框，单击【选择工具】，选取要镜像的对象，按住鼠标左键拖动控制手柄到另一边，直到出现对象的蓝色虚线，松开鼠标就可得到不规则的镜像对象。第二种：双击【镜像工具】或执行【对象】|【变换】|【镜像】命令，弹出【镜像】对话框，选择沿水平轴或垂直轴生成镜像，在【角度】数值框中输入角度，则沿着此倾斜角度的轴进行镜像。单击【复制】按钮可在镜像时进行复制。

4. 旋转对象

选择【旋转工具】，单击并拖动鼠标即可旋转对象，对象围绕旋转中心旋转。Illustrator CC 默认的旋转中心是对象的中心点，在视图中任意位置双击鼠标，可将旋转中心移动到双击的点上，改变旋转中心，使对象旋转到新的位置，如图 1-26、图 1-27 所示。

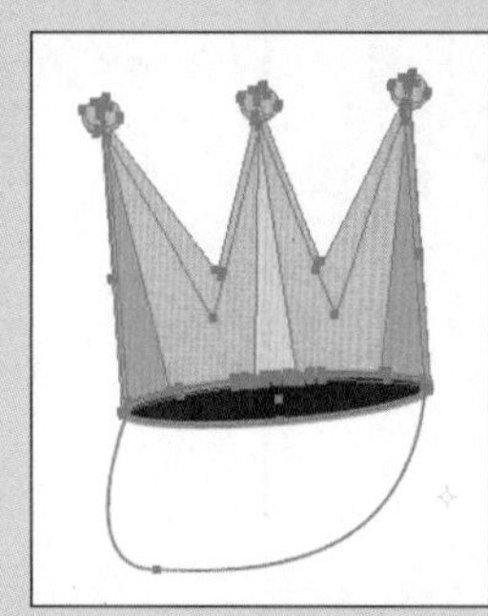

图 1-26

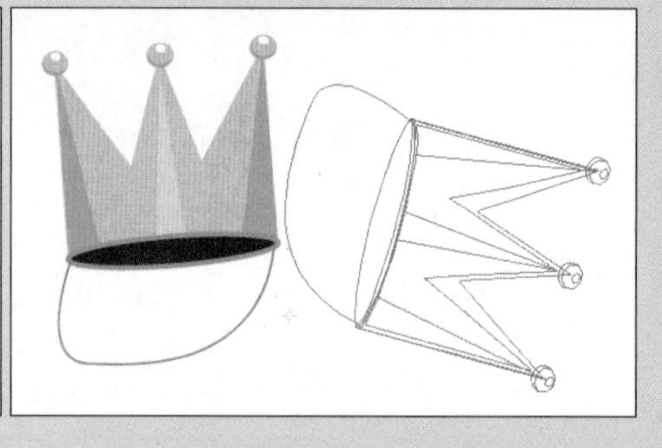

图 1-27

5. 倾斜对象

双击【倾斜工具】或执行【对象】|【变换】|【倾斜】命令，

弹出【倾斜】对话框，如图 1-28 所示。

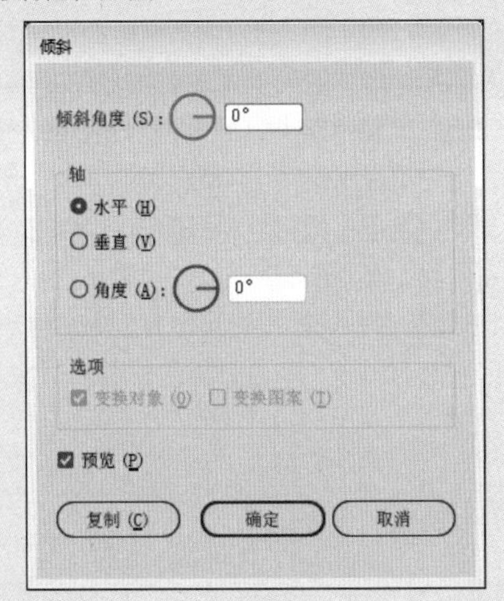

图 1-28

在 Illustrator CC 中，对象的复制和删除是比较常见的操作，当用户需要得到一个与所绘制的图形完全相同的对象，或者想要尝试某种效果而不想破坏原对象时，可创建该对象的副本。

6. 复制对象

执行【编辑】|【复制】命令，或按住 Ctrl+C 组合键，可将所选择的信息输送到剪贴板中。

在使用剪贴板时，可根据需要对其进行设置，步骤如下。

执行【编辑】|【首选项】|【文件处理和剪贴板】命令，弹出【首选项】对话框，如图 1-29 所示。

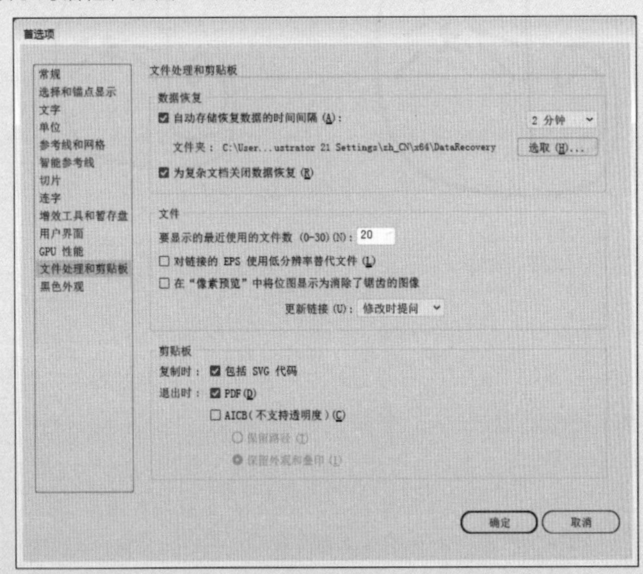

图 1-29

在【退出时】选项组中有两个复选框，它们分别为：

- PDF：选中该复选框后，在复制文件时会保留图形的透明度。
- AICB：当选择此选项时将不复制对象的透明度。它会将完整的有透明度的对象转换成多个不透明的小对象，它下面有两个单选按钮，选中【保留路径】单选按钮，将选定对象作为一组路径进行复制；选中【保留外观和叠印】单选按钮，它将复制对象的全部外观，如对象应用的滤镜效果。

在该对话框【退出时，剪贴板内容的复制方式】选项组中，可以设置文件复制到剪贴板的格式。单击【确定】按钮，这时再进行复制时，所做的设置就会生效。

1.3.2 编辑路径对象

路径创建完成后，可以根据需要对路径进行编辑。执行【对象】|【路径】命令，在弹出的下拉菜单中选择编辑路径对象。

1. 连接

连接可以将开放的路径闭合，也可以将多个路径连接在一起。选中要连接在一起的路径，如图 1–30 所示。

执行【对象】|【路径】|【连接】命令，或按 Ctrl+J 组合键，即可看到路径被连接上，如图 1–31 所示。如果需打开的文件在之前使用过，可在开始界面的右侧列表中通过单击将其打开。

图 1–30　　图 1–31

2. 平均

平均是将所选择的锚点排列在同一条水平线或垂直线上。选中画面中的卡通形象，如图 1–32 所示。

执行【对象】|【路径】|【平均】命令，或按 Ctrl+Alt+J 组合键，弹出【平均】面板。在面板中将轴设置为水平、垂直或两者兼有，如图 1–33 所示。选择轴为垂直，所有的锚点都排列在一条垂直线上，如图 1–34 所示。

图 1-32

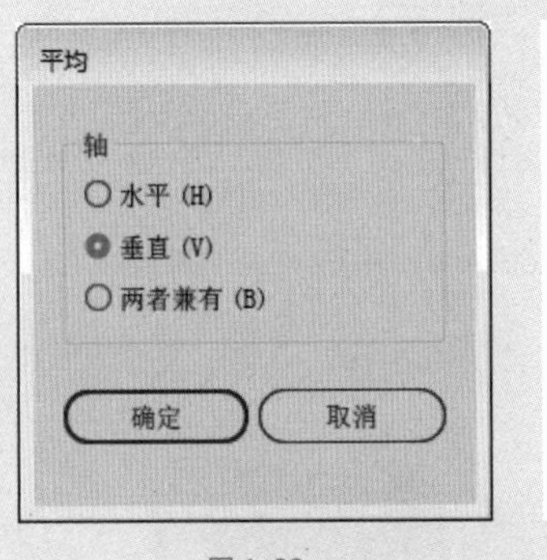

图 1-33

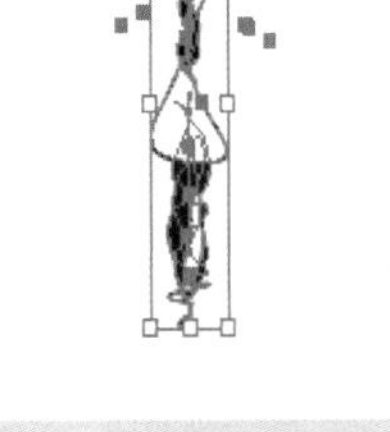

图 1-34

3. 轮廓化描边

轮廓化描边：描边的对象是依附于路径存在的，执行轮廓化描边后可以将路径转换为独立的填充对象。选中画面中的圆形，如图 1-35 所示。

执行【对象】|【路径】|【轮廓化描边】命令，选择描边进行拖拽，描边部分将被转换为轮廓，设置填充和描边内容的对象，如图 1-36 所示。

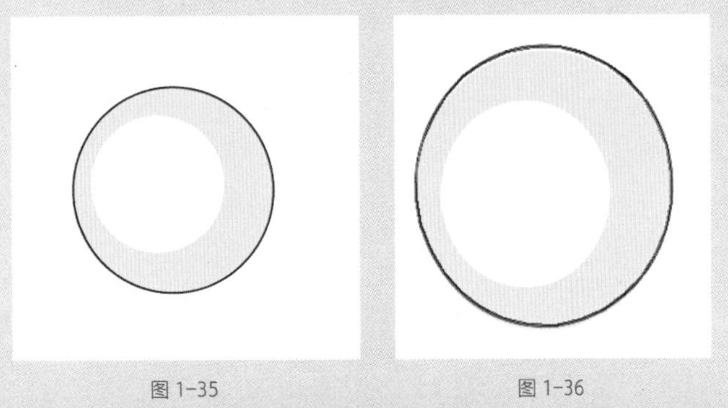

图 1-35　　图 1-36

4. 偏移路径

偏移路径可对路径的位置进行扩大或收缩调整。选中青色的圆角矩形，如图 1-37 所示。

执行【对象】|【路径】|【偏移路径】命令，设置参数，如图 1-38 所示。当数值为正值时，路径的范围变大，效果如图 1-39 所示。

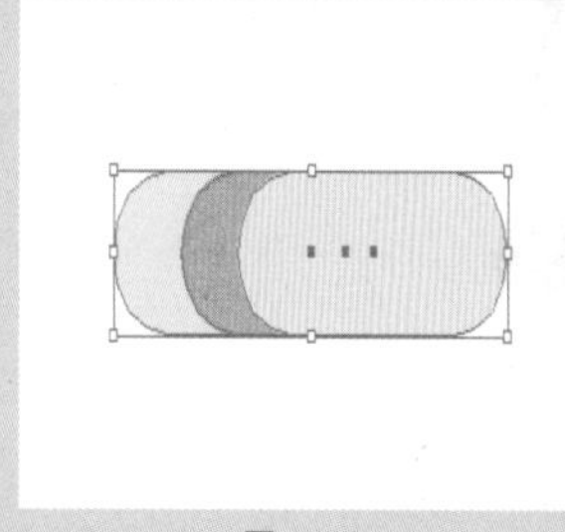

图 1-37

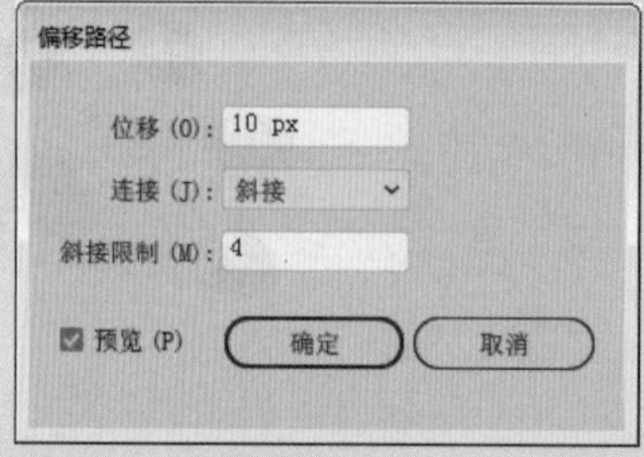

图 1-38

图 1-39

5. 添加锚点

选择图形，执行【对象】|【路径】|【添加锚点】命令，在路径上均匀地添加锚点，如图 1-40、图 1-41 所示。

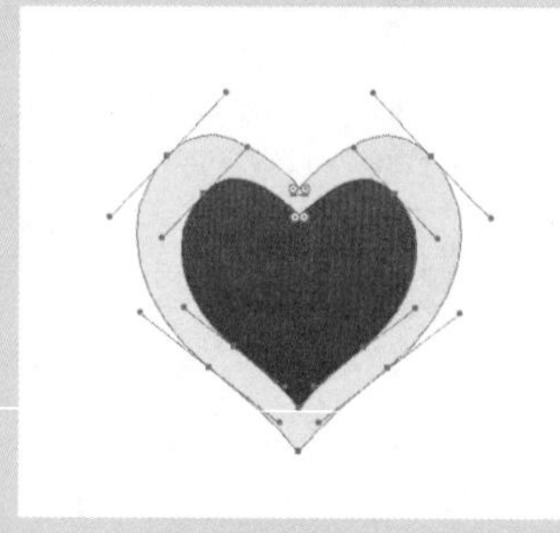

图 1-40

图 1-41

6. 移去锚点

选中需要删除的锚点，执行【对象】|【路径】|【移去锚点】或按 Delete 键，即可删除所选锚点。

7. 路径查找器

路径查找器面板可对重叠的对象通过指定的运算后形成复杂的路径，以得到新的图形对象，是图形设计、标志设计常用的功能。

选中图形，执行【窗口】|【路径查找器】命令或按 Shift+Ctrl+F9 组合键，弹出【路径查找器】面板，如图 1-42、图 1-43 所示。

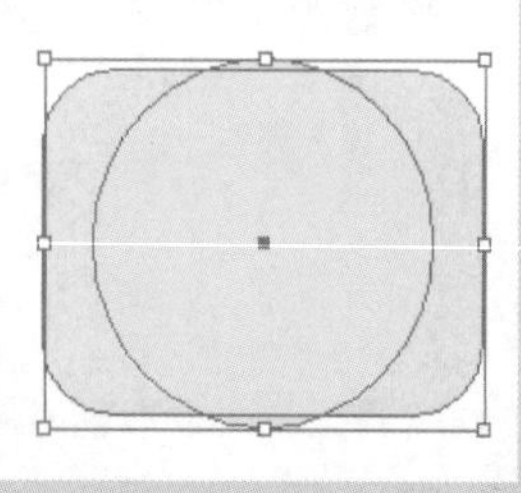

图 1-42

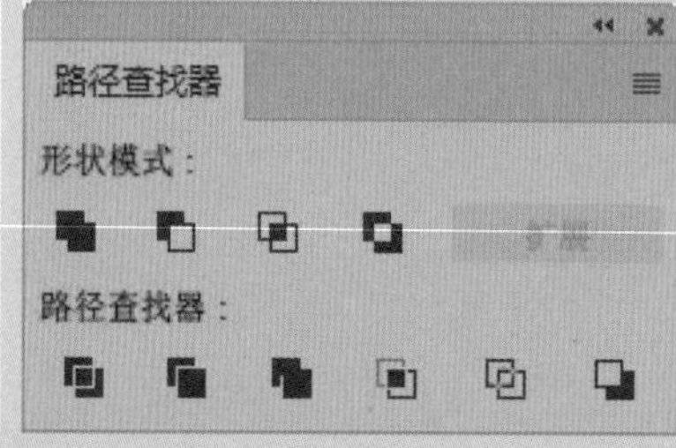

图 1-43

选择需要操作的对象，在【路径查找器】面板中单击相应的按钮，即可实现不同的应用效果。

【路径查找器】面板中各选项介绍如下。

- 联集：描摹所有对象的轮廓，就像是已合并的对象一样。
- 减去顶层：从最后面的对象中减去最前面的对象。
- 交集：描摹所有对象重叠的区域轮廓。
- 差集：描摹对象所有未被重叠的区域，并使重叠区域透明。
- 分割：将一份图稿分割为作为其构成成分的填充表面。将图形分割后，可以将其取消编组查看分割效果。
- 修边：删除已填充对象被隐藏的部分，会删除所有描边，且不会合并相同颜色的对象。将图形修边后，可以将其取消编组查看修边效果。
- 合并：删除已填充对象被隐藏的部分。会删除所有描边，且合并具有相同颜色的相邻或重叠的对象。
- 裁剪：将图稿分割为作为其构成成分的填充表面，然后删除图稿中所有落在最上方对象边界之外的部分，并删除所有描边。
- 轮廓：将对象分割为组件线段或边缘。
- 减去后方对象：从最前面的对象中减去最后面的对象。

1.3.3　对象的管理

为了更有效地管理画面中的图形对象，可设置对象的对齐与分布，使画面看起来更加规整、舒适。

1. 对象的对齐和分布

有时为了达到特定效果，需要精确对齐和分布对象，对齐和分布对象能使对象之间互相对齐或间距相等。执行【窗口】|【对齐】命令，弹出【对齐】面板，如图 1-44 所示。单击面板右上方的按钮，在弹出的菜单中选择【显示选项】命令，显示【分布间距】命令组，如图 1-45 所示。

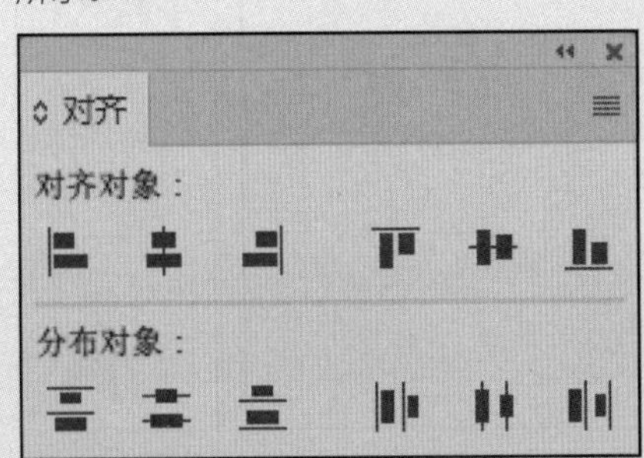

图 1-44

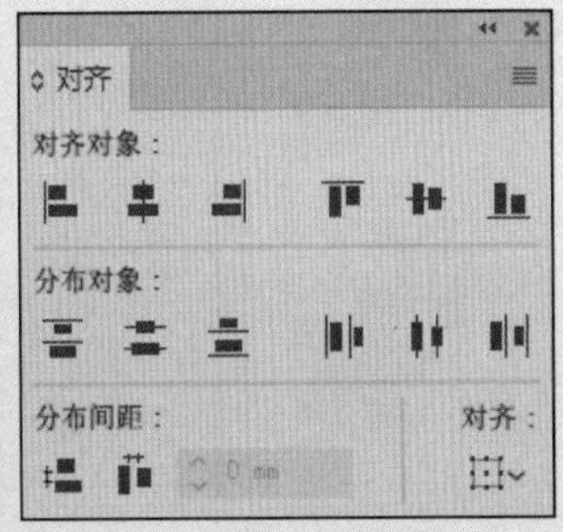

图 1-45

2. 对齐对象

【对齐】面板中【对齐对象】选项组包含6个对齐命令按钮：水平左对齐、水平居中对齐、水平右对齐、垂直顶对齐、垂直居中对齐、垂直底对齐。

选取对象，单击【对齐】面板中【对齐对象】选项组的对齐命令按钮，所有被选取的对象互相对齐，如图1-46、图1-47所示。

图1-46

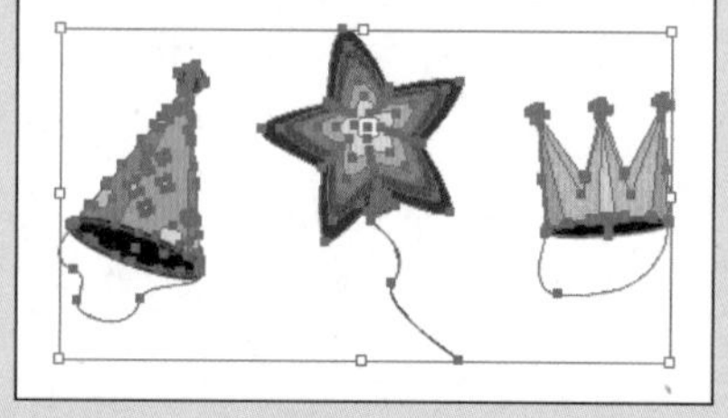

图1-47

3. 分布对象

【对齐】面板中【分布对象】选项组包含6个分布命令按钮：垂直顶分布、垂直居中分布、垂直底分布、水平左分布、水平居中分布、水平右分布。

选取对象，单击【对齐】面板中【分布对象】选项组的分布命令按钮，所有被选取的对象之间按相等的间距分布。

如果需要指定对象间固定的分布距离，选择【对齐】面板【分布间距】选项组中的【垂直分布间距】按钮和【水平分布间距】按钮。

选中要指定固定分布间距的对象，如图1-48所示。在【对齐】面板中单击【垂直分布间距】按钮，再单击被选取对象中的任意一个对象，在参数栏中输入固定的分布距离，再次单击【垂直分布间距】按钮，如图1-49所示。所有被选取的对象将以参照对象为参照，按设置的数值等距离垂直分布，如图1-50所示。

图1-48

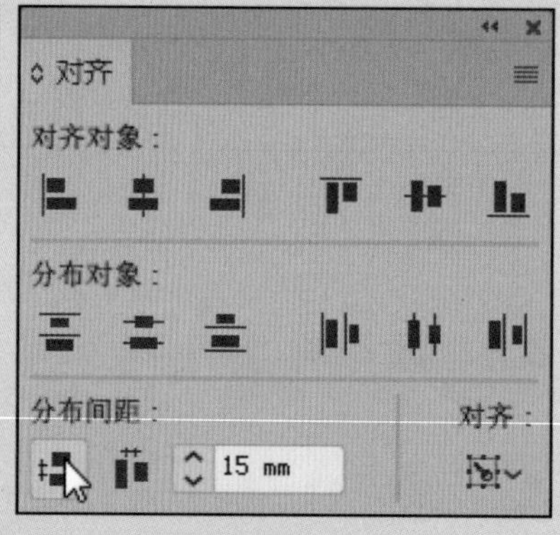

图1-49

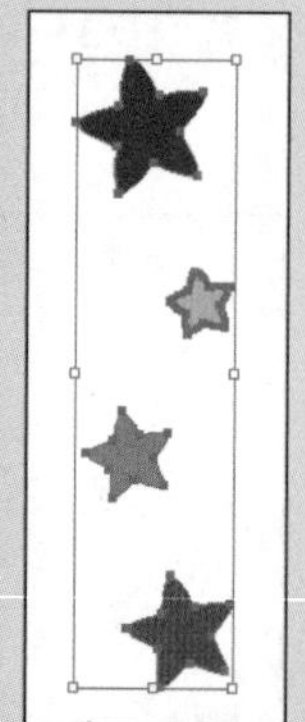

图1-50

执行【对象】|【排列】命令，如图 1-51 所示。应用组合键也可以对对象进行排序。

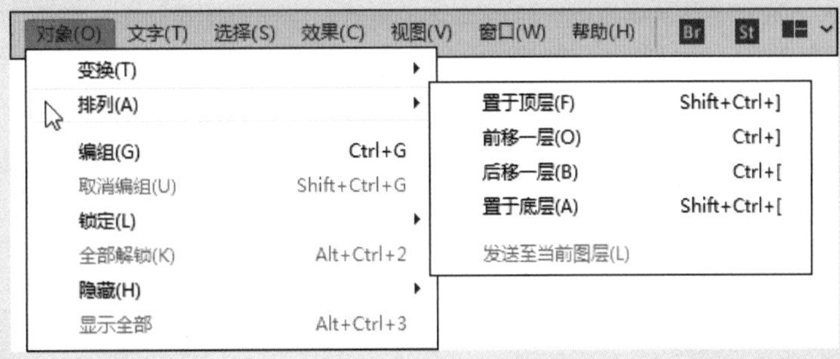

图 1-51

4. 使用图层控制对象

若要把对象移到当前图层，执行【对象】|【排列】|【发送至当前图层】命令，如图 1-52、图 1-53 所示。

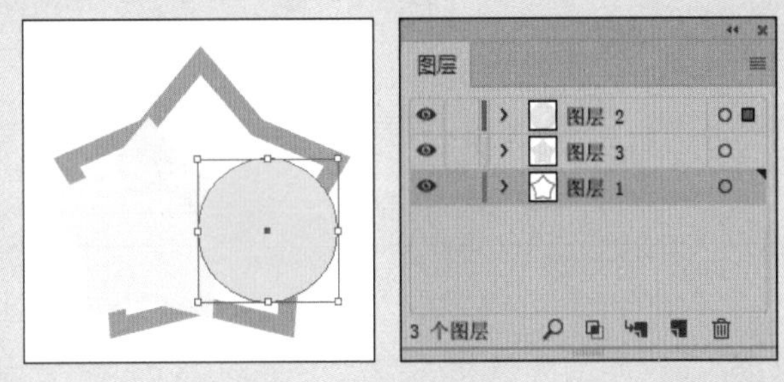

图 1-52

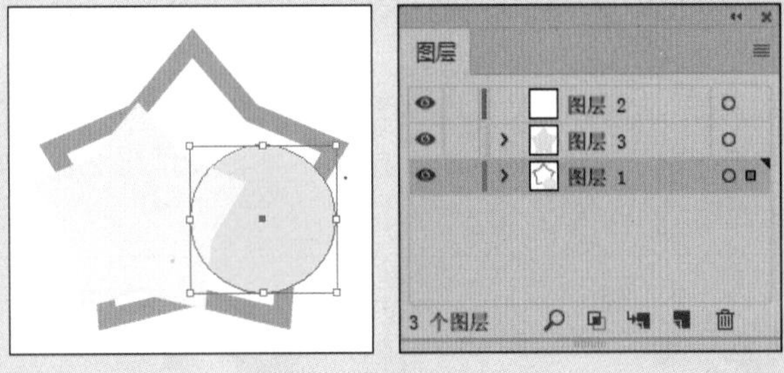

图 1-53

5. 编组

群组就是将多个独立的对象捆绑在一起，将其作为一个整体进行操作，且让群组中的每个对象都保持原来的属性。另外，也可以创建嵌套的群组，嵌套群组即由几个对象或对象群组（或者两者都有）构成的更大群组。为了防止相关对象被意外更改，可以把对象群组在一起，它有利于保持对象间的连接和空间关系，而嵌套群组在绘制包含多个复杂元素的图形时特别有用。

当群组对象之后，可整体更改各个对象的属性，而不用单独更改，比如进行填充、变换等操作。

用户需要群组对象时，可先选定对象，再执行群组命令，而在对象群组后，还可以统一更改它们的属性。

用选取工具选择需要进行群组的对象，或者选择需要构成整个对象的一部分，如图 1-54 所示。执行【对象】|【编组】命令，也可在选定对象上右击，在弹出的快捷菜单中执行群组命令，或者按 Ctrl+G 组合键，此时选定的对象成为一个整体，在进行移动、变换等操作时，它们都将发生改变，如图 1-55 所示。

图 1-54

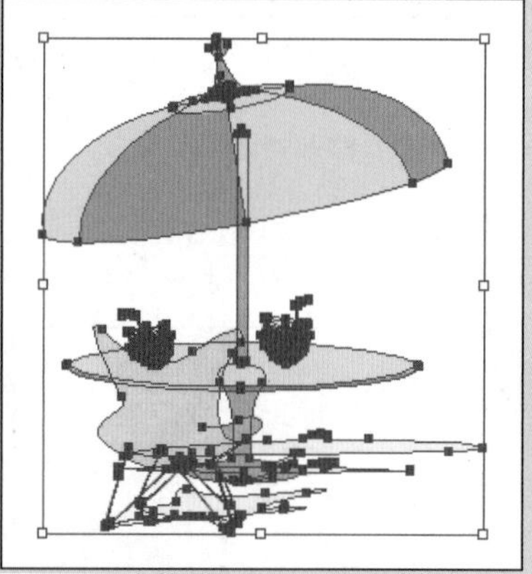

图 1-55

6. 锁定对象

锁定对象可防止误操作，例如当多个对象重叠时，选择一个对象而连带选取其他对象。

选取对象，执行【对象】|【锁定】|【所选对象】命令或按 Ctrl+2 组合键，可以将所选对象锁定，当其他图形移动时，锁定的对象不会被移动，如图 1-56、图 1-57 所示。

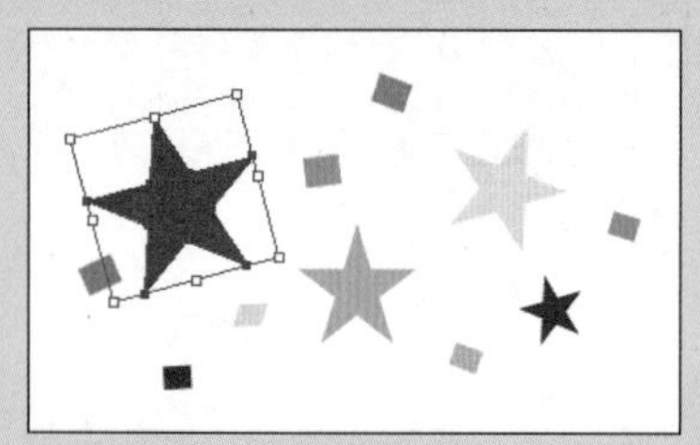

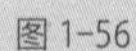

图 1-56

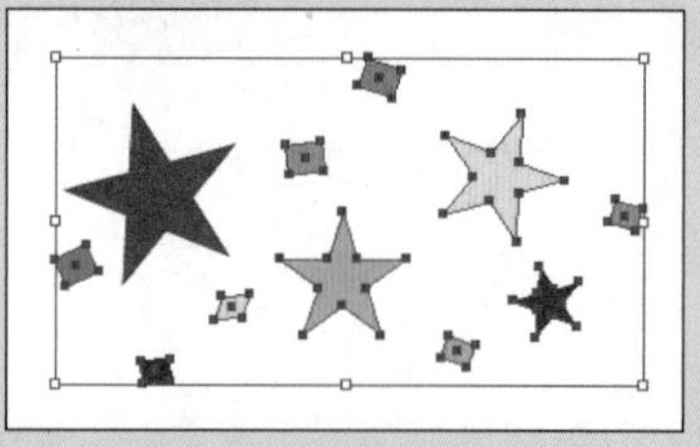

图 1-57

7. 隐藏对象

选取对象，执行【对象】|【隐藏】|【所选对象】命令或按 Ctrl+3 组合键，如图 1-58、图 1-59、图 1-60 所示。

图 1-58

图 1-59

图 1-60

1.4 文本的应用

Illustrator 拥有非常强大的文本处理功能，可以对大量的段落文本，以及图文混排进行编辑处理，本节介绍如何创建和编辑文本。

1.4.1 文本的创建

在展开式工具栏中提供了六种文本工具，应用这些工具，可以在工作区域的任意位置创建横排或竖排的点文本、段落文本，或者区域文本。

1. 创建文本

将鼠标指向工具箱中的【文本工具】T按钮，按下左键并停留片刻，此时出现展开式工具栏，单击后面的三角按钮，可使文本的展开式工具栏从工具箱中分离出来，如图 1-61、图 1-62 所示。

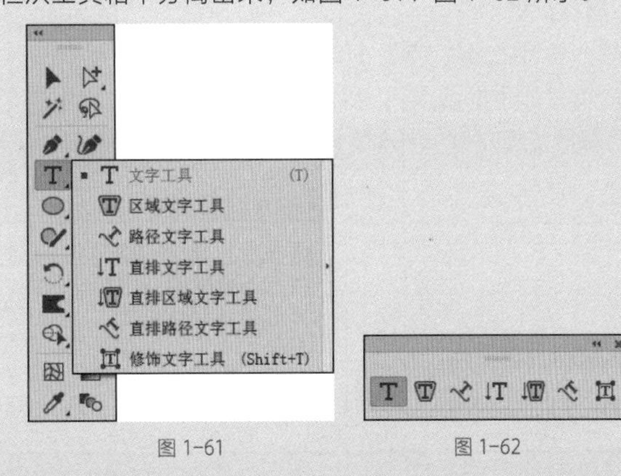

图 1-61　　图 1-62

展开的文字工具组共有六个文字工具，分别是文字工具、区域文字工具、路径文字工具、直排文字工具、直排区域文字工具、直排路径文字工具、修饰文字工具。其中前三个工具可以创建水平的，即横排的文本；后三个可以创建垂直的，即竖排的文本。

- 文字工具 T：可以在页面上创建独立于其他对象的横排文本对象。
- 区域文字工具：可以将开放或闭合的路径作为文本容器，并在其中创建横排文本。
- 路径文字工具：可以让文字沿着路径进行横向排列。
- 直排文字工具 ↓T：可以创建竖排的文本对象。
- 直排区域文字工具：可以在开放或闭合的路径中创建竖排文本。
- 直排路径文字工具：它和路径文本工具相似，可让文本沿着路径进行竖向排列。

选择【文字工具】T 或【直排文字工具】↓T，可以直接输入沿水平方向和垂直方向排列的文本。

（1）创建点文本。

如果输入少量文字，使用【文字工具】T 或【直排文字工具】↓T 在页面中单击，出现插入文本光标，输入文本。输入的文字独立成行，不会自动换行，当需要换行时，按 Enter 键，如图 1-63 所示。

图 1-63

（2）输入段落文本。

如果输入大段文字，使用【文字工具】T 或【直排文字工具】↓T 在页面中单击并拖动鼠标，此时将出现一个文本框，拖动文本框到适当大小后释放鼠标左键，创建文本框，输入文字，如图 1-64、图 1-65 所示。

图 1-64

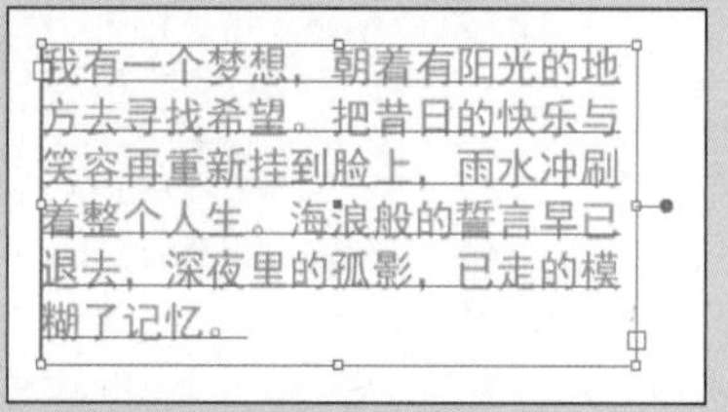

我有一个梦想，朝着有阳光的地方去寻找希望。把昔日的快乐与笑容再重新挂到脸上，雨水冲刷着整个人生。海浪般的誓言早已退去，深夜里的孤影，已走的模糊了记忆。

图 1-65

当输入的文字到达文本框边界时会自动换行，框内的文字会根据文本框的大小自动调整。如果文本框无法容纳所有的文本，文本框会显示“+”标记，如图 1-66 所示。

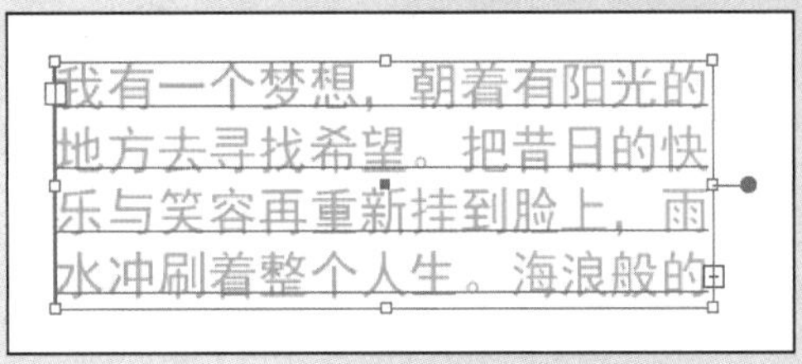

图 1-66

2. 区域文本工具的使用

选取一个图形对象，选择【文字工具】T 或【区域文字工具】，将光标移动到图形内部路径的边缘上单击，此时路径图形中出现闪动的光标，如果图形带有描边色和填充色的话，其属性将变为无色，图形对象转换为文本路径，此时可输入文本，如图 1-67、图 1-68、图 1-69 所示。

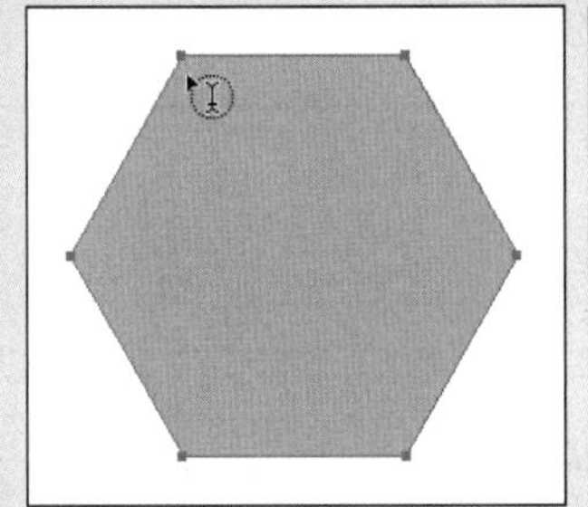

图 1-67

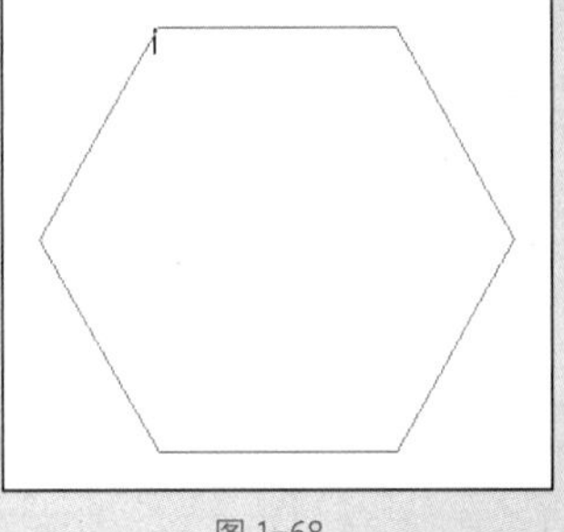

图 1-68

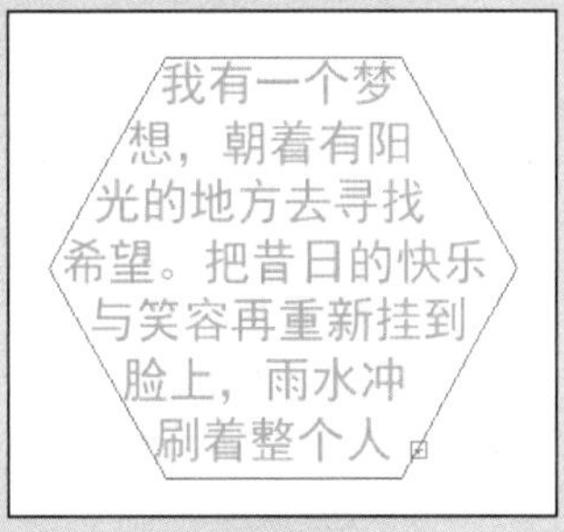

图 1-69

如果输入的文字超出了文本路径所能容纳的范围，将出现文本溢出现象，此时显示“+”标记。使用【选择工具】或【直接选择工具】选中文本路径，通过文本路径周围的控制点来调整文本路径的大小，以显示所有文字。使用【直排文字工具】或【直排区域文字工具】与使用【区域文字工具】的方法相同，在文本路径中可以创建竖排的文字，如图 1-70 所示。

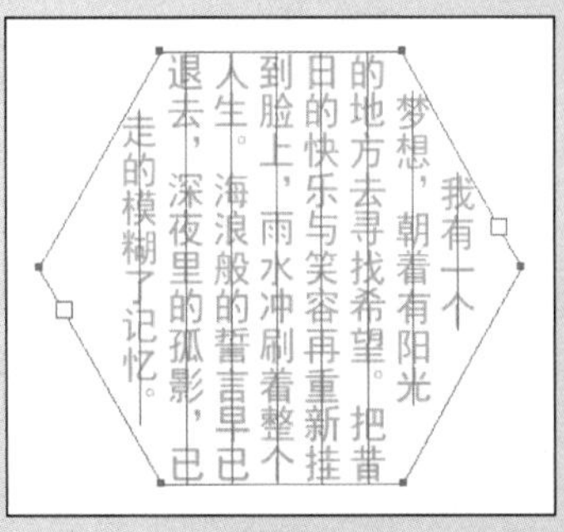

图 1-70

3. 路径文本工具的使用

使用【路径文字工具】和【直排路径文字工具】可以在页面中输入沿开放或闭合路径边缘排列的文字，在使用这两种工具时，必须先在当前页面中选择一个路径，再输入文字。

使用【钢笔工具】在页面中绘制一个路径，选择【路径文字工具】，将光标放置在曲线路径的边缘处单击，将出现闪动的光标，此时路径转换为文本路径，原来的路径将不再具有描边或填充的属性。此时即可输入文字，输入的文字将按照路径排列，文字的基线与路径是平行的，如图 1-71 所示。

如果输入的文字超出了文本路径所能容纳的范围，将出现文本溢出现象，此时显示“+”标记。如果对创建的路径文本不满意，可以对其进行编辑，使用【选择工具】或【直接选择工具】，选取要编辑的路径文本，文本中会出现“|”形符号。拖动文字开始处的“|”形符号，可沿路径移动文本，如图 1-72 所示。拖动路径中间的“|”，可翻转文本在路径上的方向。拖动文字结尾处的“|”形符号可隐藏或显示路径文本。

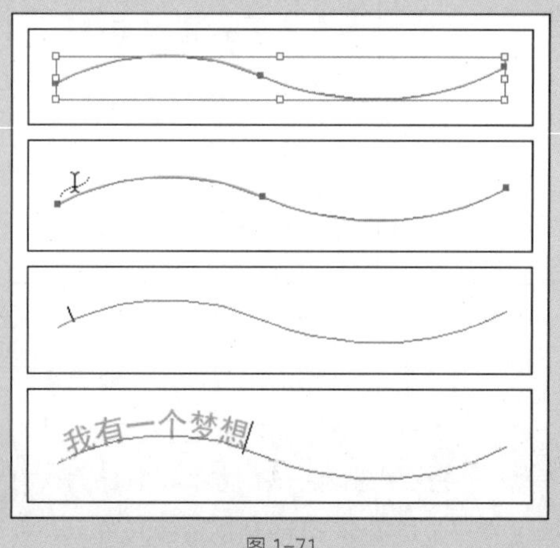

图 1-71

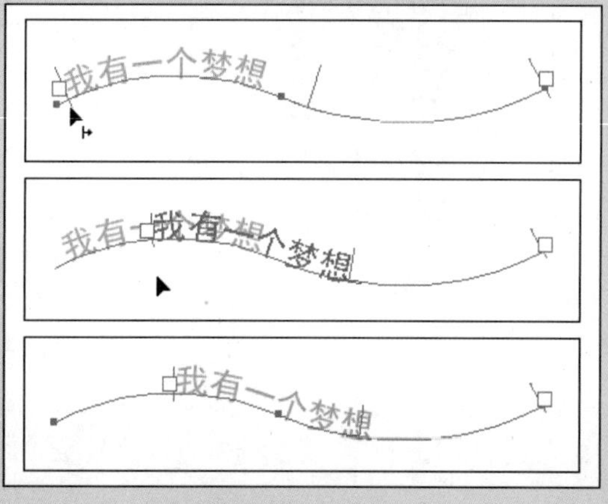

图 1-72

使用【直排路径文字工具】与使用【路径文字工具】的方法相同，只是文本在路径上是直排的，如图 1-73 所示。

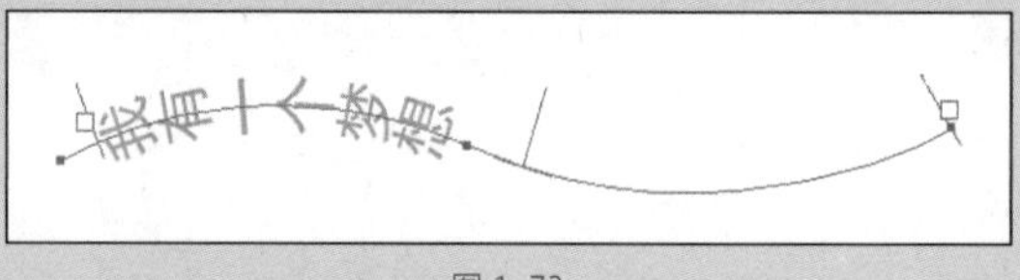

图 1-73

> **操作技法**
> 如果在输入文字后想改变文字的横排或竖排方式，可以执行【文字】|【文字方向】命令来实现。

1.4.2 文本的设置与编辑

创建完文本后，可使用工具对文本大小、旋转方向等内容进行编辑。

1. 编辑文本

选择【文字工具】，将鼠标移动到文本上，单击插入光标，如图 1-74 所示。按住鼠标左键拖动，选中部分文本，选中的文本将反白显示，如图 1-75 所示。

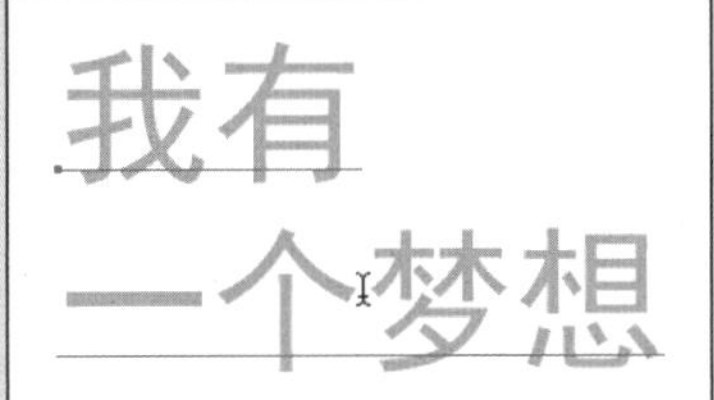

图 1-74

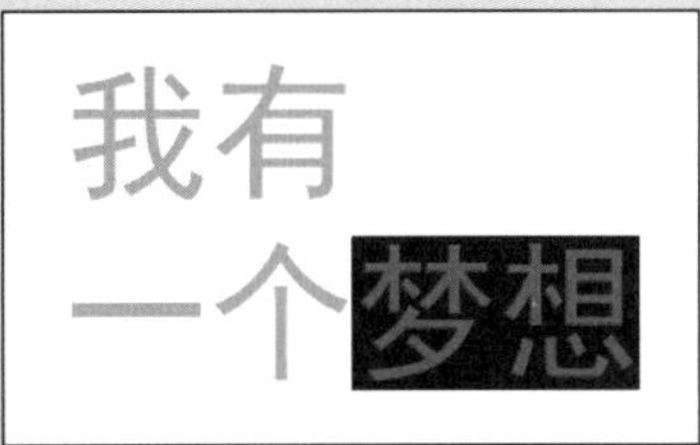

图 1-75

使用【选择工具】在文本区域内双击，进入文本编辑状态，如图 1-76 所示。双击可以选中文字，如图 1-77 所示。

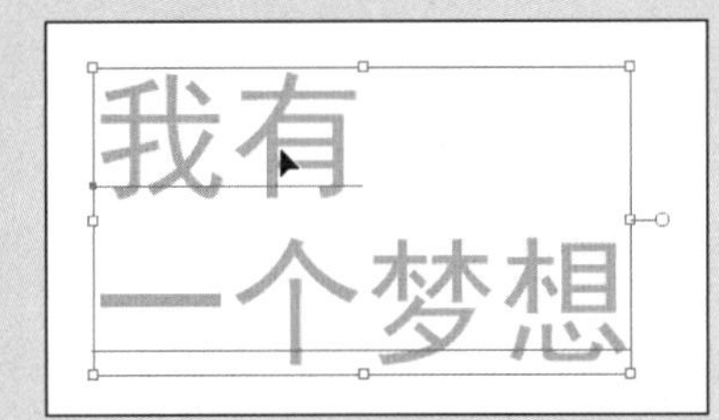

图 1-76

图 1-77

按下 Ctrl+A 组合键，可全选文字，如图 1-78 所示。

图 1-78

2.【字符】面板的设置

使用【字符】面板设置文字格式，操作步骤如下。

（1）使用【文字工具】选中文字。

（2）执行【窗口】|【文字】|【字符】命令，或按住 Ctrl+T 组合键，弹出【字符】面板，如图 1-79 所示。

3.【段落】面板的设置

段落是位于一个段落回车符前的所有相邻的文本。段落格式是指为段落在页面上定义的外观格式，包括对齐方式、段落缩进、段落间距、制表符的位置等。

选中段落，执行【窗口】|【文字】|【段落】命令，或按 Ctrl+Alt+T 组合键，弹出【段落】面板，如图 1-80 所示。

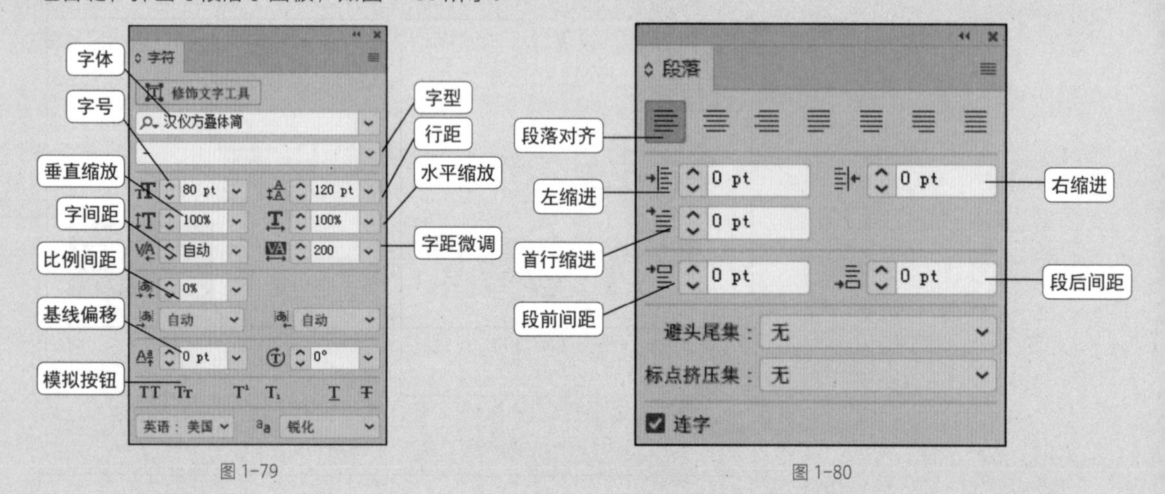

图 1-79　　　　图 1-80

（1）段落缩进。

段落缩进是指从文本对象的左、右边缘向内移动文本。其中【首行左缩进】只应用于段落的首行，并且是相对于左侧缩进进行定位的。在【左缩进】和【右缩进】参数栏中，输入正值时，表示文本框和文本之间的距离拉大；输入负值时，表示文本框和文本之间的距离缩小，如图 1-81、图 1-82 所示。

操作技法

在【首行缩进】参数栏内，当输入的数值为正数时，相对于段落的左边界向内缩排；当输入的数值为负数时，相对于段落的左边界向外凸出。

有人说，何首乌根是有象人形的，吃了便可以成仙，我于是常常拔它起来，牵连不断地拔起来，也曾因此弄坏了泥墙，却从来没有见过有一块根象人样。
如果不怕刺还可以摘到覆盆子，象小珊瑚珠攒成的小球，又酸又甜，色味都比桑椹要好得远。

图 1-81

　　有人说，何首乌根是有象人形的，吃了便可以成仙，我于是常常拔它起来，牵连不断地拔起来，也曾因此弄坏了泥墙，却从来没有见过有一块根象人样。
　　如果不怕刺还可以摘到覆盆子，象小珊瑚珠攒成的小球，又酸又甜，色味都比桑椹要好得远。

图 1-82

（2）段落间距。

为了阅读方便，需要将段落之间的距离拉大一些。在【段前间距】和【段后间距】参数栏中，可以通过输入数值来设定所选段落与前一段或后一段之间的距离，如图 1-83、图 1-84 所示。

有人说，何首乌根是有象人形的，吃了便可以成仙，我于是常常拔它起来，牵连不断地拔起来，也曾因此弄坏了泥墙，却从来没有见过有一块根象人样。
如果不怕刺还可以摘到覆盆子，象小珊瑚珠攒成的小球，又酸又甜，色味都比桑椹要好得远。

图 1-83

有人说，何首乌根是有象人形的，吃了便可以成仙，我于是常常拔它起来，牵连不断地拔起来，也曾因此弄坏了泥墙，却从来没有见过有一块根象人样。

如果不怕刺还可以摘到覆盆子，象小珊瑚珠攒成的小球，又酸又甜，色味都比桑椹要好得远。

图 1-84

实际段落间的距离是前段的段后距离加上后段的段前距离。

（3）文本对齐。

对齐方式包括左对齐、居中对齐、右对齐、两端对齐，末行左对齐、末行居中对齐，末行右对齐、全部两端对齐，段落对齐方式对比效果如图 1-85 所示。

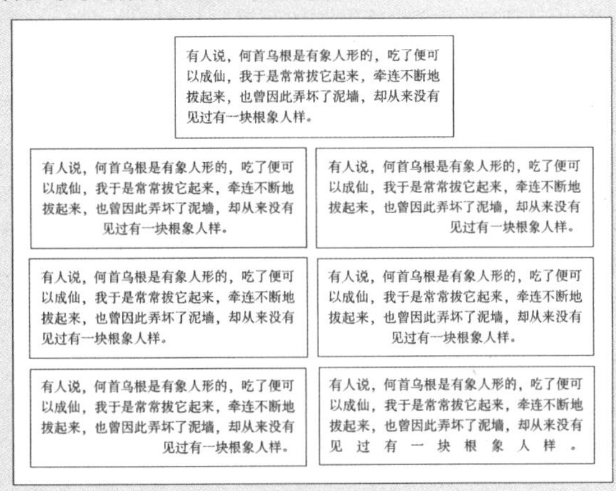

图 1-85　段落对齐方式对比效果

1.5　效果的应用

许多用来更改对象外观的命令都同时出现在【滤镜】和【效果】这两个菜单中。例如，【滤镜】|【艺术效果】子菜单中的所有命令同样出现在【效果】|【艺术效果】子菜单中，但【滤镜】和【效果】所产生的结果有所不同。因此，了解这两者在使用上的区别是十分重要的。

1.5.1　为对象应用效果

选中一个矢量对象，如图 1-86 所示，执行【效果】|【风格化】|【投影】命令，弹出【投影】面板，设置相应属性，单击【确定】按钮，如图 1-87 所示，最终效果如图 1-88 所示。

图 1-86

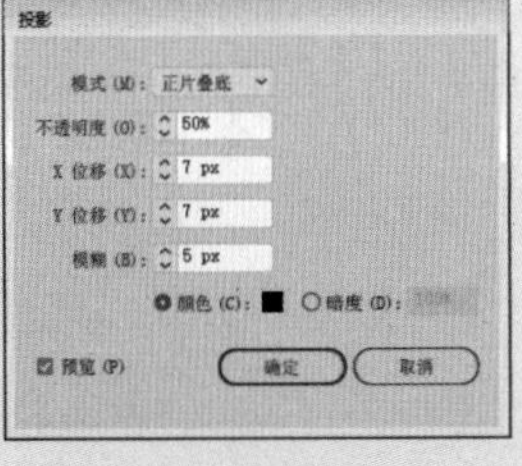

图 1-87

图 1-88

1.5.2　栅格化效果

【效果】菜单中的栅格化命令与对象菜单下的栅格化命令不同。

【效果】菜单中的栅格化命令可以创建栅格化外观，使其暂时变为位图对象，而不更改对象的底层结构。执行【效果】|【栅格化】命令，弹出【栅格化】面板，如图 1-89 所示。

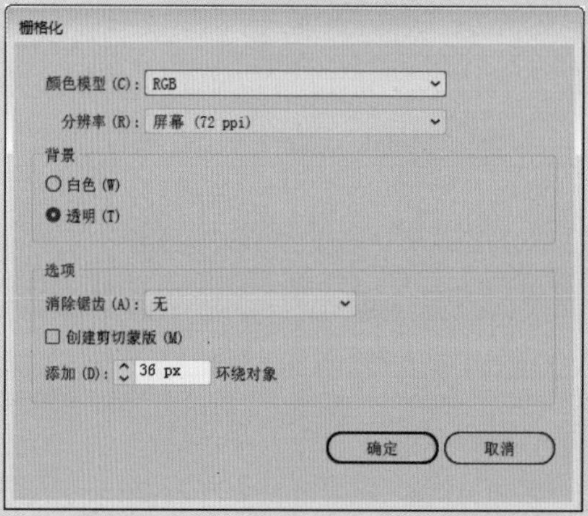

图 1-89

【栅格化】面板各选项介绍如下。

- 颜色模型：用于确定在栅格化过程中所用的颜色模型。
- 分辨率：用于确定栅格化图像中的每英寸像素数。
- 背景：用于确定矢量图形的透明区域如何转换为像素。【白色】可用白色像素填充透明区域，选择【透明】可使背景透明。
- 消除锯齿：应用消除锯齿效果，以改善栅格化图像的锯齿边缘外观。
- 创建剪切蒙版：创建一个使栅格化图像的背景显示为透明的蒙版。
- 添加环绕对象：可以通过指定像素值，为栅格化图像添加边缘填充或边框。

1.5.3　修改或删除效果

修改或删除效果都可以通过【外观】面板来操作。如果要修改效果，选中已添加效果的对象，如图 1-90 所示。执行【窗口】|【外观】命令，弹出【外观】面板，在【外观】面板中选择执行的效果名称，在弹出的效果面板中选择需要更改的选项，单击【确定】按钮，如图 1-91 所示。

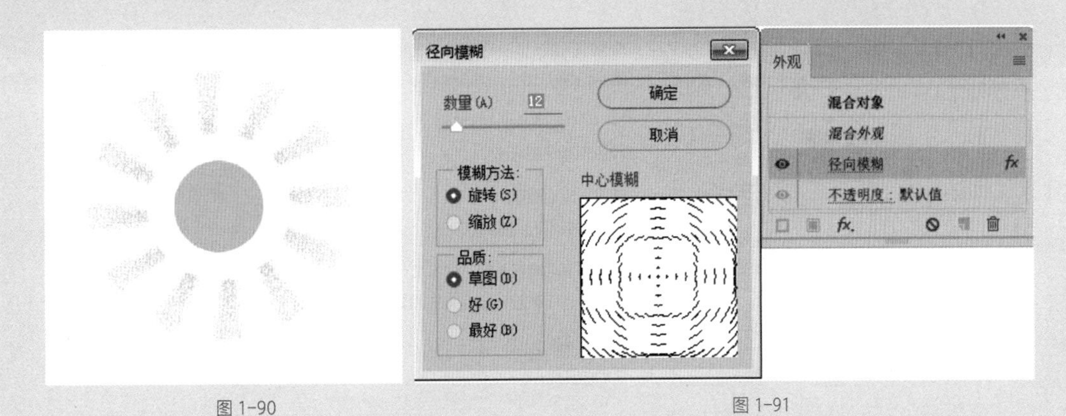

图 1-90　　图 1-91

如果要删除效果，选择效果所在的位置，单击【删除】按钮，如图 1-92 所示，效果被删除，如图 1-93 所示。

图 1-92　　图 1-93

1.6 外观与样式

外观属性是一组在不改变对象基础结构的前提下影响对象显示效果的属性。外观属性包括填色、描边、透明度和多种效果。本节主要讲解使用【透明度】面板对图形的透明度、混合模式等外观属性进行更改，以及使用【外观】面板更改图形的外观属性。

1.6.1 透明度面板

【透明度】面板是设置对象的透明度、混合模式以及不透明度蒙版。执行【窗口】|【透明度】命令，弹出【透明度】面板，如图 1-94 所示。

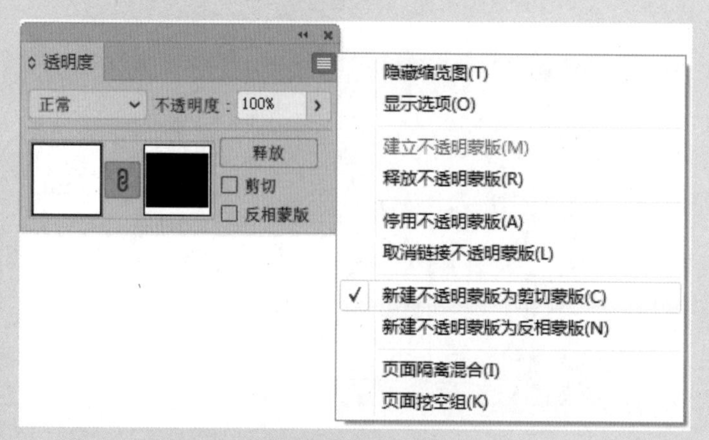

图 1-94

面板中各个属性介绍如下。

- 混合模式：设置所选对象与下层对象的颜色混合模式。
- 不透明度：通过调整数值控制对象的透明效果，数值越大，对象越不透明；数值越小，对象越透明。
- 不透明度蒙版：显示所选对象的不透明度蒙版效果。
- 剪切：将对象建立为当前对象的剪切蒙版。
- 反相蒙版：将当前对象的蒙版颜色反相。
- 隔离混合：选择该选项可以防止混合模式的应用范围超出组的底部。
- 挖空组：启用该选项后，在透明挖空组中，元素不能透过彼此而显示。
- 不透明度和蒙版用来定义挖空形状：使用该选项可以创建与对象不透明度成比例的挖空效果。在接近 100% 不透明度的蒙版区域中，挖空效果较强；在具有较低不透明度的区域中，挖空效果较弱。

绘图技能

在控制栏中也可以打开【透明度】面板，单击控制栏中的不透明度:按钮，显示的面板就是【透明度】面板，如图 1-95 所示。

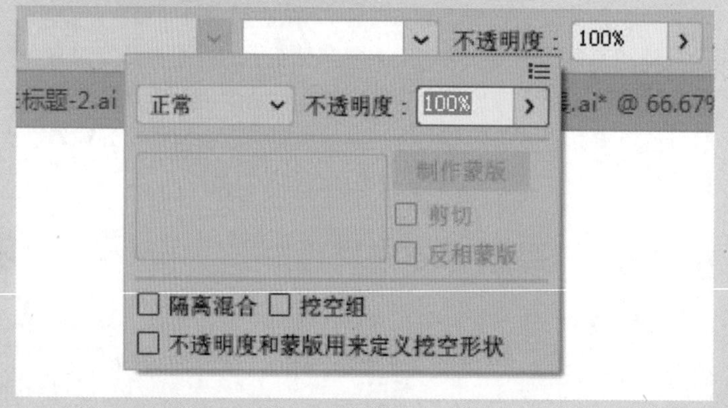

图 1-95

1. 混合模式

混合模式是指当前对象与底部图像的内容以一种特定的方式进行混合，从而产生不同的画面效果。

选择矢量对象，如图 1-96 所示，执行【窗口】|【透明度】命令，弹出【透明度】面板，单击【混合模式】按钮，弹出下拉列表，可以看到 16 种混合模式，选择相应的混合模式，如图 1-97 所示。

图 1-96　　图 1-97

16 种混合模式的效果介绍如下。

正常：默认情况下图形的混合模式为正常，也就是选择的图形与下方的对象不产生混合效果。

变暗：选择基色或混合色中较暗的一个作为结果色，比混合色亮的区域会被结果色所取代，比混合色暗的区域将保持不变。

正片叠底：将基色与混合色相乘，得到的颜色总是比基色和混合色要暗一些。

颜色加深：加深基色以反映混合色。

变亮：选择基色或混合色中较亮的一个作为结果色，比混合色暗的区域将被结果色所取代。比混合色亮的区域将保持不变。

滤色：将混合色的反相颜色与基色相乘，得到的颜色总是比基色和混合色要亮一些，用黑色滤色时颜色保持不变。

颜色减淡：加亮基色以反映混合色。

叠加：将对颜色进行相乘或滤色，具体取决于基色。图案或颜色叠加在现有的图稿上，在与混合色混合以反映原始颜色的亮度和暗度的同时，保留基色的高光和阴影。

柔光：将使颜色变暗或变亮，具体取决于混合色，此效果类似于漫射聚光灯照在图稿上。

强光：对颜色进行相乘或过滤，具体取决于混合色，此效果类似于耀眼的聚光灯照在图稿上。

差值：从基色中减去混合色或从混合色中减去基色，具体取决于哪一种的亮度值较大。

排除：创建一种与“差值”模式相似但对比度更低的效果。

色相：用基色的亮度和饱和度以及混合色的色相创建结果色。

饱和度：用基色的亮度和色相以及混合色的饱和度创建结果色，在无饱和度（灰度）的区域上用此模式着色不会产生变化。

混色：用基色的亮度以及混合色的色相和饱和度创建结果色，这样可以保留图稿中的灰阶，对于给单色图稿上色以及给彩色图稿染色都会非常有用。

明度：用基色的色相和饱和度以及混合色的亮度创建结果色，此模式将创建与“颜色”模式相反的效果。

2. 不透明度

不透明度指对象半透明的程度，数值越大，图像越不透明；数值越小，图像越透明。

选择对象，执行【窗口】|【透明度】命令，弹出【透明度】面板，可以看到该图形的不透明度为100%，如图1-98所示。

在不透明度选项中输入数值50%，如图1-99所示。

图1-98　　图1-99

3. 不透明度蒙版

不透明度蒙版是利用颜色的黑白关系更改图稿的透明度。这种隐藏而非删除的编辑方式是一种非常方便的非破坏性编辑方式。

在【不透明度蒙版】中，黑色表示该区域透明，白色表示该区域不透明，不同程度的灰色代表半透明。

01 选择一个对象，如图1-100所示。

02 使用矩形工具绘制一个与图片等大的矩形，填充为黑白色系的渐变，如图1-101所示。

图 1-100

图 1-101

03 将人物与矩形选中，执行【窗口】|【透明度】命令，打开【透明度】面板，单击【制作蒙版】按钮，如图 1-102 所示。

04 效果如图 1-103 所示。

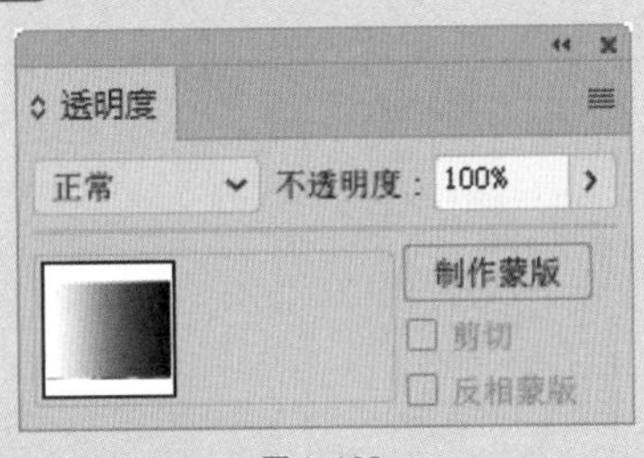

图 1-102

图 1-103

05 如果要调整不透明度蒙版的效果，单击右侧的蒙版缩览图，如图 1-104 所示。

06 在【渐变】面板中编辑渐变颜色，随着渐变颜色的改变，蒙版的效果也发生了改变，效果如图 1-105 所示。

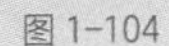

图 1-104

图 1-105

07 如果要编辑不透明度蒙版中的内容，可以单击左侧的被蒙版的缩览图，如图 1-106 所示。

08 选中被蒙版的内容，进行更改，如图 1-107 所示。

图 1-106

图 1-107

4. 剪切

剪切在默认情况下是被勾选的，此时蒙版为全部不显示，通过编辑蒙版可以将图形显示出来。如果不选择【剪切】选项，图形将完全被显示，绘制蒙版将把相应的区域隐藏。

5. 反相蒙版

选择反相蒙版选项时，将对当前的蒙版进行翻转，使原始显示的部分隐藏，隐藏的部分显示出来，同时反相被蒙版图像的不透明度。

剪切选项会将蒙版背景设置为黑色。因此选定剪切选项时，用来创建不透明蒙版的黑色对象将不可见。若要使对象可见，可以使用其他颜色，或取消剪切选项。

图 1-108

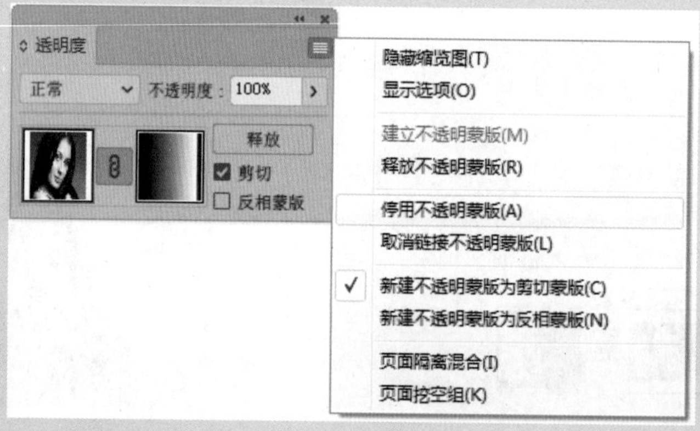

图 1-109

1.6.2 设置对象外观

外观属性包括填色、描边、透明度。除此之外，如果为对象添加了效果，那么这些效果也显示在【外观】面板中。使用【外观】面板可以看到所选图形的属性，还可以更改其属性。

1. 认识【外观】面板

执行【窗口】|【外观】命令，或按 Shift+F6 组合键，弹出【外观】面板，如图 1-110 所示。

绘图技能

默认情况下，蒙版和图形始终保持链接的状态。也就是说，对原始对象进行移动、缩放、旋转时，蒙版也会保持同步。单击【链接】按钮 即可取消链接，此时该按钮变为 状。

移动蒙版中的内容，蒙版则不会移动。若要重新链接蒙版，单击【透明度】面板中的链接按钮 ，如图 1-108 所示。

绘图技能

如果要暂时隐藏蒙版效果，可以选择停用蒙版效果，在【透明度】面板中执行【停用不透明蒙版】命令，如图 1-109 所示。如果要重新启用不透明蒙版，在【透明度】面板中执行【启用不透明蒙版】命令。

如果要永久删除不透明蒙版，可以在【透明度】面板中执行【释放不透明蒙版】命令或者单击【透明度】面板中的 释放 按钮。蒙版将被删除，但是相应的效果依然保持。

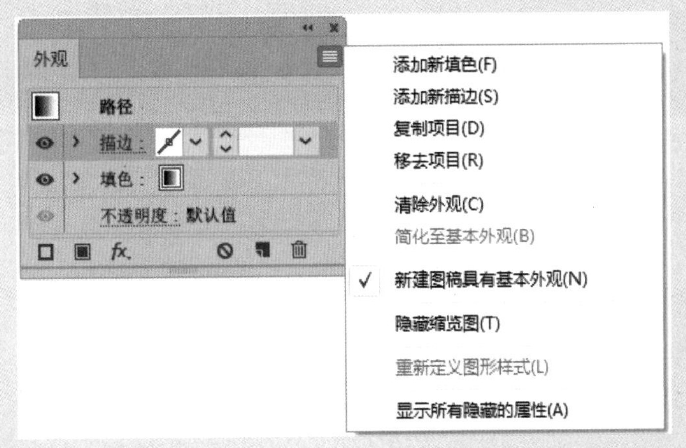

图 1-110

2. 修改对象外观属性

通过【外观面板】可以快捷地修改对象的属性，例如填色、描边、不透明度等。

（1）填色。

选择矢量对象，如图 1-111 所示，执行【窗口】|【外观】命令，弹出【外观】面板，如图 1-112 所示。

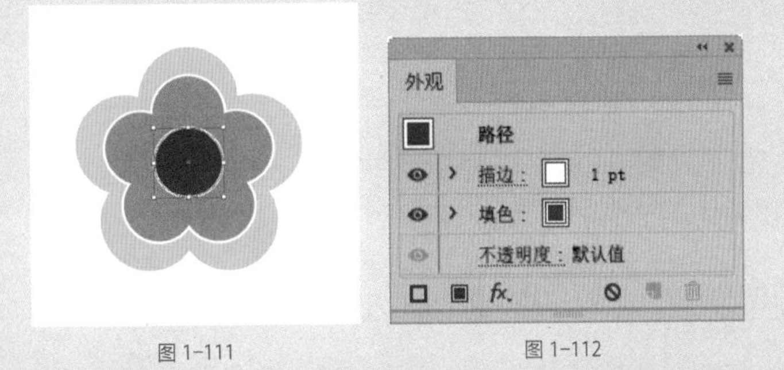

图 1-111　　图 1-112

单击【填色】按钮，在弹出的面板中选择填充的颜色，如图 1-113 所示。此时可以看到所选对象的填色属性发生了变化，如图 1-114 所示。

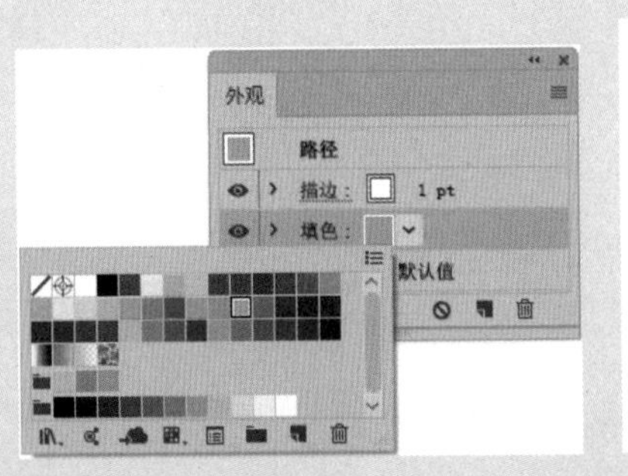

图 1-113　　图 1-114

（2）描边。

单击【外观】面板下方的【添加新描边】按钮 ，可以添加新的描边，设置描边颜色和描边宽度，如图 1–115 所示，效果如图 1–116 所示。

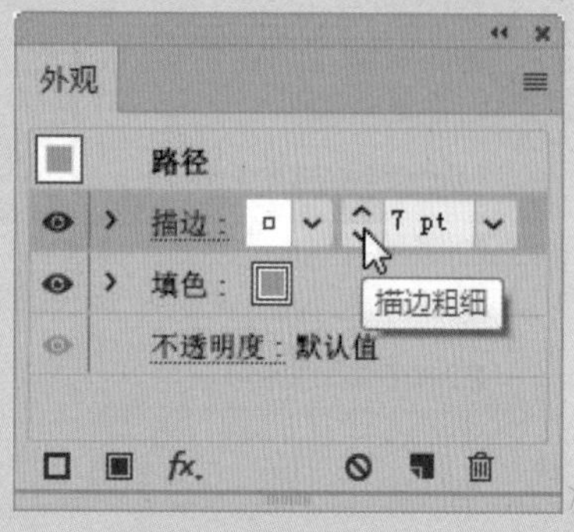

图 1–115

图 1–116

（3）调整对象效果。

选择需要调整顺序的层，按住鼠标左键拖曳到需要调整的位置后，松开鼠标即可调整其排列顺序，如图 1–117 所示，效果如图 1–118 所示。

图 1–117

图 1–118

（4）添加或删除对象效果。

单击【添加新效果】 按钮，在下拉菜单中选中需要的效果进行添加，如图 1–119 所示。

如果要更改已经添加的效果，单击其名称，即可弹出相应的参数面板。如果不需要某个属性，将其拖到【删除】 按钮处，松开鼠标即可将其删除，如图 1–120 所示。

3. 管理对象外观属性

在【外观】面板中选择要进行复制的外观属性，单击【外观】面板右下方的【复制所选项目】 按钮，此时所选外观属性被复制。

也可以选择要进行复制的外观属性，在面板中执行【复制项目】命令，也可以复制所选外观属性，如图 1-121 所示。

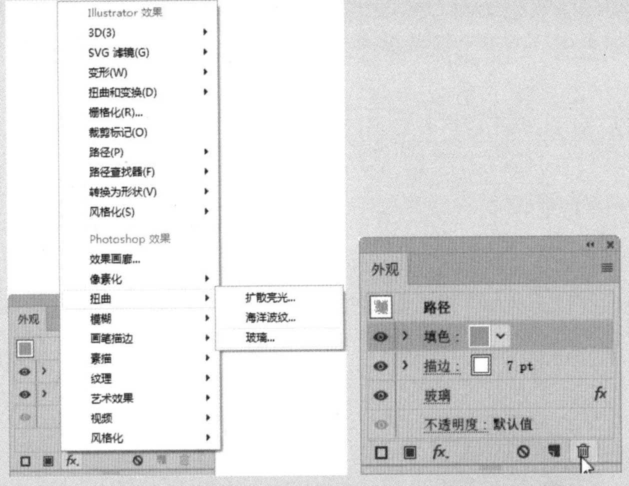

图 1-119　　图 1-120

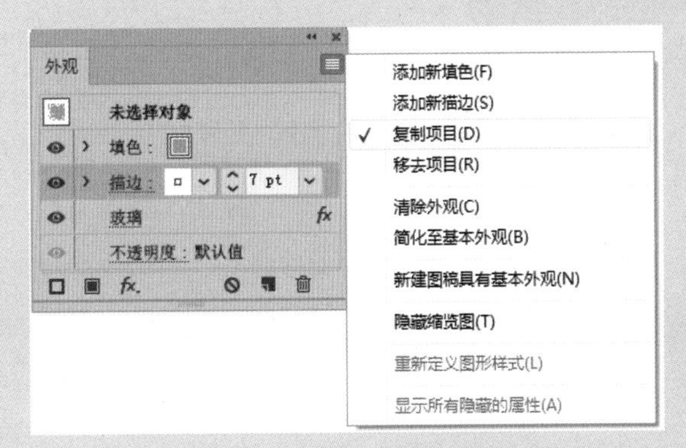

图 1-121

单击【外观】面板右下方的【清除外观】⊘ 按钮，或在菜单中执行【清除外观】命令，即可清除全部外观属性，如图 1-122 所示。

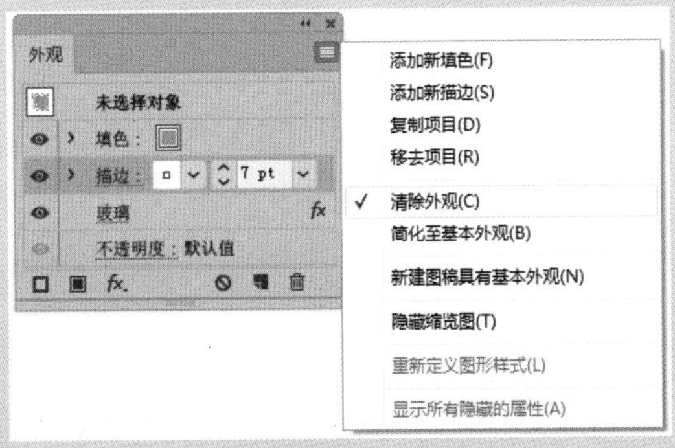

图 1-122

与隐藏图层的操作一样，也可以对外观属性进行隐藏。只需在【外观】面板中单击【可视性】按钮，即可进行隐藏。

1.6.3 使用图形样式面板

【样式】面板中提供了一些专门存放特效组合的库面板，只需要单击一下图形样式库即可使对象拥有不一样的效果。

1. 使用图形样式

选择图形，如图 1-123 所示，执行【窗口】|【图形样式】命令，弹出【图形样式】面板，如图 1-124 所示。单击某个按钮，即可为该图形赋予图形样式，效果如图 1-125 所示。

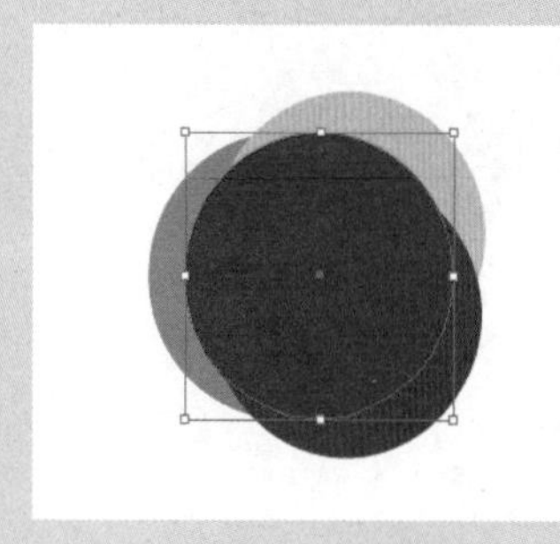

图 1-123

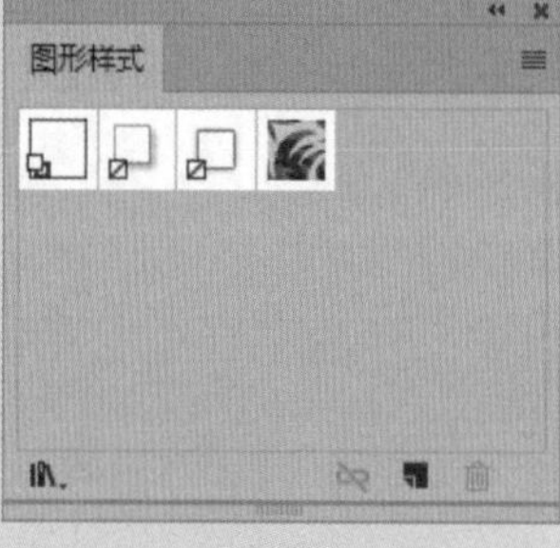

图 1-124

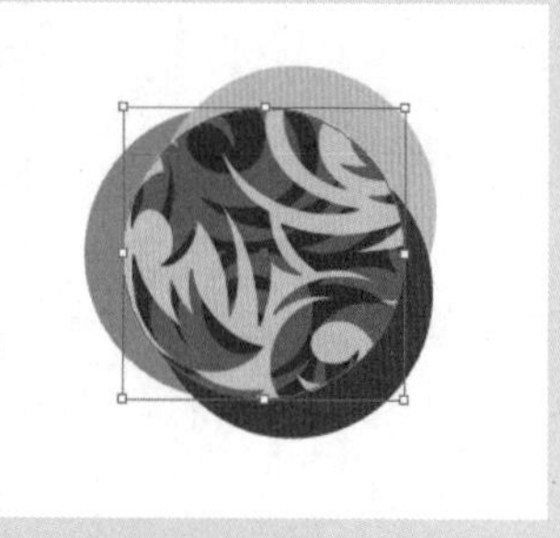

图 1-125

在 Illustrator 中还有很多预设的样式，单击【图形样式】面板左侧的【图层样式库菜单】按钮，即可看到不同的样式库，如图 1-126 所示。

执行【窗口】|【图形样式库】命令也可打开样式库列表，执行相应命令，如图 1-127 所示为【纹理】图形样式面板。

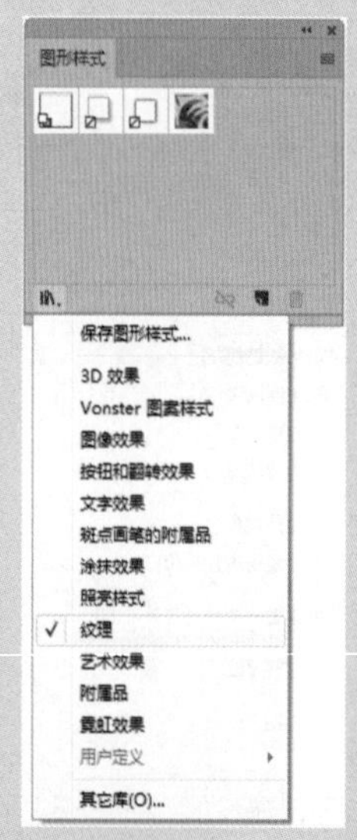

图 1-126

图 1-127

2. 创建图形样式

选中带有样式的图形，如图 1-128 所示，执行【窗口】|【图形样式】命令，弹出【图形样式】面板，单击【图形样式】面板中的【新建图形样式】按钮，即可新建样式，如图 1-129 所示。

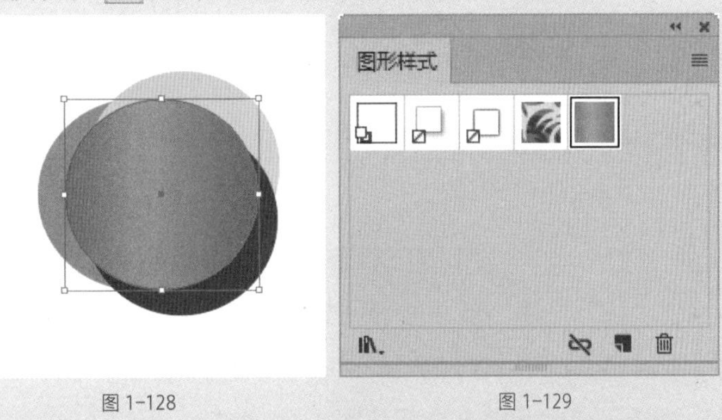

图 1-128　　图 1-129

定义完图形样式并关闭该文档后，定义的图形样式就会消失。如果要将图形样式永久保存，可将相应的样式保存为样式库，以备随时调用。

选择需要保存的图形样式，单击【图形样式】面板中的【菜单】按钮，执行【存储图形样式库】命令，在弹出的窗口中设置一个合适的名称，单击【保存】按钮，如图 1-130 所示。

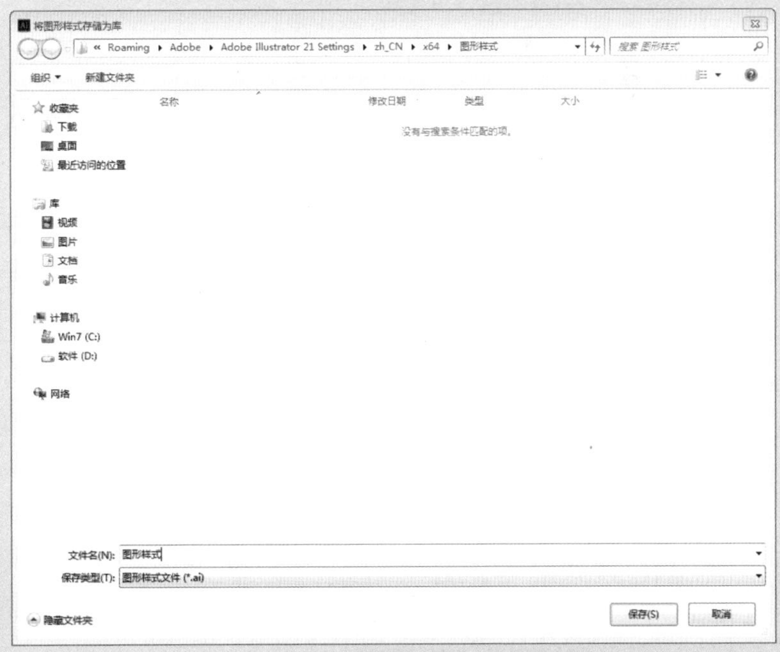

图 1-130

如果要找到存储的图形样式，可以单击【图层样式库菜单】按

> **操作技法**
>
> 当为对象赋予图形样式后，该对象和图形样式之间就建立了“链接”关系，当对该对象外观进行设置时，同时会影响到相应的样式。
>
> 单击【图形样式】面板中的【断开图形样式连接】按钮，即可断开连接。
>
> 如果要删除【图形样式】面板中的样式，可以选中图形样式，按住鼠标左键将其拖至【删除】按钮处，即可删除该样式。

钮 ，执行【用户定义】命令即可看到存储的图形样式，如图 1-131 所示。

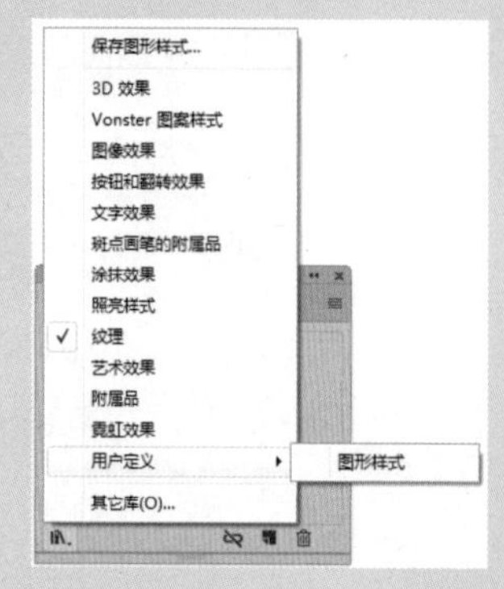

图 1-131

3. 合并图形样式

按 Ctrl 键，单击选择要合并的所有图形样式，在【图形样式】面板菜单中执行【合并图形样式】命令，如图 1-132 所示。

图 1-132

弹出【图形样式选项】面板，输入样式名称，单击【确定】按钮，完成图形样式合并，如图 1-133 所示。

合并的图形样式将包含所选图形样式的全部属性，并将被添加到【图形样式】面板中图形样式列表的末尾，如图 1-134 所示。

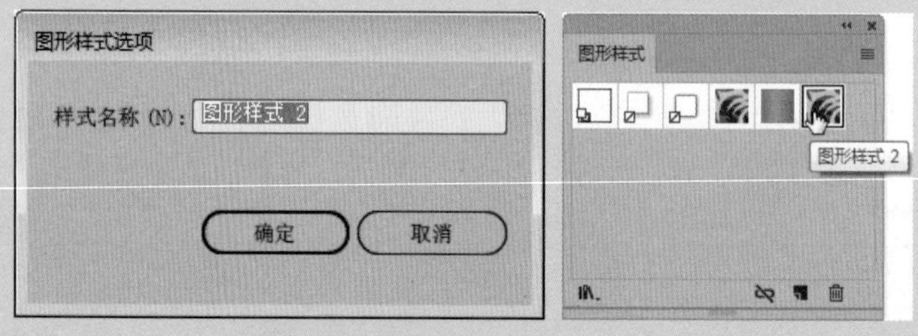

图 1-133　　图 1-134

CHAPTER 02

Photoshop CC 知识准备

本章概述 SUMMARY

Adobe Photoshop CC 是集图像扫描、编辑修改、动画制作、图像设计、广告创意、图像输入与输出于一体的图形图像处理软件，被扩大平面设计人员和电脑美术爱好者所喜爱。

学习目标

√ 掌握并应用基础工具
√ 熟练掌握路径的创建
√ 熟练应用图层的编辑
√ 熟练应用通道与蒙版
√ 熟练应用图像色彩的调整
√ 熟练应用滤镜

◎画布扩展

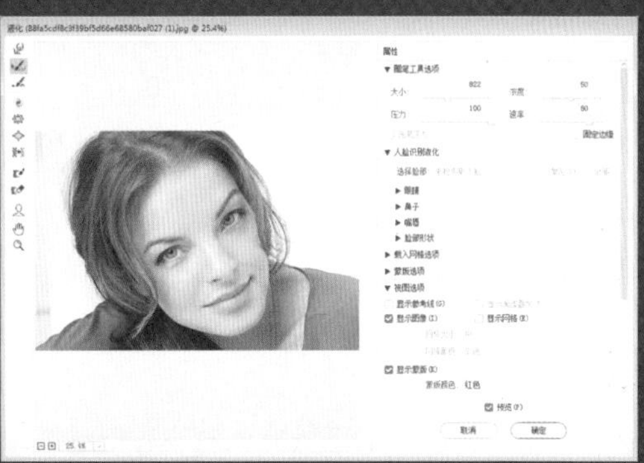

◎“液化”滤镜对话框

2.1 初识 Photoshop CC 2017

Photoshop CC 2017 的工作界面主要包括菜单栏、工具箱、属性栏、状态栏、工作区和图像编辑窗口以及浮动面板，如图 2-1 所示。

图 2-1

1. 菜单栏

由文件、编辑、图像、文字和选择等 11 类菜单组合成菜单栏，将鼠标指针移动至菜单栏中有▶图标的命令上，此时将显示相应的子菜单，选择要使用的项目，即可执行此命令。

2. 工具箱

默认情况下，工具箱位于编辑区的左侧，用鼠标单击工具箱中的工具按钮，即可调用该工具。部分工具图标的右下角有一个黑色小三角形◢图标，表示该工具包含多个子工具。使用鼠标右键单击工具图标或按住工具图标不放，则会显示工具组中隐藏的子工具。

3. 属性栏

属性栏一般位于菜单栏的下方，它是各种工具的参数控制中心。根据选择工具的不同，其所提供的属性栏选项也不同。使用工具栏中的某个工具时，属性栏会变成当前使用工具的属性设置选项，如图 2-2 所示为选区工具的属性栏。

羽化：0 像素　消除锯齿　样式：正常　宽度：　高度：　选择并遮住...

图 2-2

操作技法

在使用某种工具前，先要在工具选项栏中设置参数。执行【窗口】|【选项】命令，可以将工具选项栏进行隐藏和显示。

4．状态栏

状态栏位于窗口的底部，用于显示当前操作提示和当前文档的相关信息。用户可以选择需要在状态栏中显示的信息，单击状态栏右端的 〉 按钮，在弹出的快捷菜单中选择信息即可。

5．工作区和图像编辑窗口

在 Photoshop CC 工作界面中，灰色的区域就是工作区，图像编辑窗口在工作区内。图像编辑窗口的顶部为标题栏，标题中可以显示各文件的名称、格式、大小、显示比例和颜色模式等，如图 2-3、图 2-4 所示。

图 2-3

图 2-4

6．浮动面板

浮动面板浮动在窗口的上方，可以随时切换以访问不同的面板内容。主要用于配合图像的编辑，对操作进行控制和参数设置。常见的面板有图层面板、通道面板、路径面板、历史面板和颜色面板等。在面板上右击，还能针对不同的面板功能打开一些快捷菜单进行操作，打开的面板效果如图 2-5、图 2-6、图 2-7 所示。

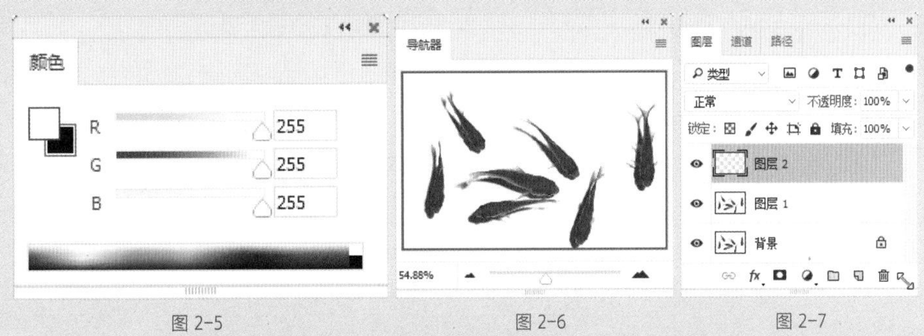

图 2-5　　图 2-6　　图 2-7

2.1.1　调整图像尺寸

调整图像尺寸是指在保留所有图像的情况下通过改变图像的比例来实现图像大小的调整。

1. 使用图像大小命令调整图像尺寸

图像质量的好坏与图像的大小、分辨率有很大关系，分辨率越高，图像就越清晰，而图像文件所占用的空间也就越大。

执行【图像】|【图像大小】命令，弹出【图像大小】对话框，设置相应参数，单击【确定】按钮，如图 2-8 所示。

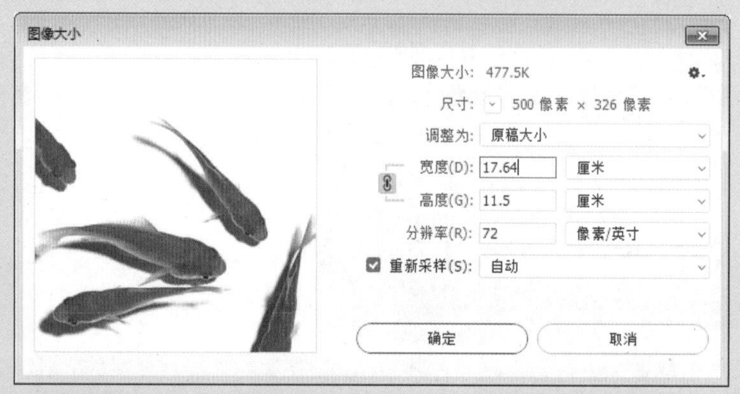

图 2-8

【图像大小】对话框中各选项的含义介绍如下。

- 像素大小：用于改变图像在屏幕上的显示尺寸。
- 文档大小：用于设置文档的宽度、高度和分辨率，以确定图像的大小。
- 缩放样式：选中该复选框后将按比例缩放图像中的图层样式效果。
- 约束比例：选中该复选框后，在【宽度】和【高度】文本框后将出现“链接”标志，更改其中一项后，另一项将按原图像比例相应变化。
- 重定图像像素：选中该复选框后将激活“像素大小”栏中的参数，以改变像素大小，取消选中该复选框，像素大小将不发生变化。

2. 使用裁剪工具调整图像尺寸

裁剪工具主要用来调整画布的尺寸与图像中对象的尺寸。裁剪图像是指使用裁剪工具将部分图像剪去，从而实现图像尺寸的改变或者获取操作者需要的图像部分。

选择工具箱中的裁剪工具，在图像中拖曳得到矩形区域，矩形外的图像会变暗，以便显示出被裁剪的区域。矩形区域的内部代表裁剪后图像保留的部分。裁剪框的周围有 8 个控制点，对控制点进行操作可进行移动、缩小、放大和旋转等调整。效果如图 2-9、图 2-10 所示。

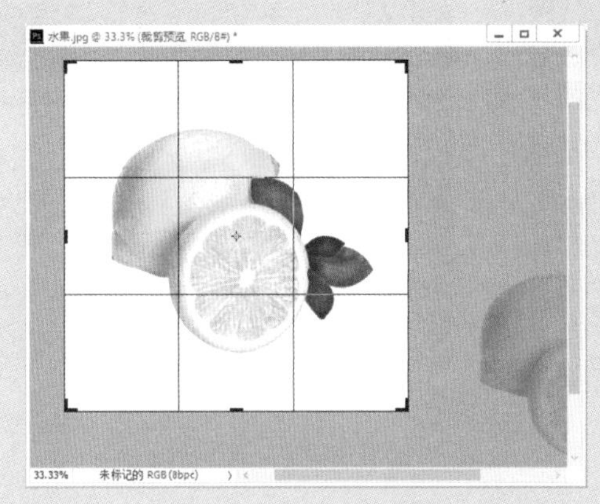

图 2-9

图 2-10

■ 2.1.2　调整画布大小

画布是显示、绘制和编辑图像的工作区域。对画布尺寸进行调整，可以在一定程度上影响图像尺寸的大小。放大画布时，会在图像四周增加空白区域，但不会影响原有的图像；缩小画布时，会裁剪掉不需要的图像边缘。

执行【图像】|【画布大小】命令，弹出【画布大小】对话框，如图 2-11 所示。在画布扩展颜色下拉列表中有背景、前景、白色、黑色、灰色等颜色可供选择，单击【确定】按钮，效果如图 2-12、图 2-13 所示。

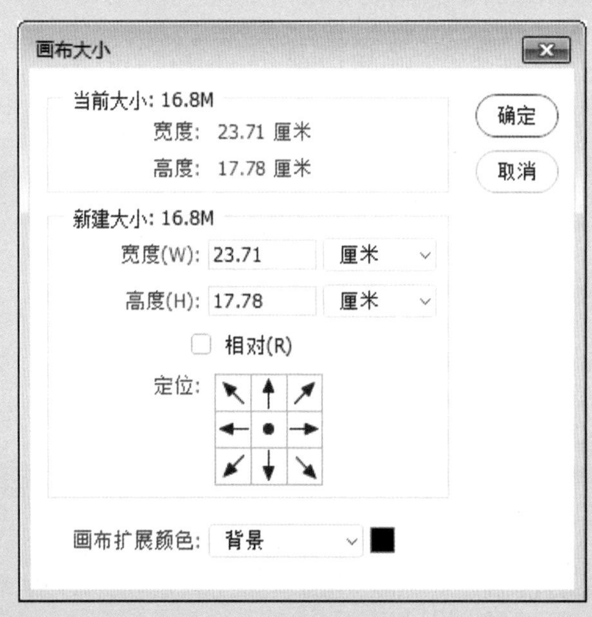

图 2-11

图 2-12

图 2-13

2.1.3　图像的恢复操作

在处理图像的过程中，若对效果不满意或出现操作错误，可使用恢复操作功能来处理。

（1）退出操作。

退出操作是指在执行某些操作的过程中，完成该操作之前可中途退出该操作，从而取消当前操作对图像的影响。要退出操作，只需在执行该操作时按 Esc 键即可。

（2）恢复到上一步操作。

恢复到上一步是指图像恢复到上一步编辑操作之前的状态，该步骤所做的更改将被全部撤销。执行【编辑】|【后退一步】命令，或按 Ctrl+Z 组合键，如图 2-14 所示。

（3）恢复到任意步操作。

如果需要恢复的步骤较多，可执行【窗口】|【历史记录】命令，打开【历史记录】面板，在历史记录列表中找到需要恢复到的操作步骤，在要返回的相应步骤上单击鼠标，如图 2-15 所示。

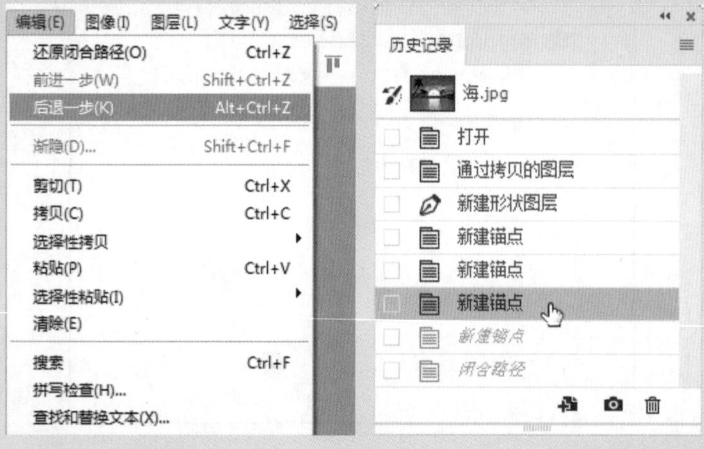

图 2-14　　　　图 2-15

2.2 基础工具的应用

在 Photoshop 中，要对图像的局部进行编辑，首先要通过各种途径将其选中，也就是所说的创建选区。选区实际上就是操作范围的一个界定。按形状样式可将选区划分为“规则选区”和“不规则选区”两大类。

2.2.1 选框工具组

规则选区工具包括矩形选框工具、椭圆选框工具、单行选框工具和单列选框工具等，下面介绍这些工具的使用。

1. 矩形和正方形选区的创建

在工具箱中选择【矩形选框工具】，在图像中单击并拖动光标，绘制出矩形的选框，即选区。若要绘制正方形选区，可在按住 Shift 键的同时在图像中单击并拖动光标。

选择矩形选框工具后，将显示该工具的属性栏，如图 2-16 所示。

羽化：0 像素　消除锯齿　样式：正常　宽度：　高度：　选择并遮住...

图 2-16

- 【当前工具】按钮：该按钮显示的是当前所选择的工具，单击该按钮可以弹出工具箱的快捷菜单，在其中可以调整工具的相关参数。
- 选区编辑按钮组：该按钮组又被称为“布尔运算”按钮组，各按钮的名称从左至右分别是新选区、添加到选区、从选区中减去及与选区交叉。单击【新选区】按钮，是选择新的选区；单击【添加到选区】按钮，可以连续选择选区，将新的选择区域添加到原来的选择区域里；单击【从选区减去】按钮，选择范围为从原来的选择区域里减去新的选择区域；单击【与选区交叉】按钮，选择的是新选择区域和原来的选择区域相交的部分。
- 羽化文本框：羽化是指通过创建选区边框内外像素的过渡来使选区边缘模糊，羽化宽度越大，选区的边缘越模糊，直角处越圆滑，取值范围为 0~250 像素。
- 样式下拉列表框：有【正常】、【固定比例】和【固定大小】3 个选项，用于设置选区的形状。

2．椭圆和圆形选区的创建

在工具箱中选择【椭圆选框工具】◯，在图像中单击并拖动光标，绘制出椭圆形选区，如图 2-17 所示。若要绘制圆形选区，可按住 Shift 键的同时在图像中单击并拖动光标，如图 2-18 所示。

图 2-17

图 2-18

在实际中，环形选区应用的是比较多的。创建一个圆形选区，单击【从选区减去】按钮，拖动绘制选区，此时绘制的部分比原来的选区略小，其中间的部分被减去，只留下圆环形的区域，如图 2-19、图 2-20 所示。

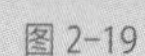

图 2-19

图 2-20

3．单行 / 单列选区的创建

在工具箱中选择【单行选框工具】，在图像中单击绘制出单行选区，保持【添加到选区】按钮被选中的状态，单击【单列选框工具】，在图像中单击并拖动光标绘制出单列选区和十字选区，如图 2-21、图 2-22 所示。

2.2.2 套索工具组

不规则选区从字面上理解是比较随意、自由、不受具体某个形状制约的选区，在实际应用中比较常见。Photoshop CC 为用户提供了套

图 2-21

图 2-22

操作技法

利用单行选框工具和单列选框工具创建的是1像素宽的横向或纵向选区，主要用于制作线条。

索工具组和魔棒工具组，其中包括套索工具、多边形套索工具、磁性套索工具。

1．套索工具

利用套索工具可以创建任意形状的选区，在窗口中按住鼠标进行绘制，释放鼠标后即可创建选区，如图 2-23、图 2-24 所示。

图 2-23

图 2-24

2．多边形套索工具

使用多边形套索工具，可以创建具有直线轮廓的不规则选区。多边形套索工具的原理是使用线段作为选区局部的边界，用鼠标连续单击生成的线段连接起来形成一个多边形的选区。

在图像中单击创建出选区的起始点，在需要创建选区的轨迹上单击鼠标，创建出选区的其他端点，然后将光标移动到起始点处，当光标变成形状时单击，即创建出需要的选区。若不回到起点，在任意位置双击鼠标也会自动在起点和终点间生成一条线段作为多边形选区的最后一条边。

操作技法

如果所绘制的轨迹是一条闭合曲线，则选区即为该曲线所选范围；若轨迹是非闭合曲线，则套索工具会自动将该曲线的两个端点以直线连接，从而构成一个闭合选区。

3．磁性套索工具

磁性套索工具可以为图像中颜色交界处反差较大的区域创建精确选区。磁性套索工具是根据颜色像素自动查找边缘来生成与选择对象最为接近的选区，一般适合于选择与背景反差较大且边缘复杂的对象。

在窗口中单击鼠标确定选区起始点，沿选区的轨迹拖动鼠标，系统将自动在其轨迹上选择对比度较大的边缘产生节点，当光标回到起始点变为形状时单击，即可创建出精确的不规则选区，如图 2-25、图 2-26 所示。

图 2-25

图 2-26

操作技法

当磁性套索节点不够密集时，可以在“磁性套索”选项菜单中设置频率。

2.2.3 魔棒工具组

选择魔棒工具后，将会显示出该工具的属性栏，如图 2-27 所示。

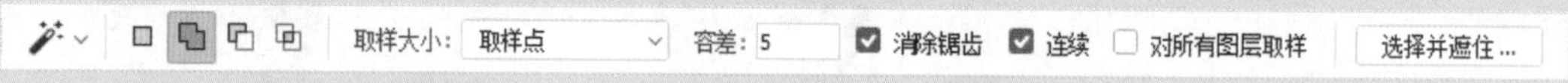

取样大小：取样点 容差：5 消除锯齿 连续 对所有图层取样 选择并遮住 ...

图 2-27

魔棒工具组包括魔棒工具和快速选择工具，属于灵活性很强的选择工具，通常用于选取图像中颜色相同或相近的区域，不必跟踪其轮廓。

单击【魔棒工具】，在属性栏中设置“容差”，以辅助软件对图像边缘进行区分，一般情况下设置为 30px。将光标移动到需要创建选区的图像中，单击即可快速创建选区，如图 2-28、图 2-29 所示。

使用快速选择工具创建选区时，其选取范围会随着光标移动而自动向外扩展并自动查找和跟随图像中定义的边缘，如果所选区域分两个部分，则可以在属性栏中单击【添加选区】按钮。

图 2-28

图 2-29

2.2.4 画笔工具组

在 Photoshop 中，可以使用“画笔工具”“铅笔工具”和“颜色替换工具”等来绘制图像。只有了解并掌握各种绘图工具的功能与操作方法，才能绘制出想要的图像效果，同时也为图像处理的自由性增加了灵活的空间。

1. 画笔工具

在 Photoshop 中，画笔工具的应用比较广泛，使用画笔工具可以绘制出多种图形。在“画笔”控制面板上所选择的画笔决定了绘制效果。

单击【画笔工具】，在菜单栏下方显示该工具的属性栏，如图 2-30 所示。

图 2-30

属性栏中主要选项的含义介绍如下。

- 【工具预设】：实现新建工具预设和载入工具预设等操作。
- 【画笔预设】：选择画笔笔尖，设置画笔大小和硬度。
- 模式：设置画笔的绘画模式，即绘画时的颜色与当前颜色的混合模式。
- 不透明度：设置在使用画笔绘图时所绘颜色的不透明度。该值越小，所绘出的颜色越浅，反之则越深。
- 流量：设置使用画笔绘图时所绘颜色的深浅。若设置的流量较小，其绘制效果如同降低透明度一样，但经过反复涂抹，颜色会逐渐饱和。
- 【启用喷枪样式的建立效果】：将渐变色调应用于图像，同时模拟传统的喷枪技术，Photoshop 会根据单击程度确定画笔线条的填充数量。

除了在属性栏中对画笔进行设置外，还可以单击【切换画笔面板】按钮或者按 F5 键显示【画笔】面板，对画笔样式、大小以及绘制选项进行设置。

2. 铅笔工具

“铅笔工具”在功能及运用上与“画笔工具”较为类似，但使用“铅笔工具”可以绘制出硬边缘的效果，特别是绘制斜线时，锯齿效果会非常明显，并且所有定义的外形光滑的笔刷也会被锯齿化。

单击【铅笔工具】，在菜单栏下方显示该工具的属性栏，如图 2-31 所示。

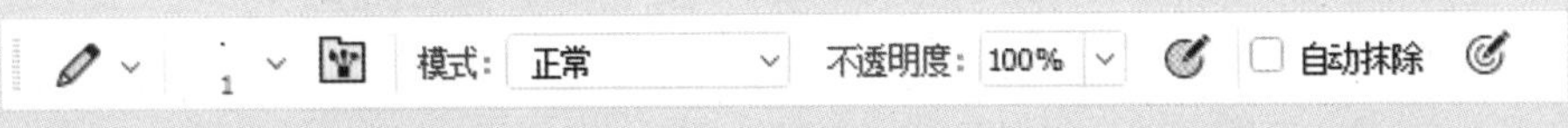

图 2-31

在属性栏中，除了【自动抹除】选项外，其他选项均与画笔工具相同。选中【自动抹除】复选框，铅笔工具会自动选择是以前景色还是背景色作为画笔的颜色。若起始点为前景色，则以背景色作为画笔颜色；若起始点为背景色，则以前景色作为画笔颜色。

按住 Shift 键的同时单击铅笔工具，在图像中拖动鼠标则可以绘制直线效果。如图 2-32、图 2-33 所示为使用不同的铅笔样式绘制出的图像效果。

图 2-32

图 2-33

3．颜色替换工具

使用颜色替换工具能够用前景色置换图像中的色彩，赋予图像更多变化。单击【颜色替换工具】，在菜单栏下方显示该工具的属性栏，如图 2-34 所示。

图 2-34

设置前景色，选择【颜色替换工具】，设置各选项参数值，在图像中进行涂抹即可实现颜色的替换，如图 2-35、图 2-36 所示。

图 2-35

图 2-36

2.2.5　橡皮擦工具组

在 Photoshop CC 中，橡皮擦工具组包括橡皮擦工具、背景橡皮擦工具和魔术橡皮擦工具。擦除图像即对整幅图像中的部分区域进行擦除。同时还可以使用渐变工具将某种颜色或渐变效果以指定的样式进行填充。

1．橡皮擦工具

橡皮擦工具主要用于擦除当前图像中的颜色。单击【橡皮擦工具】，在菜单栏的下方会显示该工具的属性，如图 2-37 所示。

图 2-37

使用【橡皮擦工具】在图像中拖动鼠标，可用背景色的颜色来覆盖鼠标拖动处的图像颜色。若是对背景图层或是已锁定透明像素的图层使用【橡皮擦工具】，会将像素更改为背景色；若是对普通图层使用【橡皮擦工具】，会将像素更改为透明效果，如图 2-38、图 2-39 所示。

图 2-38

图 2-39

2．背景橡皮擦工具

背景橡皮擦工具可以用于擦除指定颜色，并将被擦除的区域以透明色填充。单击【背景橡皮擦工具】，在菜单栏的下方会显示该工具的属性，如图 2-40 所示。

图 2-40

该属性栏中主要选项的含义介绍如下。

- 限制选项：在该选项下拉列表中包含 3 个选项。若选择“不连续”选项，则擦除图像中所有具有取样颜色的像素；若选择“连续”选项，则擦除图像中与光标相连的具有取样颜色的像素；若选择“查找边缘”选项，则在擦除与光标相连区域的同时保留图像中物体锐利的边缘效果。
- 容差文本框：可设置被擦除的图像颜色与取样颜色之间差异的大小，取值范围为 0%~100%。数值越小，被擦除的图像颜色与取样颜色越接近，擦除的范围越小；数值越大，则擦除的范围越大。
- 保护前景色复选框：选中该复选框可防止具有前景色的图像区域被擦除。

如图 2-41、图 2-42 所示为使用背景橡皮擦工具擦除图像前后的效果对比。

图 2-41

图 2-42

3．魔术橡皮擦工具

魔术橡皮擦工具是魔术棒工具和背景橡皮擦工具的综合，它是一种根据像素颜色来擦除图像的工具。单击【魔术橡皮擦工具】，在菜单栏的下方会显示该工具的属性，如图 2-43 所示。

容差：32　消除锯齿　连续　对所有图层取样　不透明度：100%

图 2-43

该属性栏中主要选项的含义介绍如下。

- 消除锯齿：选中此复选框，将得到较平滑的图像边缘。
- 连续复选框：选中该复选框，可使擦除工具仅擦除与单击处相连接的区域。
- 对所有图层取样：选中该复选框，将利用所有可见图层中的组合数据来采集色样，否则只对当前图层的颜色信息进行取样。

使用魔术橡皮擦工具可以一次性擦除图像或选区中颜色相同或相近的区域，让擦除部分的图像呈透明效果。该工具能直接对背景图层进行擦除操作，而无须进行解锁。如图 2-44、图 2-45 所示为使用魔术橡皮擦工具擦除图像前后的效果对比。

图 2-44

图 2-45

2.2.6　渐变工具组

在 Photoshop CC 中，利用渐变工具组里的渐变工具，可以在图像中填充渐变色。如果图像中没有选区，渐变色会填充到当前图层上；如果图像中有选区，渐变色会填充到选区中。渐变工具组分为渐变工具和油漆桶工具。

1．渐变工具

在填充颜色时，使用【渐变工具】可以将颜色从一种颜色变化到另一种颜色，如由浅到深、由深到浅的变化。单击【渐变工具】，在菜单栏的下方会显示该工具的属性，如图 2-46 所示。

图 2-46

该属性栏中主要选项的含义介绍如下。

- 编辑渐变选项：用于显示渐变颜色的预览效果图。单击渐变颜色，将弹出【渐变编辑器】对话框，从中可以设置渐变颜色。
- 渐变类型：包括“线性渐变”“径向渐变”“角度渐变”“对称渐变”“菱形渐变”。
- 模式：用于设置渐变的混合模式。
- 不透明度：用于设置填充颜色的不透明度。
- 反向：选中该复选框，填充后的渐变颜色与用户设置的渐变颜色相反。
- 仿色：选中该复选框，可以用递色法来表现中间色调，使渐变效果更加平衡。
- 透明区域：选中该复选框，将打开透明蒙版功能，使渐变填充可以应用透明设置。

选择渐变工具，在弹出的面板中单击相应的渐变样式，将鼠标定位在图像中要设置为渐变起点的位置，拖动以定义终点，自动填充渐变。

2．油漆桶工具

在填充颜色时，使用【油漆桶工具】可以在选区中填充颜色，也可以在图层图像上单击鼠标填充颜色，单击【油漆桶工具】，在菜单栏的下方会显示该工具的属性，如图 2-47 所示。

图 2-47

该属性栏中主要选项的含义介绍如下。

- 填充选项：选择“前景”，表示在图中填充前景色，选择“图案”，表示在图中填充连续的图案。

- 模式：用于设置渐变的混合模式。
- 不透明度：用于设置填充颜色的不透明度。
- 容差：用于控制油漆桶工具每次填充的范围，数值越大，允许填充的范围也越大。
- 消除锯齿：选中此选项，可使填充的边缘保持平滑。
- 连续的：选中此选项，填充的区域是和鼠标单击点相似并连续的部分；如果不选择此项，填充的区域是所有和鼠标单击点相似的像素，不管是否和鼠标单击点连续。
- 所有图层：选中此选项，不管当前在哪个层上操作，用户所使用的工具对所有图层都起作用，而不是只针对当前操作图层。

2.2.7 图章工具组

图章工具是常用的修饰工具，主要用于对图像的内容进行复制和修复。图章工具组包括仿制图章工具和图案图章工具。

1. 仿制图章工具

【仿制图章工具】在操作前需要从图像中取样，然后将样本应用到其他图像或同一图像的其他部分。【仿制图章工具】与【修复画笔工具】的区别在于使用【仿制图章工具】复制出来的图像在色彩上与原图是完全一样的。

单击【仿制图章工具】，在菜单栏的下方会显示该工具的属性，如图 2-48 所示。

图 2-48

在属性栏中设置工具参数，按住 Alt 键，在图像中单击取样，释放 Alt 键后在需要修复的图像区域单击，即可仿制出取样处的图像，如图 2-49、图 2-50 所示。

图 2-49

图 2-50

2. 图案图章工具

【图案图章工具】是将系统自带的或用户自定义的图案进行复制，并应用到图像中。图案可以用来创建特殊效果、背景网纹或壁纸设计等。

单击【图案图章工具】，在菜单栏的下方会显示该工具的属性，如图 2-51 所示。

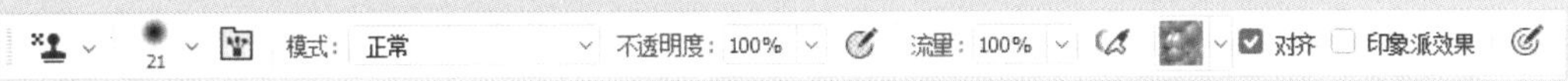

模式：正常　不透明度：100%　流量：100%　对齐　印象派效果

图 2-51

在属性栏中，若选中对齐复选框，每次单击拖曳得到的图像效果是图案重复衔接拼贴；若取消选中对齐复选框，多次复制时会得到图像的重叠效果。

使用【矩形选框工具】选取要作为自定义图案的图像区域，执行【编辑】|【自定义图案】命令，打开【图案名称】对话框，为选区命名并保存，单击【图案图章工具】，在属性栏的【图案】下拉列表中选择所需图案，在窗口中按住鼠标左键并拖动，即可将选择的图案覆盖当前区域的图像，如图 2-52、图 2-53 所示。

图 2-52

图 2-53

3. 内容感知移动工具

内容感知移动工具是 Photoshop CC 新增的一个功能强大、操作简单的智能修复工具。内容感知移动工具主要有两大功能。

- 感知移动功能：该功能主要用来移动图片中的主体，并随意放置到合适的位置。移动后的空隙位置，软件会智能修复。
- 快速复制：选取想要复制的部分，移到需要的位置即可实现复制，复制后的边缘会自动柔化处理，与周围环境融合。

单击【内容感知移动工具】，在菜单栏的下方会显示该工具的属性，如图 2-54 所示。

模式：移动　结构：4　颜色：0　对所有图层取样　投影时变换

图 2-54

该属性栏中主要选项的含义介绍如下。

- 模式：在该下拉列表中包括“移动”“扩展”两个选项。若选择“移动”选项，会实现“感知移动”功能；若选择“扩展”选项，会实现“快速复制”功能。
- 适应：在该下拉列表中，包含“非常严格”“严格”“中”“松散”“非常松散”5 个选项。这是用来设定复制时是完全复制，还是允许“内容感知”感测环境后做些调整，一般来说，预设为“中”就有不错的效果。

2.2.8 污点修复工具组

可根据需要选择污点修复画笔工具、修复画笔工具、修补工具、红眼工具对照片进行相应的修复操作。

1. 污点修复画笔工具

【污点修复画笔工具】是将图像的纹理、光照和阴影等与所修复的图像进行自动匹配。该工具不需要进行取样定义样本，只需确定修补的图像位置，在该位置单击并拖动鼠标，释放鼠标后即可修复图像中的污点，快速除去图像中的瑕疵。

单击【污点修复画笔工具】，在菜单栏的下方会显示该工具的属性，如图 2-55 所示。

图 2-55

该属性栏中主要选项的含义介绍如下。

- 类型按钮组：选中【内容识别】单选按钮，将使用比较接近的图像内容，不留痕迹地填充选区，同时保留让图像栩栩如生的关键细节，如阴影和对象边缘；选中【创建纹理】单选按钮，将使用选区中的所有像素创建一个用于修复该区域的纹理；选中【近似匹配】单选按钮，将使用选区边缘周围的像素来查找要用作选定区域修补的图像区域。
- 对所有图层取样复选框：选中该复选框，可使取样范围扩展到图像中所有的可见图层。

2. 修复画笔工具

【修复画笔工具】与【污点修复画笔工具】的区别是，使用【修复画笔工具】前需要指定样本，即在无污点位置进行取样，再用取样点的样本图像来修复图像。与【仿制图章工具】相同，用于修补瑕疵，可以从图像中取样或用图案填充图像。【修复画笔工具】在修复时，在颜色上会与周围颜色进行一次运算，使其更好地与周围颜色融合。

单击【修复画笔工具】，在菜单栏的下方会显示该工具的属性，如图 2-56 所示。

图 2-56

其中，选中【取样】单选按钮，表示【修复画笔工具】对图像进行修复时以图像区域中某处颜色作为基点。选中【图案】单选按钮，可在其右侧的列表中选择已有的图案用于修复。

3．修补工具

【修补工具】和【修复画笔工具】类似，是使用图像中其他区域或图案中的像素来修复选中的区域。【修补工具】会将样本像素的纹理、光照和阴影与源像素进行匹配。

单击【修补工具】，在菜单栏的下方会显示该工具的属性，如图 2-57 所示。

图 2-57

其中，选中【源】单选按钮，则修补工具将从目标选区修补源选区；选中【目标】单选按钮，则修补工具将从源选区修补目标选区。

4．红眼工具

使用闪光灯拍出的人物眼睛容易泛红，这种现象即红眼现象。Photoshop 提供的“红眼工具”可以去除照片中人物眼睛中的红点，以恢复眼睛光感。

2.3 路径的创建

路径工具是 Photoshop 矢量设计功能的充分体现，用户可以利用路径功能绘制线条或者曲线，并对绘制后的线条进行填充等，从而完成一些选取工具无法完成的工作，因此，必须熟练掌握路径工具的使用。使用钢笔工具和自由钢笔工具可以创建路径，使用钢笔工具组中的其他工具，如添加锚点工具、删除锚点工具等可以对路径进行修改和调整，使其更符合要求。

2.3.1 路径和路径面板

所谓路径是指在屏幕上表现为一些不可打印、不能活动的矢量形状，由锚点和连接锚点的线段或曲线构成，每个锚点包含了两个控制柄，用于精确调整锚点及前后线段的曲度，从而匹配想要选择的边界。

执行【窗口】|【路径】命令，打开【路径】面板，进行路径的新建、保存、复制、填充以及描边等操作，如图 2-58 所示。

【路径】面板中主要选项的含义介绍如下。

- 路径缩略图和路径层名：用于显示路径的大致形状和路径名称，双击名称后可为该路径重命名。
- 【用前景色填充路径】按钮：单击该按钮将使用前景色填充当前路径。

- 【用画笔描边路径】○：单击该按钮可用画笔工具和前景色为当前路径描边。
- 【将路径作为选区载入】：单击该按钮可将当前路径转换成选区，此时还可对选区进行其他编辑操作。
- 【从选区生成工作路径】：单击该按钮可将当前选区转换成路径。
- 【添加图层蒙版】：单击该按钮可以为路径添加图层蒙版。
- 【创建新路径】：单击该按钮可以创建新的路径图层。
- 【删除当前路径】：单击该按钮可以删除当前路径图层。

图 2-58

2.3.2 钢笔工具组

Photoshop 软件中提供了一组用于创建、编辑路径的工具，包括【钢笔工具】和【自由钢笔工具】，默认情况下，显示为【钢笔工具】图标。

1. 钢笔工具

【钢笔工具】是一种矢量绘图工具，使用它可以精确绘制出直线或平滑的曲线。选择【钢笔工具】，在图像中单击创建路径起点，此时在图像中会出现一个锚点，沿图像中需要创建路径的图案轮廓方向单击并按住鼠标不放向外拖动，使曲线贴合图像边缘，直到光标与创建的路径起点相连接，路径才会自动闭合，如图 2-59、图 2-60 所示。

图 2-59

图 2-60

2．自由钢笔工具

【自由钢笔工具】可以在图像窗口中拖动鼠标绘制任意形状的路径。在绘制时，将自动添加锚点，无须确定其位置，完成后可对其进行调整。

选择【自由钢笔工具】，在属性栏中选中【磁性的】复选框，将创建连续的路径，同时会随着鼠标的移动产生一系列锚点，如图 2-61 所示；若取消选中该复选框，则可创建不连续的路径，如图 2-62 所示。

图 2-61

图 2-62

操作技法

【自由钢笔工具】类似于【套索工具】，不同的是，【套索工具】绘制的是选区，而【自由钢笔工具】绘制的是路径。

2.3.3 路径形状的调整

路径可以是平滑的直线或曲线，也可以是由多个锚点组成的闭合形状，在路径中添加锚点或删除锚点都能改变路径的形状。

1．添加锚点

单击【添加锚点工具】，将鼠标移到要添加锚点的路径上，当变为形状时，单击鼠标即可添加一个锚点，添加的锚点以实心显示，此时拖动该锚点可以改变路径的形状。

2．删除锚点

单击【删除锚点工具】，将鼠标移到要删除的锚点上，当变为形状时，单击鼠标即可删除该锚点，删除锚点后路径的形状会发生相应变化。

3．转换锚点

使用【转换锚点工具】能将路径在尖角和平滑之间进行转换，具体有以下几种方式。

（1）若要转换为平滑点的锚点，按住鼠标左键不放并拖动，会出现锚点的控制柄，拖动控制柄即可调整曲线的形状，如图 2-63 所示。

（2）若要将平滑点转化成没有方向线的角点，单击平滑锚点即可，如图 2-64 所示。

（3）若要将平滑点转换为带有方向线的角点，需要有方向线，然后拖动方向点，使方向线断开，如图 2-65 所示。

图 2-63　　图 2-64　　图 2-65

2.4　文字的处理与应用

在 Photoshop 中进行设计创作时，除了可绘制色彩缤纷的图像，还可创建具有各种效果的文字。文字可以帮助用户快速了解作品的主题。

2.4.1　创建文本

任何设计中都会出现文字这一元素，文字不仅具有说明性，还可以美化图片，增加图片的完整性。在 Photoshop CC 中，文字工具包括横排文字工具、直排文字工具、直排文字蒙版工具和横排文字蒙版工具。用鼠标右键单击【横排文字工具】T.按钮右下角的小三角形图标或按住左键不放，即可显示出该工具组中隐藏的子工具，如图 2-66 所示。

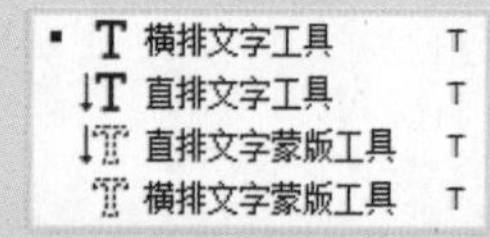

横排文字工具　T
直排文字工具　T
直排文字蒙版工具　T
横排文字蒙版工具　T

图 2-66

单击【文字工具】T.，在菜单栏的下方会显示该工具的属性，如图 2-67 所示。

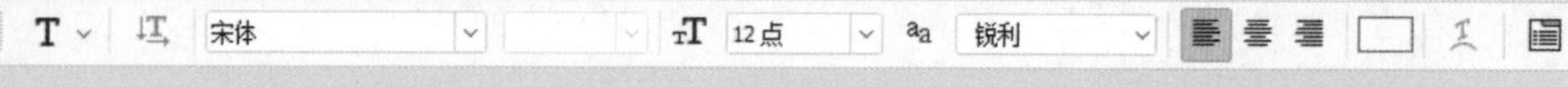

图 2-67

该属性栏中主要选项的含义介绍如下。

- 【更改文本方向】按钮 ：单击该按钮即可实现文字横排和直排之间的转换。
- 字体选项：用于设置文字字体。
- 设置字体样式选项 ：用于设置文字加粗、斜体等样式。

- 设置字体大小选项 $_T^T$：用于设置文字的字体大小，默认单位为点，即像素。
- 设置消除锯齿的方法选项 aa：用于设置消除文字锯齿的模式。
- 对齐按钮组：用于快速设置文字对齐方式，从左到右依次为“左对齐”“居中对齐”和“右对齐”。
- 设置文本颜色色块：单击色块，可打开【拾色器】对话框，在其中设置文本颜色。
- 【创建文字变形】：单击该按钮，可打开【变形文字】对话框，在其中可设置其变形样式。
- 【切换字符和段落面板】：单击该按钮可打开【字符】面板和【段落】面板。

操作技法

横排文字蒙版工具可创建出横排的文字选区，使用该工具时图像上会出现一层红色蒙版；垂直文字蒙版工具与横排文字蒙版工具效果一样，只是方向为竖排文字选区。

1. 输入水平与垂直文字

选择【文字工具】，在属性栏中设置文字的字体和字号，然后在图像中单击，此时在图像中出现相应的文本插入点，输入文字即可。其中文本的排列方式包含横排文字和直排文字两种。使用【横排文字工具】T.可以在图像中从左到右输入水平方向的文字，如图 2-68 所示。使用【直排文字工具】IT.可以在图像中输入垂直方向的文字，如图 2-69 所示。文字输入完成后，按 Ctrl+Enter 组合键或者单击文字图层即可。

图 2-68

图 2-69

2. 输入段落文字

操作技法

如果需要调整已经创建好的文本排列方式，则可以单击【文字工具】选项栏中的【切换文本取向】按钮IT，或者执行【文字】|【取向（水平或垂直）】命令即可。

若需要输入的文字内容较多，可通过创建段落文字的方式进行输入，以便对文字进行管理并对格式进行设置。

选取【文字工具】T.，将鼠标指针移动到窗口中，当鼠标变成插入符号时，按住鼠标左键并拖动，此时拉出一个文本框，如图 2-70 所示。文本插入点会自动插入到文本框前端，然后在文本框中输入文字，当文字到达文本框的边界时会自动换行。如果文字需要分段时，按 Enter 键，如图 2-71 所示。

若开始绘制的文本框较小，会导致输入的文字内容不能完全显示在文本框中，此时将鼠标指针移动到文本框四周的控制点上拖动鼠标调整文本框大小，使文字全部显示在文本框中。

图 2-70

图 2-71

3．输入文字型选区

单击【横排文字蒙版工具】或【直排文字蒙版工具】可以创建文字选区，即沿文字边缘创建的选区。

使用文字蒙版工具创建选区时，【图层】面板中不会生成文字图层，因此输入文字后，不能再编辑该文字内容。

文字蒙版工具与文字工具性质完全不同，使用文字蒙版工具可以创建未填充颜色的以文字为轮廓边缘的选区。用户可以为文字型选区填充渐变颜色或图案，以便制作出更多的文字效果。

4．沿路径输入文字

让文字跟随某一条路径的轮廓形状进行排列，有效地将文字和路径结合，可在很大程度上加强文字带来的视觉效果。选择【钢笔工具】或【形状工具】，在属性栏中选择【路径】选项，在图像中绘制路径，使用【文本工具】，将鼠标指针移至路径上方，当鼠标指针变为形状时，在路径上单击鼠标，此时光标会自动吸附到路径上，输入文字。按 Ctrl+Enter 组合键确认，即得到文字按照路径走向排列的效果，如图 2-72、图 2-73 所示。

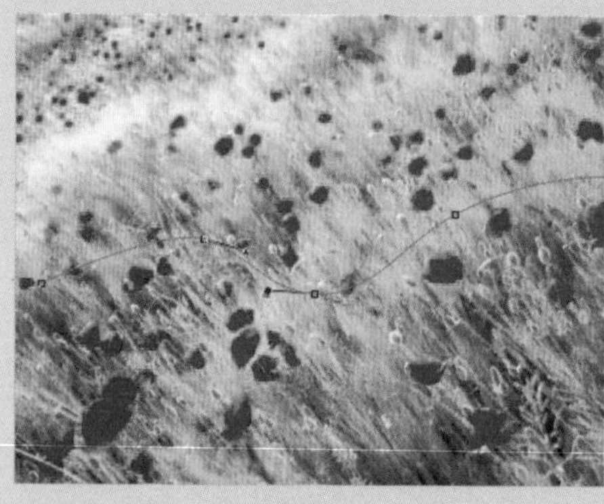

图 2-72

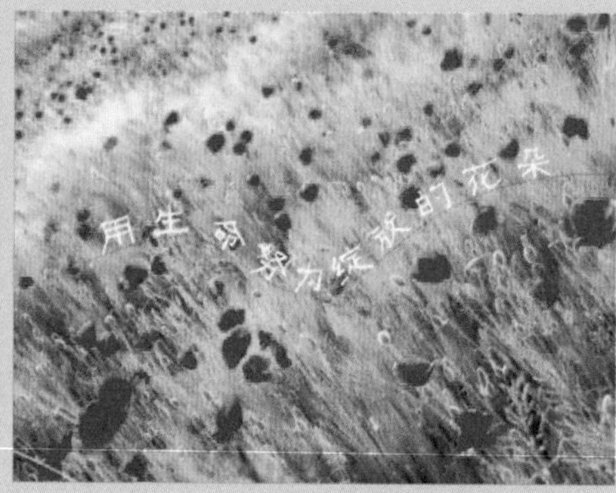

图 2-73

在 Photoshop CC 中有两个关于文本的面板，一个是文字，另一个是段落，在这两个面板中可以设置字体的类型、大小、字距、基线移动以及颜色等属性，让文字更贴近想表达的主题，并使整个画面变得更加完整。

单击【字符】按钮，弹出【字符】面板，可对文字进行设置，例如行间距、竖向缩放、横向缩放、比例间距和字符间距等，如图 2-74 所示。

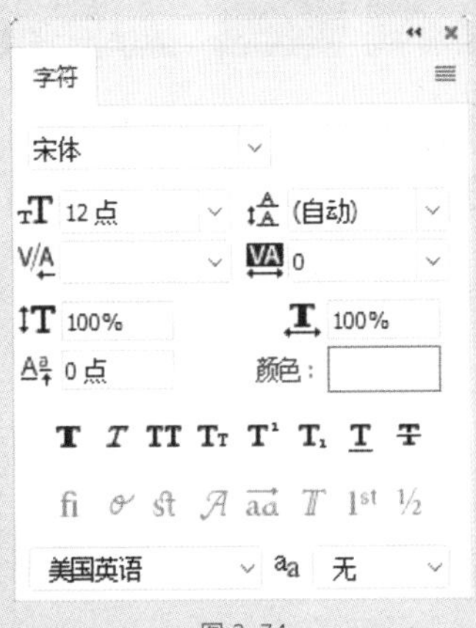

图 2-74

段落格式的设置主要通过【段落】面板来实现，执行【窗口】|【段落】命令，打开【段落】面板，在面板中单击相应的按钮或输入数值即可对文字的段落格式进行调整，如图 2-75 所示。

图 2-75

2.4.2 将文字转换为工作路径

在图像中输入文字后，选择文字图层，单击鼠标右键，从弹出的快捷菜单中选择【创建工作路径】命令或执行【文字】|【创建工作路径】命令，即可将文字转换为文字形状的路径。

转换为工作路径后，可以使用【路径选择工具】对文字路径进行移动，调整工作路径的位置。同时还可通过 Ctrl+Enter 组合键将路径转换为选区，让文字在文字型选区、文字型路径以及文字型形状之间进行相互转换，变换出更多效果，如图 2-76、图 2-77、图 2-78 所示。

图 2-76

图 2-77

图 2-78

2.4.3 变形文字

变形文字即对文字的水平形状和垂直形状做出调整，让文字效果更多样化。变形文字工具只针对整个文字图层而不能单独针对一个字体或者某些文字。

执行【文字】|【文字变形】命令或单击工具选项栏中的【创建文字变形】按钮，弹出【变形文字】对话框，如图 2-79 所示。

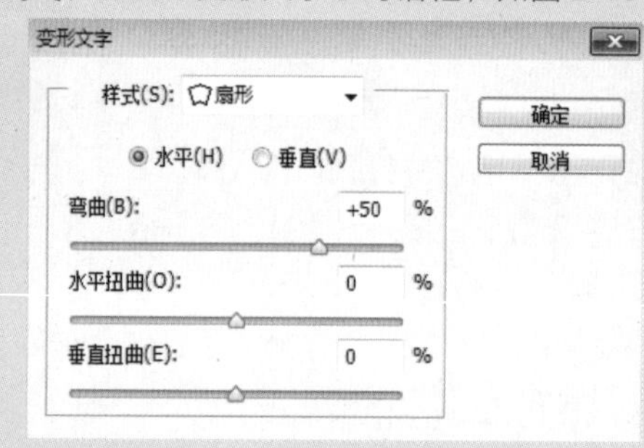

图 2-79

其中，【水平】和【垂直】选项主要用于调整变形文字的方向；【弯曲】选项用于指定对图层应用的变形程度；【水平扭曲】和【垂直扭曲】选项用于对文字应用透视变形。结合【水平】和【垂直】方向上的控制以及弯曲度的协助，可以为图像中的文字增添许多效果。应用扇形文字样式，调整弯曲、水平扭曲、垂直扭曲的效果。

> **操作技法**
>
> 将文字转换为工作路径后，原文字图层保持不变并可继续进行编辑。

2.5 图层的应用

图层在 Photoshop 中起着至关重要的作用，通过图层，可以对图形、图像以及文字等元素进行有效的管理和归整，为创作过程提供有利的条件。

2.5.1 认识图层

图层相当于一张胶片，里面包含文字或图形等元素，一张张按顺序叠放在一起，组合起来形成平面设计的最终效果，每张纸称为一个“图层”。图层具有以下 3 个特性。

- 独立性：图像中的每个图层都是独立的，当移动、调整或删除某个图层时，其他图层不受任何影响。
- 透明性：图层可以看作透明的胶片，将众多的图层按一定顺序叠加在一起，便可得到复杂的图像。
- 叠加性：图层是由上至下叠加在一起的，并不是简单的堆积，而是通过控制各层图层的混合模式和选项之后叠加在一起，可以得到千变万化的图像合成效果。

在 Photoshop 中，所有应用都是基于图层上的，很多复杂强大的图像处理功能也是图层提供的。执行【窗口】|【图层】命令，打开【图层】面板，如图 2-80 所示。

图 2-80

【图层】面板主要选项含义介绍如下。

- 图层滤镜：位于【图层】面板的顶部，显示基于名称、种类、效果、模式、属性或颜色标签的图层的子集。使用新的过滤选项可帮助用户快速地在复杂文档中找到关键层。
- 图层的混合模式：用于选择图层的混合模式。
- 图层整体不透明度 不透明度：100%：用于设置当前图层的不透明度。
- 图层锁定 锁定：：包括锁定透明像素、锁定图像像素、锁定位置和锁定全部。图层被锁定后，将显示完全锁定图标 或部分锁定图标 。
- 图层内部不透明度 填充：100%：可以在当前图层中调整某个区域的不透明度。
- 指示图层可见性 ：用于控制图层显示或者隐藏，在隐藏状态下的图层不能编辑。

- 图层缩览图：是指图层图像的缩小图，方便确定调整的图层。在缩小图上单击鼠标右键，弹出列表，在列表中可以选择缩小图的大小、颜色、像素等。
- 图层名称：用于定义图层的名称，更改图层名称，可双击要重命名的图层，输入名称。
- 图层按钮组：【图层】面板底端的 7 个按钮分别是链接图层、添加图层样式、添加图层蒙版、创建新的填充或调整图层、创建新组、创建新图层、删除图层，它们是图层操作中常用的命令。

2.5.2 管理图层

在 Photoshop CC 中，图层的操作包括新建、复制与删除、重命名、调整图层顺序以及合并。

1．新建图层

默认状态下，打开或新建的文件只有背景图层。若新建图层，执行【图层】|【新建】|【图层】命令，弹出【新建图层】对话框，单击【确定】按钮，如图 2-81 所示。或者在【图层】面板中单击【创建新图层】按钮，即可在当前图层上新建一个图层，新建的图层会自动成为当前图层。

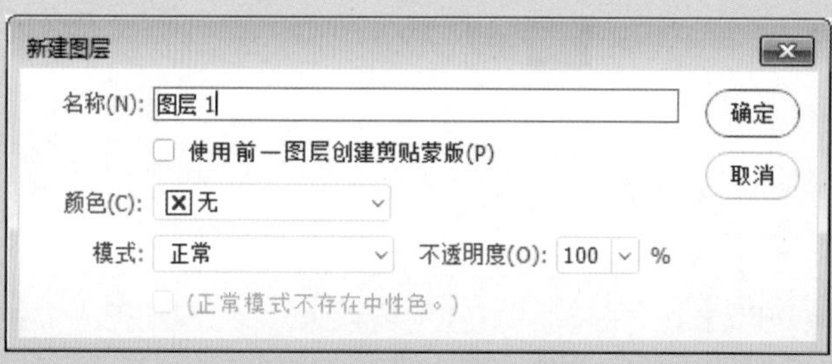

图 2-81

除此之外，还有其他图层创建的方法。

- 文字图层：单击【文字工具】按钮，在图像中单击鼠标，出现闪烁光标后输入文字，按 Ctrl+Enter 组合键，即可创建文字图层。
- 形状图层：单击【自定形状工具】按钮，打开选项栏中【设置带创建的形状】选项右侧的下拉列表，从中选择相应的形状，在图像上单击并拖动鼠标，即自动生成形状图层。
- 填充或调整图层：单击【图层】面板下方的【创建新的填充或调整图层】按钮，在弹出的菜单中执行相应的命令，调整参数，单击【确定】按钮，在【图层】面板中出现调整图层或填充图层。

2．复制与删除图层

在对图像进行编辑之前，要选择相应图层作为当前工作图层，此时只需将光标移动到【图层】面板上，当其变为形状时，单击需要选择的图层即可。或者在图像上单击鼠标右键，在弹出的快捷菜单中选择相应的图层名称也可选择该图层，如图 2-82 所示。

选择需要复制的图层，将其拖动到【创建新图层】按钮上即可复制出一个副本图层，如图 2-83 所示。复制副本图层可以避免因为操作失误造成的图像效果的损失。

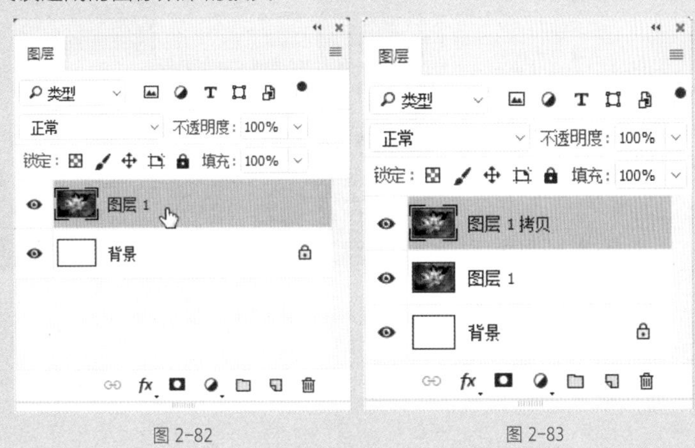

图 2-82　　图 2-83

为了减少图像文件占用的磁盘空间，在编辑图像时，通常会将不再使用的图层删除。用鼠标右键单击需要删除的图层，在弹出的菜单中执行【删除图层】命令。

此外，还可选中要删除的图层，将其拖动到【删除图层】按钮上，释放鼠标即可。

3．重命名图层

如果需要修改图层的名称，在图层名称上双击鼠标，图层名称变为蓝色，呈可编辑状态，输入新的图层名称，按 Enter 键确认。

4．调整图层顺序

图像会有不止一个图层，而图层的叠放顺序直接影响着图像的合成效果，因此，常常需要调整图层的叠放顺序，来达到设计的要求。

最常用的方法是在【图层】面板中选择需要调整位置的图层，将其直接拖动到目标位置，出现黑色双线时释放鼠标，如图 2-84 所示。或者在【图层】面板上选择要移动的图层，执行【图层】|【排列】命令，在子菜单中执行相应命令，选定图层被移动到指定位置上，如图 2-85 所示。

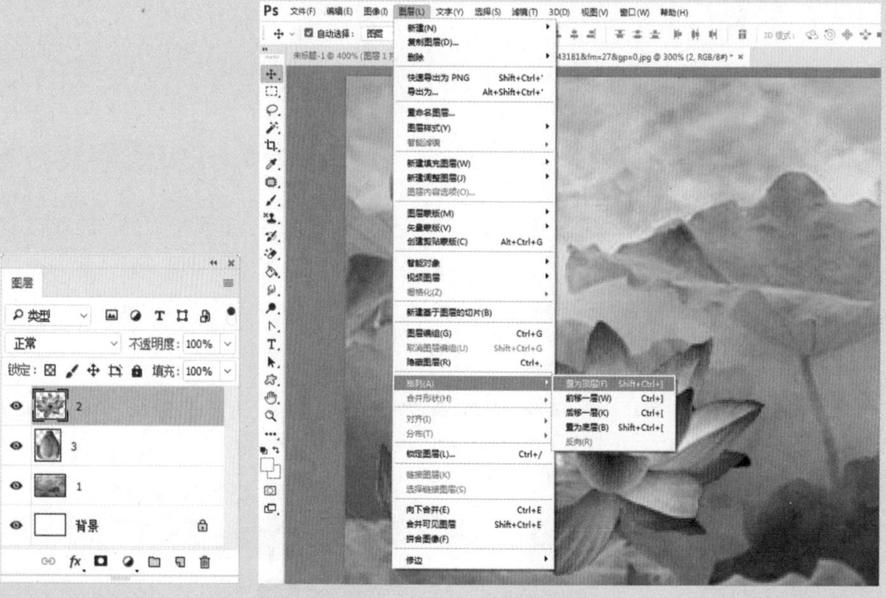

图 2-84　　　　图 2-85

5. 合并图层

一幅图像往往是由许多图层组成的，图层越多，文件越大。当最终确定了图像的内容后，为了缩减文件，可以合并图层。简单来说，合并图层就是将两个或两个以上图层中的图像合并到一个图层上。可根据需要对图层进行合并，从而减少图层的数量以便操作。

（1）合并多个图层。

当需要合并两个或多个图层时，在【图层】面板中选中要合并的图层，执行【图层】|【合并图层】命令或单击【图层】面板右上角的按钮 ≡，在弹出的菜单中执行【合并图层】命令，如图 2-86、图 2-87 所示。

图 2-86　　　　图 2-87

（2）合并可见图层。

合并可见图层就是将图层中可见的图层合并到一个图层中，而隐藏的图像则保持不动。执行【图层】|【合并可见图层】命令或按住 Ctrl+Shift+E 组合键。合并后的图层以合并前选择的图层名称命名，如图 2-88、图 2-89 所示。

图 2-88　　图 2-89

操作技法

在【图层】面板中，【不透明度】和【填充】两个选项都可用于设置图层的不透明度，但其作用范围是有区别的。【填充】只用于设置图层内部的填充颜色，对添加到图层的外部效果（如投影）不起作用。

2.5.3　图层样式

为图层添加图层样式是指为图层上的图形添加一些特殊的效果。例如投影、内阴影、内发光、外发光、斜面和浮雕、光泽、颜色叠加、渐变叠加等。

1．调整图层不透明度

图层的不透明度直接影响图层上图像的透明效果，对其进行调整可淡化当前图层中的图像，使图像产生虚实结合的透明感。在【图层】面板的【不透明度】数值框中输入相应的数值或直接拖动滑块即可，如图 2-90、图 2-91 所示。数值的取值范围为 0~100 %：数值为 100 % 时，图层完全不透明；为 0 时，图层完全透明。

图 2-90

图 2-91

2. 设置图层混合模式

混合模式的应用非常广泛，在【图层】面板中，可以很方便地设置各图层的混合模式。

默认情况为正常模式，除正常模式外，Photoshop CC 还提供了 26 种混合模式，包括溶解、变暗、正片叠底、颜色加深、线性加深、深色、变亮、滤色、颜色减淡、线性减淡（添加）、浅色、叠加、柔光、强光、亮光、线性光、点光、实色混合、差值、排除、减去、划分、色相、饱和度、颜色和明度。在【图层】面板的【混合模式】下拉列表中选择不同选项即可改变当前图层的混合模式，如图 2-92 所示。

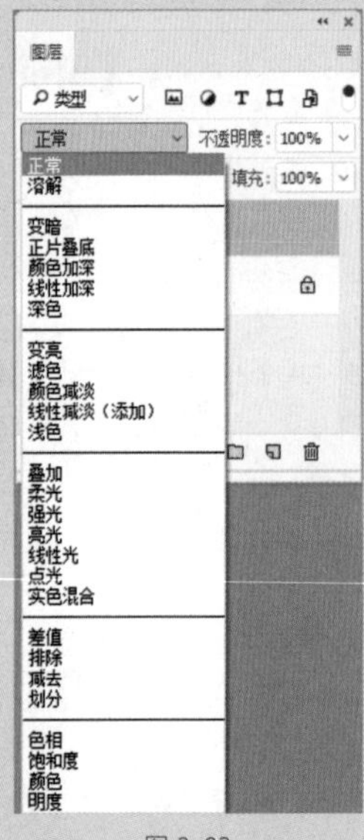

图 2-92

3. 应用图层样式

双击需要添加图层样式的图层，弹出【图层样式】对话框，选中相应的复选框并设置参数，单击【确定】按钮，如图 2-93 所示。

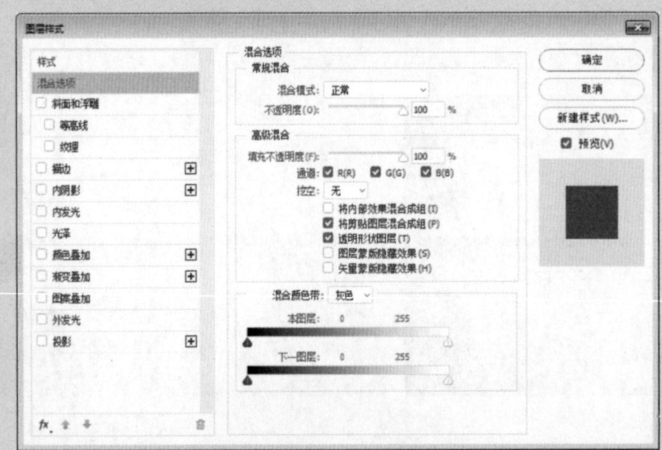

图 2-93

此外，还可单击【图层】面板底部的【添加图层样式】fx.按钮，在弹出的下拉菜单中选择任意一种样式，打开【图层样式】对话框，选中相应的复选框并设置参数，若选中多个复选框，则可同时为图层添加多种样式效果。

各图层样式的应用介绍如下。

- 斜面和浮雕：用于增加图像边缘的明暗度，并增加投影来使图像产生不同的立体感。
- 描边：使用一种颜色沿图像边缘填充某种颜色。
- 内阴影：是指沿图像边缘向内产生投影效果。“投影”是在图层内容的背后添加阴影；“内阴影”是在图层边缘内添加阴影，使图层呈现内陷的效果。
- 内发光：在图像边缘的内部添加发光效果。
- 光泽：在图像上填充明暗度不同的颜色并在颜色边缘部分产生柔化效果，常用于制作光滑的磨光或金属效果。
- 颜色叠加：使用一种颜色覆盖在图像表面。为图像添加“颜色叠加”样式如同使用画笔工具沿图像涂抹一层颜色，不同的是由“颜色叠加”样式叠加的颜色不会破坏原图像。
- 渐变叠加：使用一种渐变颜色覆盖在图像表面。
- 图案叠加：使用一种图案覆盖在图像表面。
- 外发光：在图像边缘的外部添加发光效果。
- 投影：用于模拟物体受光后产生的投影效果，以增加图像的层次感。

4. 管理图层样式

图层的样式也是可以编辑与管理。

（1）复制图层样式。

选中已添加图层样式的图层，执行【图层】|【图层样式】|【拷贝图层样式】命令，复制该图层样式，选择需要粘贴图层样式的图层，执行【图层】|【图层样式】|【粘贴图层样式】命令。

复制图层样式的另一种方法是，选中已添加图层样式的图层，单击鼠标右键，在弹出的快捷菜单中选择【拷贝图层样式】命令，再选择需要粘贴图层样式的图层，单击鼠标右键，在弹出的快捷菜单中选择【粘贴图层样式】命令。

（2）删除图层样式。

删除图层样式可分为两种形式，一种是删除图层中运用的所有图层样式；另一种是删除图层中运用的部分图层样式。

- 删除图层中运用的所有图层样式

将要删除的图层中的图层效果图标fx.拖动到【删除图层】按钮上，释放鼠标即可删除图层样式。

- 删除图层中运用的部分图层样式

展开图层样式，选择要删除的其中一种图层样式，将其拖到【删除图层】按钮上，释放鼠标即可删除该图层样式，其他图层样式依然保留，如图 2-94、图 2-95 所示。

图 2-94　　图 2-95

（3）隐藏图层样式。

有时图像的效果太过复杂，难免会破坏画面，这时可以隐藏图层效果。选择任意图层，执行【图层】|【图层样式】|【隐藏所有效果】命令，此时该图像文件中所有图层的图层样式被隐藏起来。

单击当前图层中已添加的图层样式前的图标，即可将当前层的图层样式隐藏。此外，还可以单击其中某一图层样式前的图标，即只隐藏该图层样式。

2.6　通道和蒙版

对图像的编辑实质上是对通道的编辑。通道是真正记录图像信息的地方，无论色彩的改变、选区的增减、渐变的产生，都可以追溯到通道中去。通道的编辑包括创建通道、复制和删除通道、分离和合并通道，以及通道的计算和与选区及蒙版的转换等。

2.6.1　创建通道

一般情况下，在 Photoshop 中新建的通道是保存选择区域信息的 Alpha 通道，可以帮助用户更加方便地对图像进行编辑。创建通道分为创建空白通道和创建带选区的通道两种。

1．创建空白通道

空白通道是指创建的通道属于选区通道，但选区中没有图像等信息。新建通道的方法是：在【通道】面板中单击右上角的☰按钮，在弹出的菜单中执行【新建通道】命令，如图 2-96 所示，弹出【新建通道】对话框，如图 2-97 所示，设置参数，单击【确定】按钮。或者在【通道】面板中单击底部的【创建新通道】按钮也可以新建一个空白通道。

图 2-96

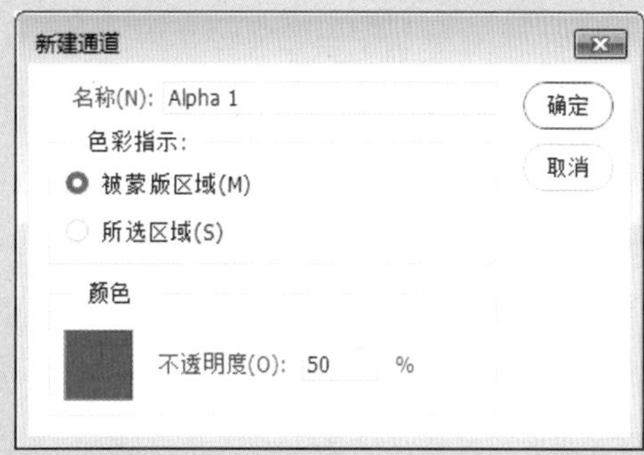

图 2-97

2．创建带选区的通道

选区通道是用来存放选区信息的，用户可以在图像中将需要保留的图像创建选区，然后在【通道】面板中单击【创建新通道】按钮。将选区创建为新通道后能方便在以后的重复操作中快速载入选区。若是在背景图层上创建选区，可单击【将选区存储为通道】按钮快速创建带有选区的 Alpha 通道。在将选区保存为 Alpha 通道时，选择区域保存为白色，非选择区域保存为黑色。如果选择区域具有羽化值，则此类选择区域被保存为由灰色柔和过渡的通道。

■ 2.6.2　复制和删除通道

对通道中的选区进行编辑，要先将该通道的内容复制，以免编辑后不能还原图像。图像编辑完成后，若存储含有 Alpha 通道的图像会占用一定的磁盘空间，因此在存储含有 Alpha 通道的图像前，用户可以删除不需要的 Alpha 通道。

复制或删除通道只需拖动需要复制或删除的通道到【创建新通道】按钮上或【删除当前通道】按钮上释放鼠标即可。也可以在需要复制和删除的通道上单击鼠标右键，在弹出的快捷菜单中执行【复制通道】或【删除通道】命令来完成相应的操作，如图 2-98、图 2-99 所示。

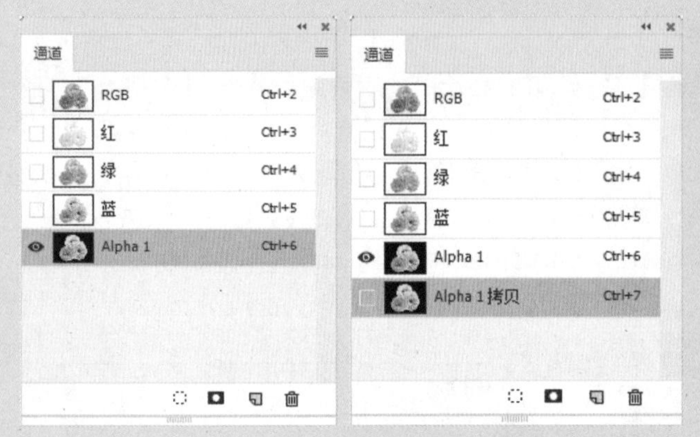

图 2-98　　　　图 2-99

2.6.3　分离和合并通道

在 Photoshop 中，可以将通道进行分离或者合并。分离通道可将一个图像文件中的各个通道以单个独立文件的形式进行存储，而合并通道可以将分离的通道合并在一个图像文件中。

1．分离通道

分离通道是将通道中的颜色或选区信息分别存放在不同的独立灰度模式的图像中，分离通道后也可对单个通道中的图像进行操作，常用于无须保留通道的文件格式而保存单个通道信息等情况。

打开一张需要分离通道的图像，在【通道】面板中单击右上角的 ≡ 按钮，在弹出的菜单中选择【分离通道】命令，此时软件自动将图像分离为三个灰度图像，如图 2-100 所示。

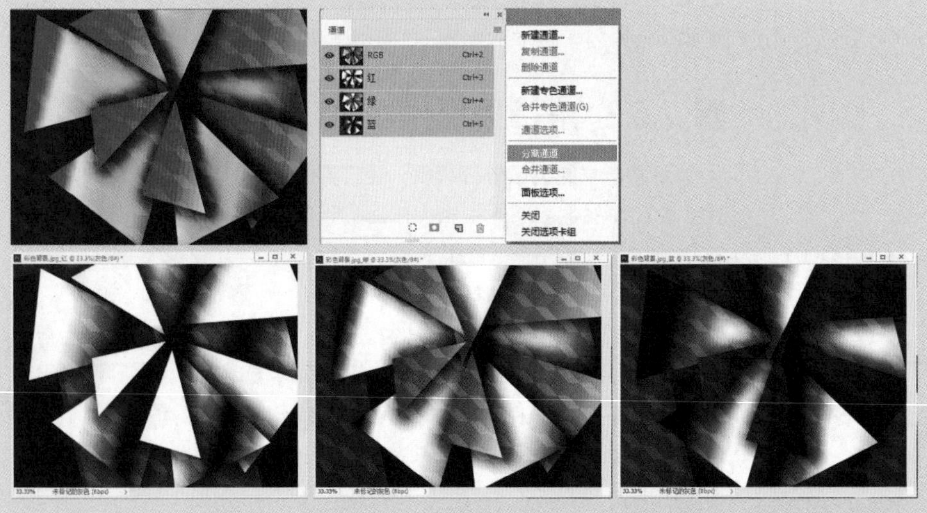

图 2-100

2．合并通道

合并通道是指将分离后的通道图像重新组合成一个新图像文件。通道的合并类似于简单的通道计算，能同时将两幅或多幅图像经过分离后变为单独的通道灰度图像，并有选择性地进行合并。

在分离后的图像中任选一张灰度图像，在【通道】面板中，单击右上角的≡按钮，在弹出的菜单中选择【合并通道】命令，弹出【合并通道】对话框，如图 2-101 所示，设置模式后单击【确定】按钮，打开【合并多通道】对话框，如图 2-102 所示，分别对红色、绿色、蓝色通道进行选择，单击【确定】按钮，即可按选择的相应通道进行合并。

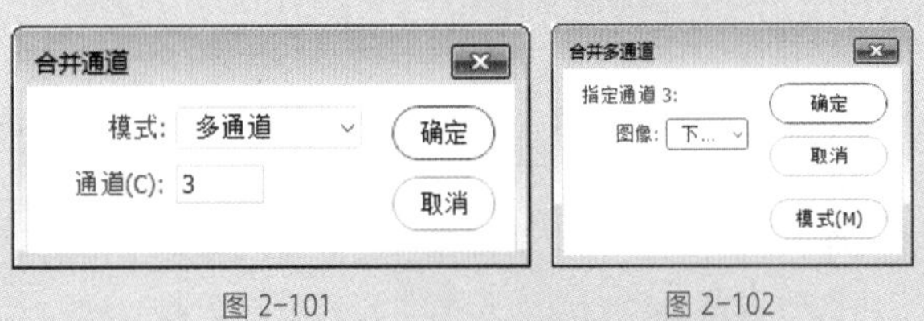

图 2-101　　图 2-102

2.6.4　蒙版的分类

蒙版又称“遮罩”，是一种特殊的图像处理方式，其作用就像一张布，可以遮盖住处理区域中的一部分，当用户对处理区域内的整个图像进行模糊、上色等操作时，被蒙版遮盖起来的部分不会改变。

蒙版是将不同灰度色值转化为不同的透明度，并作用到它所在的图层，使图层不同部位透明度产生相应的变化。黑色为完全透明，白色为完全不透明。蒙版分为快速蒙版、矢量蒙版、图层蒙版和剪贴蒙版 4 类。

1．快速蒙版

快速蒙版是一种临时性的蒙版，是暂时在图像表面产生一种与保护膜类似的保护装置，常用于快速得到精确的选区。当在快速蒙版模式中工作时，【通道】面板中会出现一个临时快速蒙版通道，但所有的蒙版编辑是在图像窗口中完成的。

单击工具箱底部的【快速蒙板模式编辑】按钮或者按 Q 键，进入快速蒙版编辑状态，单击【画笔工具】按钮，调整画笔大小，在图像中需要添加快速蒙版的区域进行涂抹，涂抹后的区域呈半透明红色显示，按 Q 键退出快速蒙版，从而建立选区，如图 2-103、图 2-104 所示。

快速蒙版通过用黑白灰三类颜色画笔来做选区，白色画笔可画出被选择区域，黑色画笔可画出不被选择区域，灰色画笔画出半透明选择区域。

图 2-103　　图 2-104

2．矢量蒙版

矢量蒙版是通过形状控制图像显示区域，它只能作用于当前图层。其本质为使用路径制作蒙版，遮盖路径覆盖的图像区域，显示无路径覆盖的图像区域。矢量蒙版可以通过形状工具创建，也可以通过路径创建。

矢量蒙版中创建的形状是矢量图，可以使用【钢笔工具】和【形状工具】对图形进行编辑修改，从而改变蒙版的遮罩区域，也可对其任意缩放。

选择【钢笔工具】，绘制图像路径，执行【图层】|【矢量蒙版】|【当前路径】命令，此时在图像中可以看到保留了路径覆盖区域图像，背景区域不可见，如图 2-105、图 2-106 所示。

图 2-105

图 2-106

单击【自定形状工具】按钮，在属性栏中选择“形状”模式，设置形状样式，在图像中单击并拖动鼠标，绘制形状，创建矢量蒙版。

3．图层蒙版

图层蒙版可以在不破坏图像的情况下反复修改图层的效果，图层蒙版同样依附于图层而存在。图层蒙版大大方便了对图像的编辑，它并不直接编辑图层中的图像，而是通过使用画笔工具在蒙版上涂抹，以控制图层区域的显示或隐藏，常用于合成图像。

选择添加蒙版的图层为当前图层，单击【图层】面板底部的【添加图层蒙版】按钮，设置前景色为黑色，选择【画笔工具】在图层蒙版上进行绘制。在人物图层上新建图层蒙版，利用【画笔工具】擦除多余背景，只保留人物部分的效果，如图 2-107、图 2-108 所示。

图 2-107

图 2-108

添加图层蒙版的另一种方法是：当图层中有选区时，在【图层】面板上选择该图层，单击面板底部的【添加图层蒙版】按钮，选区内的图像被保留，选区外的图像被隐藏。

4．剪贴蒙版

剪贴蒙版是使用处于下方图层的形状来限制上方图层的显示状态。剪贴蒙版由两部分组成：一部分为基层，即基础层，用于定义显示图像的范围或形状；另一部分为内容层，用于存放将要表现的图像内容。使用剪贴蒙版能够在不影响原图像的同时完成剪贴制作。蒙版中的基底图层名称带下划线，上层图层的缩览图是缩进的。

创建剪贴蒙版有以下两种方法。

一是在【图层】面板中按住 Alt 键的同时将鼠标移至两图层间的分隔线上，当其变为↓□形状时，单击鼠标左键即可，如图 2-109 所示。

二是在【图层】面板中选择要剪贴的两个图层中的内容层，并按住 Ctrl+Alt+G 组合键，如图 2-110 所示。

图 2-109　　图 2-110

在使用剪贴蒙版处理图像时，内容层一定位于基础层的上方，才能对图像进行正确剪贴。创建剪贴蒙版后，按住 Ctrl+Alt+G 组合键即可释放剪贴蒙版。

2.7 图像色彩的调整

构成图像的重要元素之一便是色彩，调整图像的色彩，会使其呈现出全新的面貌。

2.7.1 色彩平衡命令

色彩平衡是指调整图像整体色彩平衡，只作用于复合颜色通道，在彩色图像中改变颜色的混合，用于纠正图像中明显的偏色问题。使用【色彩平衡】命令可以在图像原色的基础上根据需要来添加其他颜色，或通过增加某种颜色的补色，以减少该颜色的数量，从而改变图像的色调。

执行【图像】|【调整】|【色彩平衡】命令或按住 Ctrl+B 组合键，弹出【色彩平衡】对话框，通过设置参数或拖动滑块来控制图像色彩的平衡，如图 2-111 所示。

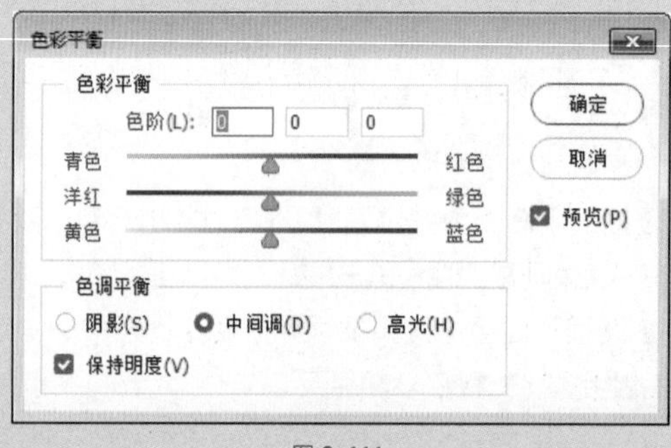

图 2-111

【色彩平衡】对话框中各选项的含义介绍如下。

【色彩平衡】选项区：在【色阶】后的文本框中输入数值即可调整组成图像的 6 个不同原色的比例，也可直接用鼠标拖动文本框下方 3 个滑块的位置来调整图像的色彩。

【色调平衡】选项区：用于选择需要进行调整的色彩范围，包括阴影、中间调和高光，选中某个单选按钮，就可对相应色调的像素进行调整。选中【保持明度】复选框，调整色彩时将保持图像明度不变。

2.7.2 色相 / 饱和度命令

【色相 / 饱和度】主要用于调整图像像素的色相及饱和度，通过对图像的色相、饱和度和亮度进行调整，从而达到改变图像色彩的目的，并可通过给像素定义新的色相 / 饱和度，实现为灰度图像上色的功能，或创作单色调效果。

执行【图像】|【调整】|【色相】/【饱和度】命令或按住 Ctrl+U 组合键，弹出【色相 / 饱和度】对话框，如图 2-112 所示。

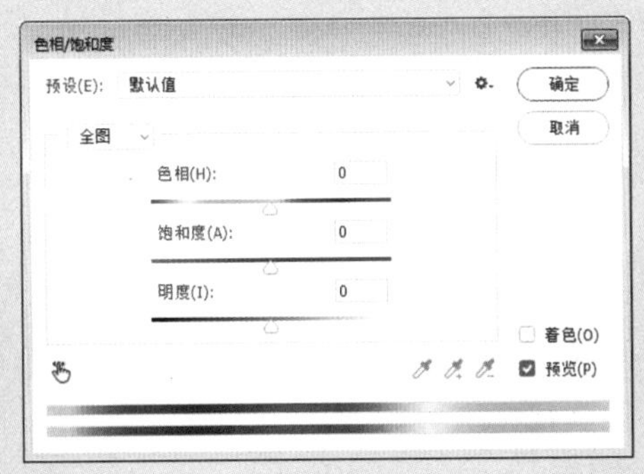

图 2-112

在该对话框中，选择【全图】选项，可一次性调整整幅图像中的所有颜色。选中【全图】选项之外的选项，则色彩变化只对当前选中的颜色起作用。选中【着色】复选框，则通过调整色相和饱和度，使图像呈现多种富有质感的单色调效果。

■ 2.7.3　替换颜色命令

【替换颜色】将针对图像中某颜色范围内的图像进行调整，作用是用其他颜色替换图像中某个区域的颜色，以调整色相、饱和度和明度值。简单来说，替换颜色命令可以视为一项结合了【色彩范围】和【色相 / 饱和度】命令的功能。

执行【图像】|【调整】|【替换颜色】命令，弹出【替换颜色】对话框，如图 2-113 所示。

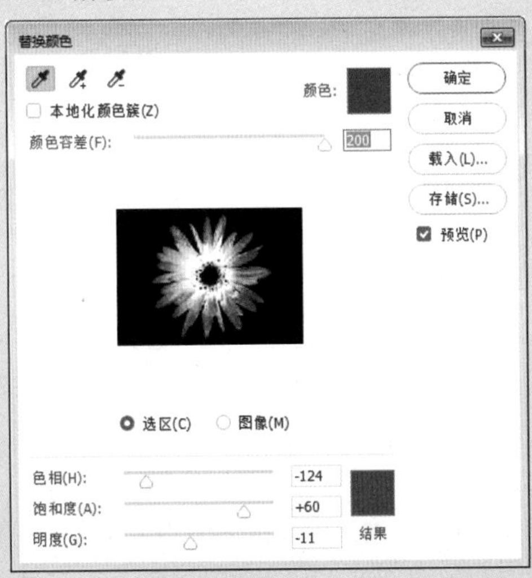

图 2-113

将鼠标移动到图像中需要替换颜色的图像上单击以吸取颜色，并在该对话框中设置颜色容差，在图像栏中出现需要替换颜色的选区效果，其呈黑白图像显示，白色代表替换区域，黑色代表不需要替换。设定好需要替换的颜色区域后，在【替换】选项区域中移动三角形滑块对【色相】、【饱和度】和【明度】进行调整替换，同时移动【颜色容差】下的滑块进行控制，数值越大，模糊度越高，替换颜色的区域越大，如图 2-114、图 2-115 所示为替换颜色前后的对比效果图。

图 2-114

图 2-115

■ 2.7.4 通道混合器命令

通道混合器可以将图像中某个通道的颜色与其他通道中的颜色进行混合，使图像产生合成效果，从而达到调整图像色彩的目的。通过对各通道不同程度的替换，图像会产生戏剧性的色彩变换，赋予图像不同的画面效果与风格。

执行【图像】|【调整】|【通道混合器】命令，弹出【通道混合器】对话框，如图 2-116 所示。

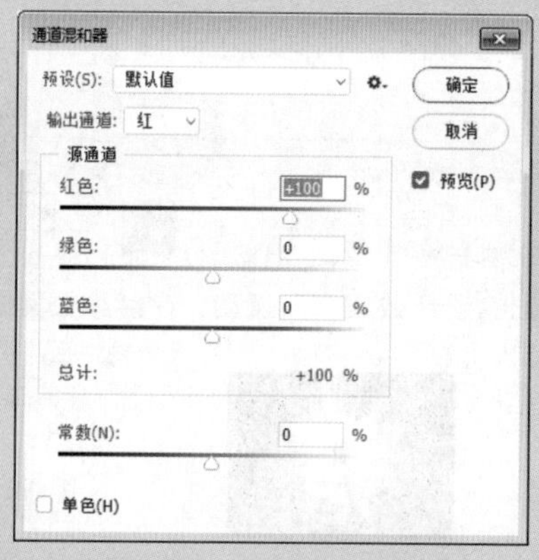

图 2-116

【通道混合器】对话框中各选项的含义介绍如下。

- 输出通道：在该下拉列表中可以选择对某个通道进行混合。
- 【源通道】选项区：拖动滑块可以减少或增加源通道在输出通道中所占的百分比。

操作技法

【可选颜色】命令可以校正颜色的平衡，选择某种颜色范围进行针对性的修改，在不影响其他颜色的情况下修改图像中某种颜色的数量。

- 常数：该选项可将一个不透明的通道添加到输出通道，若为负值，则为黑通道；正值，则为白通道。
- 【单色】复选框：选中该复选框后则对所有输出通道应用相同的设置，创建该色彩模式下的灰度图，也可继续调整参数，让灰度图像呈现不同的质感效果。

2.7.5 匹配颜色命令

【匹配颜色】命令实质是在基元相似性的条件下，运用匹配准则搜索线条系数作为同名点进行替换，使用【匹配颜色】命令可以快速修正图像偏色等问题。

执行【图像】|【调整】|【匹配颜色】命令，弹出【匹配颜色】对话框。调整参数，单击【确定】按钮，如图 2-117 所示。

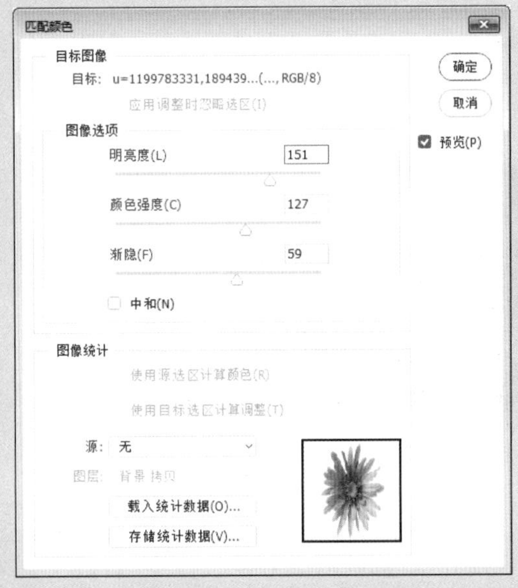

图 2-117

在使用【匹配颜色】命令对图像进行处理时，选中【中和】复选框可以使颜色匹配的混合效果有所缓和，在最终效果中保留一部分原先的色调，使其过渡自然，效果逼真。

> **操作技法**
>
> Photoshop CC 提供了很多种滤镜，其作用范围仅限于当前正在编辑的、可见的图层或图层中的选区，若图像此时没有选区，软件则默认当前图层上的整个图像为当前选区。

2.8 滤镜

滤镜也称为“滤波器”，是一种特殊的图像效果处理技术，主要分为软件自带的内置滤镜和外挂滤镜两种。选择【滤镜】命令，可以查看滤镜菜单，其中包括多个滤镜组，在滤镜组中又有多个滤镜命令，可通过执行一次或多次滤镜命令为图像添加不同的效果。

■ 2.8.1 独立滤镜组

在 Photoshop CC 中，独立滤镜组不包含任何滤镜子菜单命令，直接选择即可使用。下面对液化滤镜进行详细介绍。

■ 2.8.2 液化滤镜

液化滤镜的原理是让图像以液体形式进行流动变化，在适当的范围内用其他部分的像素图像替代原来的图像像素。使用液化滤镜可对图像进行收缩、膨胀扭曲以及旋转等变形处理，还可以定义扭曲的范围和强度，同时还可以将调整好的变形效果存储起来或载入以前存储的变形效果中。一般用于对照片中的人物进行瘦脸、瘦身。

执行【滤镜】|【液化】命令，弹出液化对话框，如图 2-118 所示。左侧工具箱中包含 10 种应用工具，这些工具的作用介绍如下。

图 2-118

- 向前变形工具：使用该工具可以移动图像中的像素，得到变形的效果。
- 重建工具：使用该工具在变形的区域单击鼠标或拖动鼠标进行涂抹，可使变形区域的图像恢复到原始状态。
- 顺时针旋转扭曲工具：使用该工具在图像中单击鼠标或移动鼠标时，图像会被顺时针旋转扭曲；当按住 Alt 键单击鼠标时，图像则会被逆时针旋转扭曲。
- 褶皱工具：使用该工具在图像中单击鼠标或移动鼠标时，可以使像素向画笔中间区域的中心移动，使图像产生收缩的效果。
- 膨胀工具：使用该工具在图像中单击鼠标或移动鼠标时，可以使像素向画笔中心区域以外的方向移动，使图像产生膨胀的效果。

- 左推工具 ：使用该工具可以使图像产生挤压变形的效果。使用该工具垂直向上拖动鼠标时，像素向左移动；向下拖动鼠标时，像素向右移动。当按住 Alt 键垂直向上拖动鼠标时，像素向右移动；向下拖动鼠标时，像素向左移动。若使用该工具围绕对象顺时针拖动鼠标，可增大图像；若顺时针拖动鼠标，则减小图像。
- 冻结蒙版工具 ：使用该工具可以在预览窗口绘制出冻结区域，在调整时，冻结区域内的图像不会受到变形工具的影响。
- 解冻蒙版工具 ：使用该工具涂抹冻结区域能够解除该区域的冻结。
- 抓手工具 ：放大图像的显示比例后，可使用该工具移动图像，以观察图像的不同区域。
- 缩放工具 ：使用该工具在预览区域中单击可放大图像的显示比例；按下 Alt 键在该区域中单击，则会缩小图像的显示比例。

如图 2-119、图 1-120 所示为使用液化滤镜修饰人物的前后对比效果。

图 2-119

图 2-120

2.8.3 滤镜库

滤镜库是为方便用户快速找到滤镜而设置的，在滤镜库中有风格化、画笔描边、扭曲、素描、纹理和艺术效果选项，每个选项中又包含多种滤镜效果。

执行【滤镜】|【滤镜库】命令，将会弹出【滤镜库】对话框，当在对话框中选择一种滤镜效果后，该对话框也会发生相应的变化，如“绘画涂抹”滤镜，如图 2-121 所示。若要同时使用多个滤镜，可在对话框右下角单击【新建效果图层】按钮，即可新建一个效果图层，从而实现多滤镜的叠加使用。

【滤镜库】对话框中各选项的含义介绍如下。

- 预览框：可预览图像的变化效果，单击底部的或按钮，可缩小或放大预览框中的图像。

- 滤镜面板：在该区域中显示了风格化、画笔描边、扭曲、素描、纹理和艺术效果 6 组滤镜，单击每组滤镜前面的三角形图标即可展开该滤镜组，随后便可看到该组中所包含的具体滤镜。
- 按钮：单击该按钮可隐藏或显示滤镜面板。
- 参数设置区：在该区域中可设置当前所应用滤镜的各种参数值和选项。

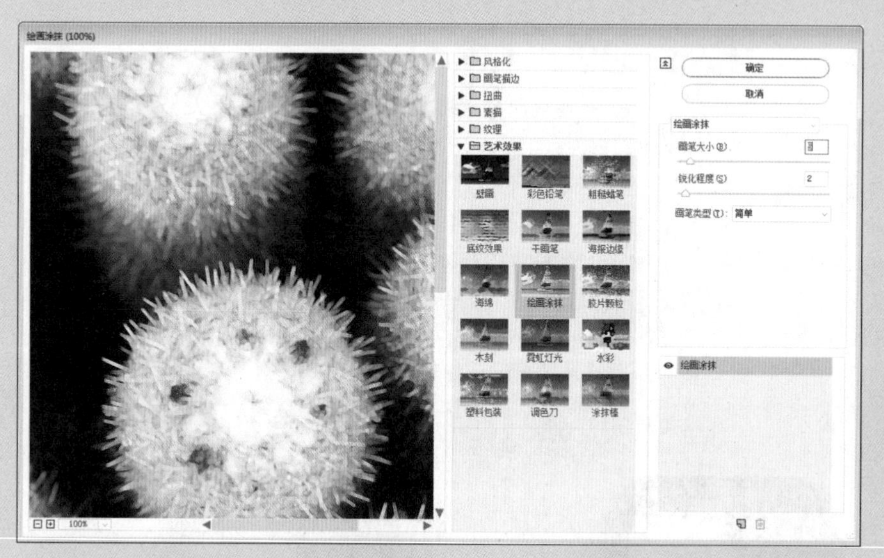

图 2-121

2.8.4　其他滤镜组

其他滤镜组指的是除滤镜库和独立滤镜外，Photoshop CC 提供的一些较为特殊的滤镜，包括模糊滤镜、锐化滤镜、像素化滤镜、渲染滤镜以及杂色滤镜等，在使用过程中可针对不同的情况选择使用，能让图像焕发不一样的光彩。

操作技法

单击滤镜效果，滤镜名称会自动出现在滤镜列表中，当前选择的滤镜效果图层呈灰底显示。若需要对图像应用多种滤镜，则单击【新建效果图层】按钮，此时创建的是与当前滤镜相同的效果图层，然后选择其他滤镜效果即可。

CHAPTER 03

明信片设计

本章概述 SUMMARY

明信片是一种新型的广告媒体，既可以展示企业形象、理念、品牌以及产品，又可以展现地方特色和表达人文情感。明信片是一种不用信封就可以直接投寄的载有信息的卡片，投寄时必须贴有邮票，其正面为信封的格式，反面具有信笺的作用，又因为明信片邮资较普通信函便宜，所以很多企业选择明信片来宣传企业。

■ 学习目标

- √ 熟悉 Illustrator Photoshop 绘图工具
- √ 熟练应用 Photoshop 蒙版
- √ 熟练应用 Illustrator 钢笔工具
- √ 熟练应用 Illustrator 路径查找器

◎明信片正面效果

◎明信片背面效果

3.1 制作明信片正面

本例将要设计一种复古欧式风格的明信片，整个图片背景要做出老照片发黄的感觉，即在图像中通过调整黑白去掉图片的原有色彩，利用蒙版做出图片像素差的效果，最后通过添加素材、文字使整个明信片的效果更加显著。具体操作步骤如下。

01 启动 Photoshop CC 2017，执行【文件】|【新建】命令，在弹出的【新建文档】对话框中进行设置，单击【创建】按钮，新建文档，如图 3-1 所示。

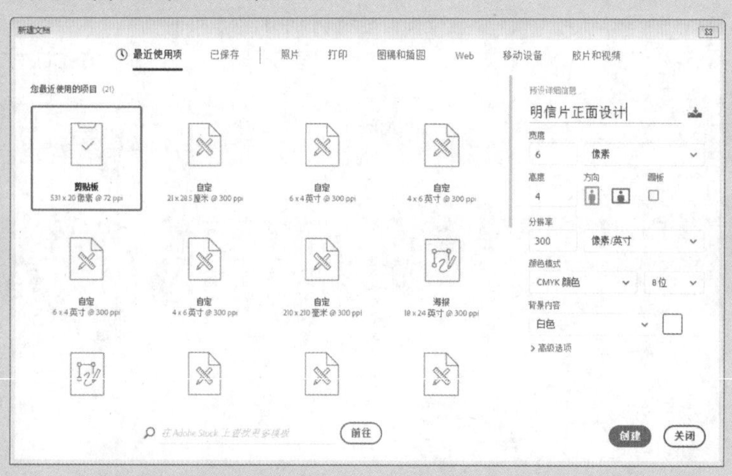

图 3-1

02 将素材“背景 1”文件拖至正在编辑的文档中，调整图像大小及位置，如图 3-2 所示。

图 3-2

03 打开本章素材文件“照片 - 巴黎 .jpg”，使用 Ctrl+J 组合键复制图层，并隐藏背景图层，如图 3-3 所示。

04 执行【图像】|【调整】|【黑白】命令，在弹出的【黑白】对话框中进行设置，将图片变成黑白图像，如图 3-4 所示。

图 3-3　　　　图 3-4

05 使用【橡皮擦工具】擦出巴黎铁塔的轮廓，如图 3-5 所示。

06 单击【图层】面板底部的【添加矢量图蒙版】按钮，创建矢量图蒙版，使用【画笔工具】在蒙版中进行绘制，隐藏部分图像，如图 3-6 所示。

图 3-5　　　　图 3-6

07 执行【窗口】|【属性】命令，打开【属性】面板，如图 3-7 所示。在面板中进行设置，虚化模糊巴黎铁塔四周，做出像素差的效果，使图像和背景更好地融合，如图 3-8 所示。

图 3-7　　　　图 3-8

08 调整图像的大小及位置，如图 3-9 所示。

09 将素材文件“边框”拖至正在编辑的文档中，并调整图像大小及位置，让明信片有纸张泛旧的效果，如图 3-10 所示。

图 3-9

图 3-10

10 单击【图层】面板底部的【创建新的填充或调整图层】按钮 ，在弹出的菜单中选择【曲线】命令，创建曲线图层，并进行曲线调整，使整个画面更亮一些，如图 3-11 所示。

11 使用【横排文字工具】 T 添加文字 PARIS，在【字符】面板中设置参数，如图 3-12 所示。

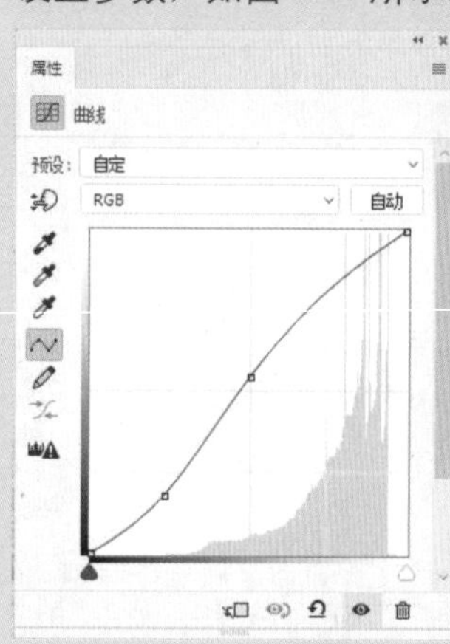

图 3-11

图 3-12

12 将素材“照片 - 巴黎 .jpg”文件拖至正在编辑的文档中，调整大小及位置，图层顺序要置于字体图层上面，如图 3-13 所示。

13 执行【图层】|【创建剪贴蒙版】命令，字体效果如图 3-14 所示。

图 3-13

图 3-14

14 将素材文件“花朵”拖至正在编辑的文档中，调整图层顺序，装饰明信片，如图 3-15 所示。

15 使用【横排文字工具】T.添加文字，在【字符】面板中设置参数，如图 3-16 所示。

图 3-15

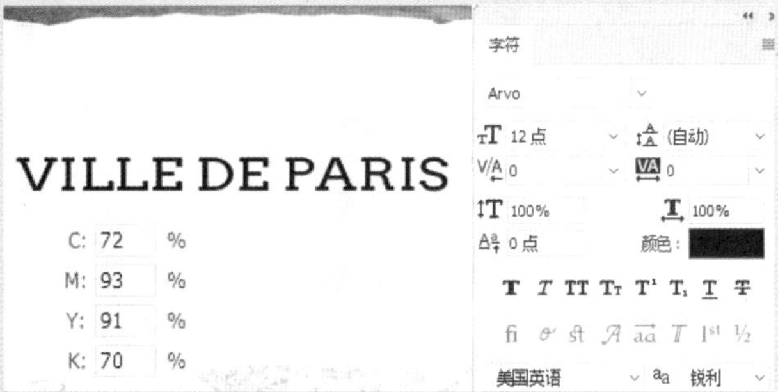

图 3-16

16 使用【横排文字工具】T.绘制出矩形文本框，在文本框内添加文本，如图 3-17 所示。

17 在【字符】面板中设置参数，如图 3-18 所示。

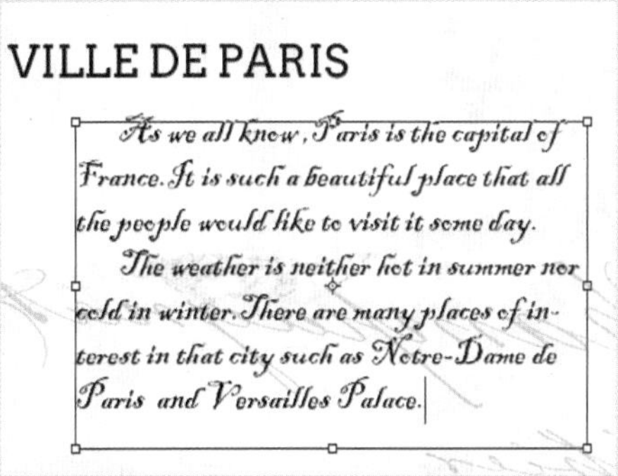

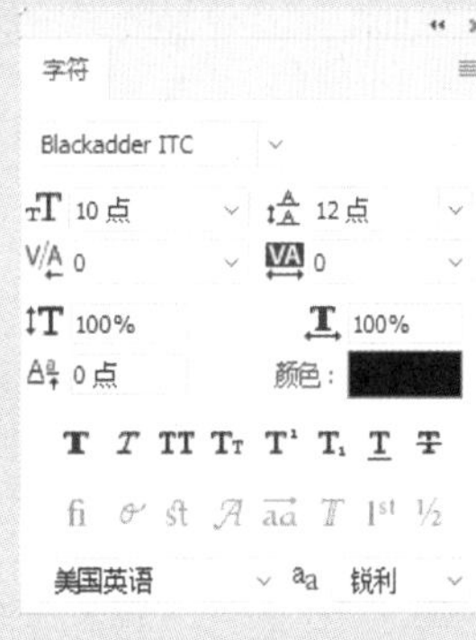

图 3-17 图 3-18

18 将素材文件“古典图形”拖至正在编辑的文档中，调整图像大小及位置，如图 3-19 所示。

19 将素材文件“复古 1”拖至正在编辑的文档中，调整图像大小及位置，如图 3-20 所示。

图 3-19

图 3-20

至此，完成明信片正面效果图的制作。

3.2 制作明信片背面

下面来完善明信片背面的效果，其制作延续了正面的风格。在制作明信片背面的过程中，主要应用 Illustrator 钢笔工具绘制图像、路径查找器中的命令来处理图像，以使制作过程更加快捷简单。

01 启动 Photoshop CC 2017，执行【文件】|【新建】命令，在弹出的【新建文档】对话框中进行设置，单击【创建】按钮，如图 3-21 所示。

图 3-21

02 将素材文件“背景 2”拖至正在编辑的文档中，调整图像大小及位置，如图 3-22 所示。

03 使用【矩形工具】□.在明信片左下角创建矩形图像，如图 3-23 所示。

图 3-22　　图 3-23

04 启动 Illustrator CC 2017，执行【文件】|【新建】命令，在弹出的【新建文档】对话框中进行设置，单击【创建】按钮，如图 3-24 所示。

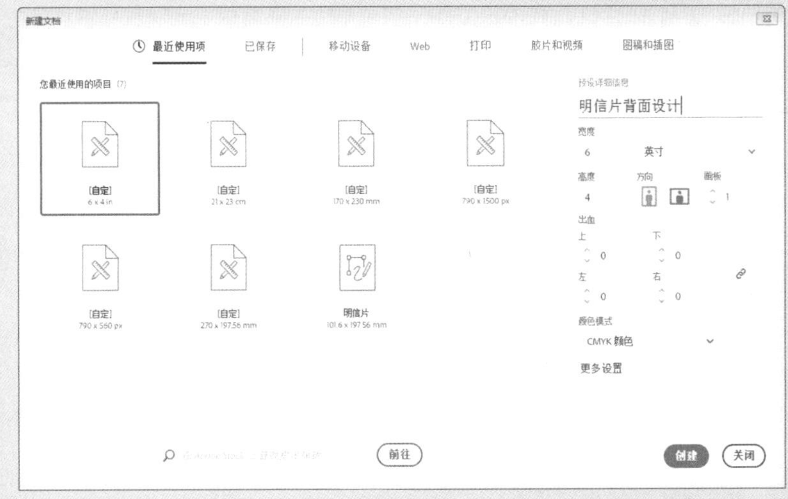

图 3-24

05 使用【矩形工具】创建矩形，并复制矩形，制作出背景条纹，如图 3-25、图 3-26 所示。

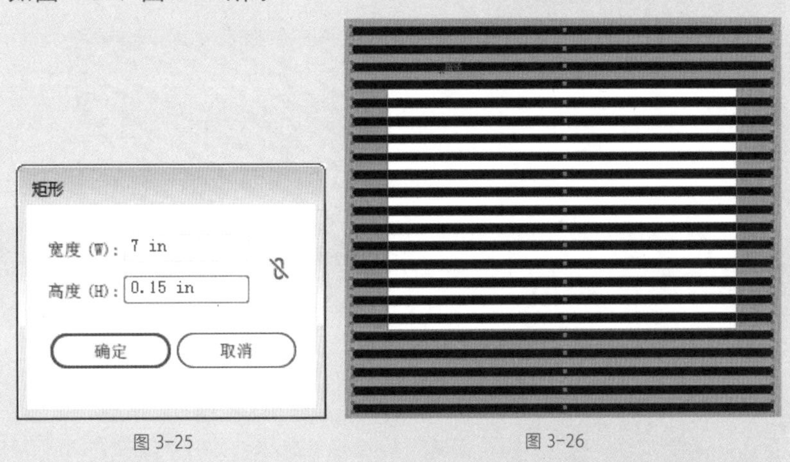

图 3-25　　图 3-26

06 单击【旋转工具】按钮，按住 Alt 键，以左下角的点为旋转点，在弹出的【旋转】面板中设置旋转角度为 30°，如图 3-27、图 3-28 所示。

图 3-27　　图 3-28

07 设置图像颜色，按住 Ctrl+G 组合键对图像进行编组，如图 3-29 所示。

08 使用【矩形工具】创建矩形，如图 3-30 所示。

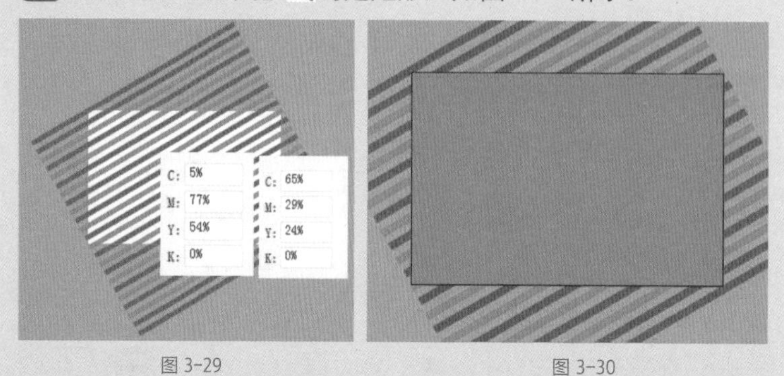

图 3-29　　图 3-30

09 全选图形，执行【窗口】|【路径查找器】命令，在打开的【路径查找器】面板中单击【裁剪】按钮，裁剪掉画布之外的图形，如图 3-31、图 3-32 所示。

图 3-31　　图 3-32

10 使用【矩形工具】创建两个矩形，并选中两个矩形，在【路径查找器】面板中单击【减去顶层】按钮，制作出边框图形，如图 3-33、图 3-34 所示。

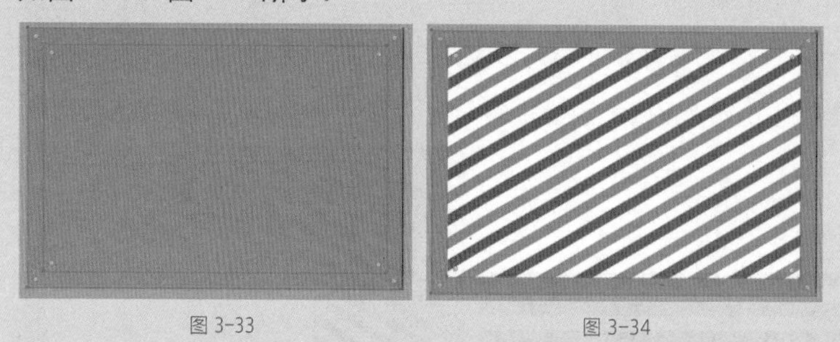

图 3-33　　图 3-34

11 全选图形，在【路径查找器】面板中单击【裁剪】按钮，裁剪掉背景条纹的内部图形，如图 3-35 所示。

12 分别使用【矩形工具】和【椭圆工具】绘制如图 3-36 所示的图形。

图 3-35　　图 3-36

13 全选上一步骤绘制的图形，在【路径查找器】面板中单击【减去顶层】按钮，制作出图形的花边，如图 3-37、图 3-38 所示。

图 3-37　　图 3-38

14 使用【文字工具】T 添加文字，在【字符】面板中设置参数，如图 3-39、图 3-40 所示。

图 3-39　　图 3-40

15 使用【钢笔】工具组，绘制出简单的装饰图形，如图3-41 所示。

16 分别使用【矩形工具】和【椭圆工具】绘制装饰图形，如图 3-42 所示。

图 3-41

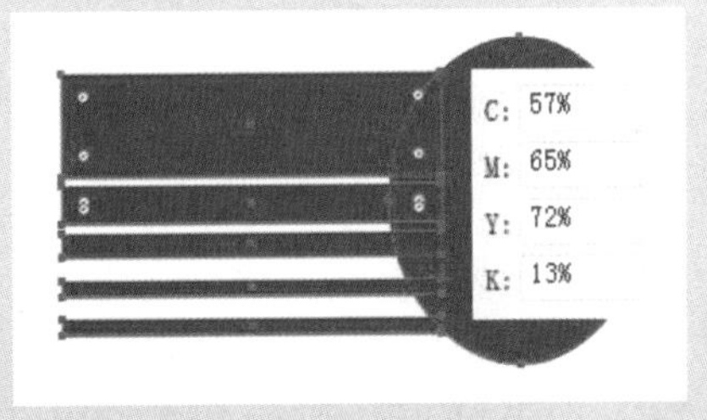

图 3-42

17 选中上一步绘制矩形，执行【对象】|【复合路径】|【建立】命令，建立复合路径。按 Shift 键加选椭圆形，在【路径查找器】面板中单击【减去顶层】按钮，在选中的矩形中制作出圆弧形状，如图 3-43 所示。

18 单击工具栏中的【文字工具】T.添加文字，在【字符】面板中设置参数，如图 3-44 所示。

图 3-43　　图 3-44

19 全选文字与之前绘制的图形，使用工具栏中的【自由变形工具】变形，使图形的整体向右倾斜，如图 3-45 所示。

20 使用【钢笔工具】画出房屋的轮廓，如图 3-46 所示。

图 3-45　　图 3-46

21 使用【钢笔工具】添加房屋的部分细节，如图 3-47 所示。

22 全选房屋图形，执行【对象】|【复合路径】|【建立】命令，建立复合路径，填充颜色，如图 3-48 所示。

图 3-47　　图 3-48

23 使用【钢笔工具】复制图形，添加房屋的部分细节，如

图 3-49、图 3-50 所示。

图 3-49　　图 3-50

24 将 Illustrator 中所绘制的背景条纹、小的装饰图案、房屋图形依次拖至 Photoshop 中，调整其位置和大小，如图 3-51 所示。

25 使用【横排文字工具】T.添加文字，在【字符】面板中设置字体为“Birch Std”，字号为“18 点”，如图 3-52 所示。

图 3-51　　图 3-52

26 继续使用【横排文字工具】T.添加文字，在【字符】面板中设置字体为“Arvo”，字号为“11 点”，如图 3-53 所示。

27 将素材文件“复古 2”拖至正在编辑的文档中，调整图形大小及位置，最终的制作效果如图 3-54 所示。

图 3-53　　图 3-54

至此，完成明信片背面效果图的制作。

3.3　强化训练

项目名称　名片制作

项目需求

受某企业主管委托，要求名片的成品尺寸为 9cm × 5.5cm，文字简明，色彩绚丽，具有活力，能吸引人的注意，加深他人的印象。

项目分析

背景由不同颜色的矩形方格组成，方格的颜色由紫色到淡绿色，都是纯度很低的颜色，既使整个名片的颜色丰富，又不会产生太大的跳跃感，由圆和线段组成的装饰图案使整个画面更具活力。

项目效果

项目效果如图 3-55 所示。

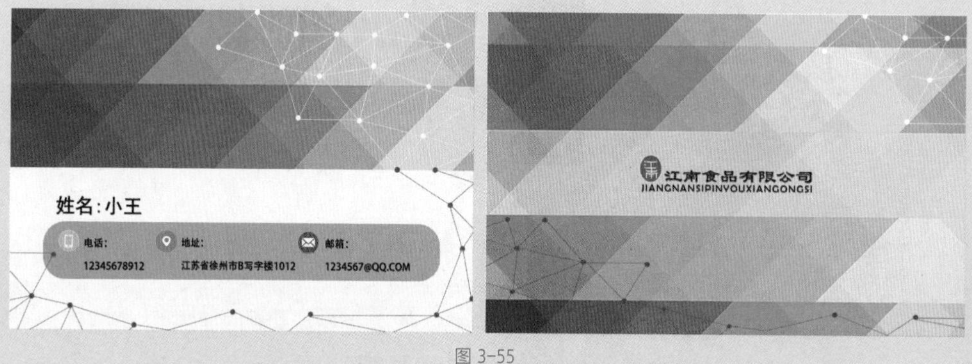

图 3-55

操作提示

01 使用【矩形工具】绘制正方形背景，并设置颜色。

02 使用【钢笔工具】绘制装饰图案形状，并填充颜色。

03 使用【文字工具】输入文字信息，并设置字体、字号。

CHAPTER 04

标志设计

本章概述 SUMMARY

公司标志是公司视觉识别系统中的核心部分，是一种系统化的形象归纳和形象的符号化提炼，经过抽象和具象的结合与统一，创造出高度简洁的图形符号，可以展示公司的经营理念，并使品牌被快速认知且易于记忆。

学习目标

- √ 熟练应用 Photoshop Illustrator 绘图工具
- √ 熟练应用 Illustrator 创建渐变
- √ 熟练应用 Photoshop 创建新的填充或调整图层
- √ 熟练应用 Photoshop 图层样式

◎标志展示

◎标志效果展示

4.1 标志主体设计

本案例设计的是一个立体标志，在设计过程中主要应用了Illustrator CC 2017 软件，由于该软件是一款矢量绘图软件，因此在后期输出时很方便。在制作过程中主要使用渐变来打造标志的立体效果，具体操作步骤如下。

01 启动 Illustrator CC 2017，执行【文件】|【新建】命令，在弹出的【新建文档】对话框中进行设置，单击【创建】按钮，如图 4-1 所示。

02 使用【椭圆工具】，按住 Shift 键绘制正圆，如图 4-2 所示。

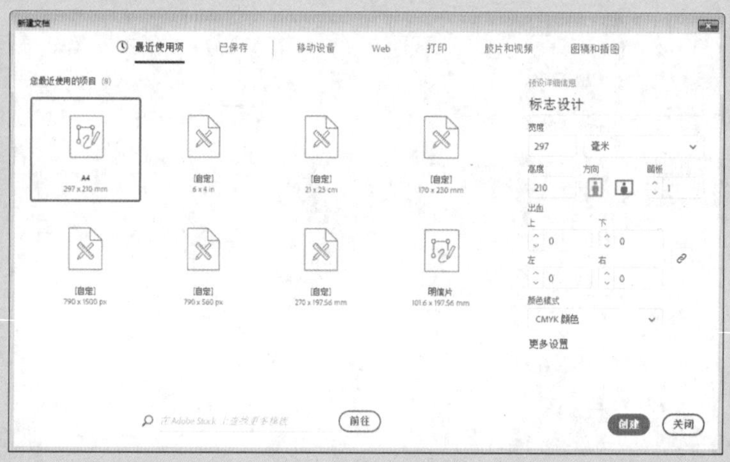

图 4-1

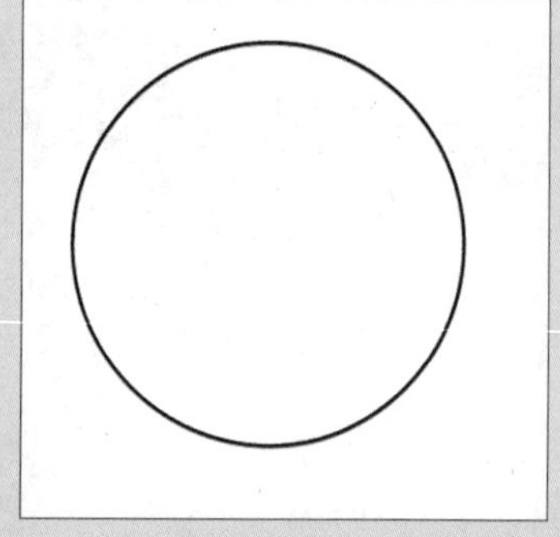

图 4-2

03 选中绘制的正圆，在【渐变】面板中为图像添加渐变效果，一般默认为黑白渐变效果，如图 4-3 所示。

04 双击渐变滑块，在弹出的【颜色】面板中单击右上方的按钮，更改渐变滑块颜色的模式，如图 4-4 所示。

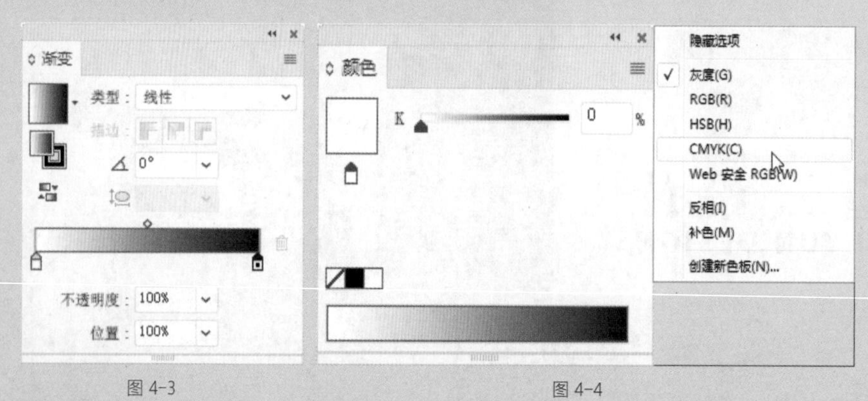

图 4-3　　图 4-4

05【颜色】面板变成 CMYK 模式，在【颜色】面板中选取颜色，

【渐变】面板会发生变化，如图 4-5、图 4-6 所示。

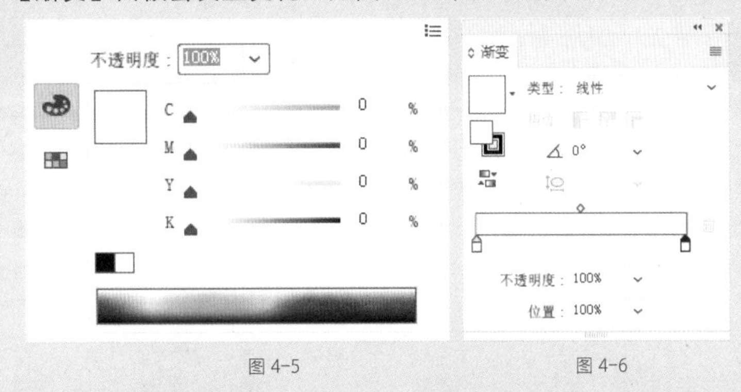

图 4-5　　图 4-6

06 重复上述步骤，更改每个渐变滑块色彩模式并添加新的渐变滑块，如图 4-7、图 4-8 所示。

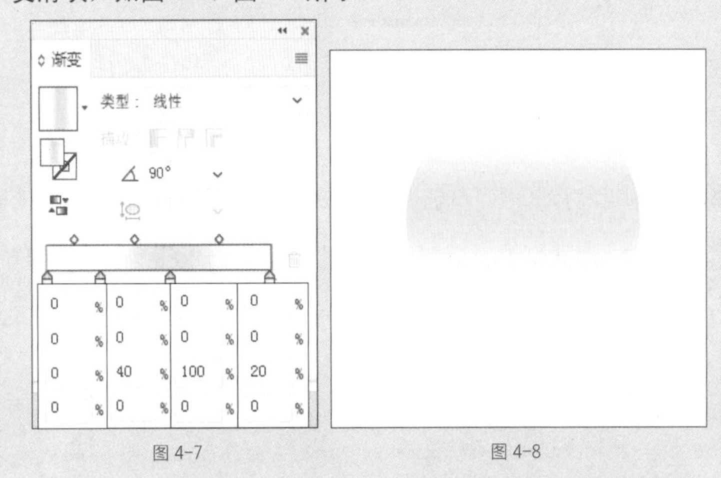

图 4-7　　图 4-8

07 选中上面步骤的正圆，按 Alt 键复制图形，并调整图形的大小。在【渐变】面板中调整渐变颜色，使用【渐变工具】调整渐变效果，使图像具有立体感，如图 4-9 所示。

08 使用【钢笔工具】绘制图形，在【渐变】面板中调整渐变颜色，使用【渐变工具】调整渐变效果，完善球形的侧面体积，如图 4-10 所示。

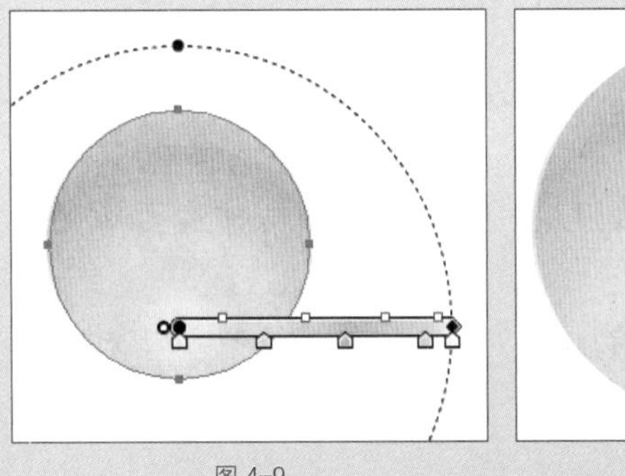

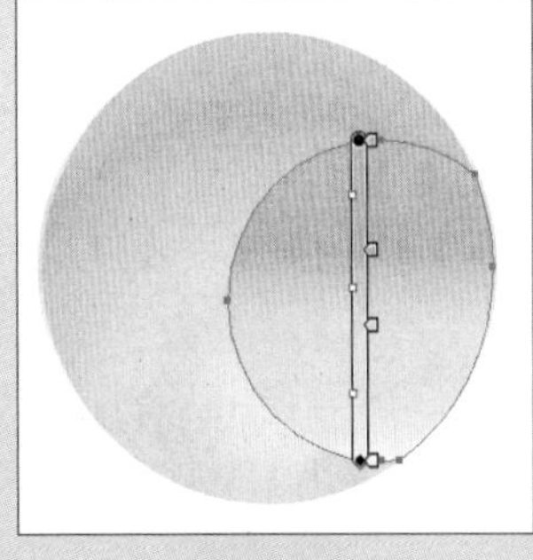

图 4-9　　图 4-10

09 使用【椭圆工具】 创建正圆形，在【渐变】面板中调整渐变颜色，使用【渐变工具】 调整渐变效果，制作球体下面的高光，如图 4-11 所示。

10 使用【椭圆工具】 继续创建图形，在【渐变】面板中调整渐变颜色，使用【渐变工具】 调整渐变效果，制作球体顶部，如图 4-12 所示。

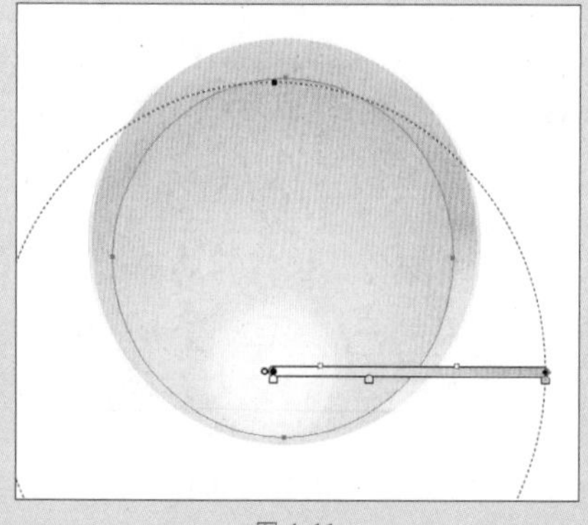

图 4-11

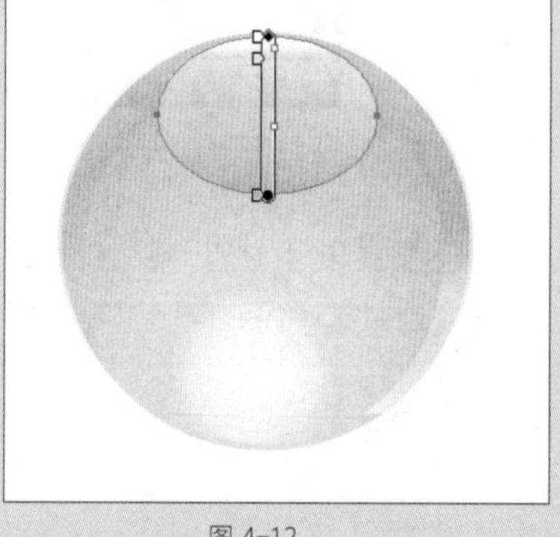

图 4-12

11 复制上一步骤绘制的正圆，如图 4-13 所示。使用【锚点工具】 和【直接选择工具】 直接调整图像，利用【渐变工具】 调整渐变效果，完善球体侧面，如图 4-14 所示。

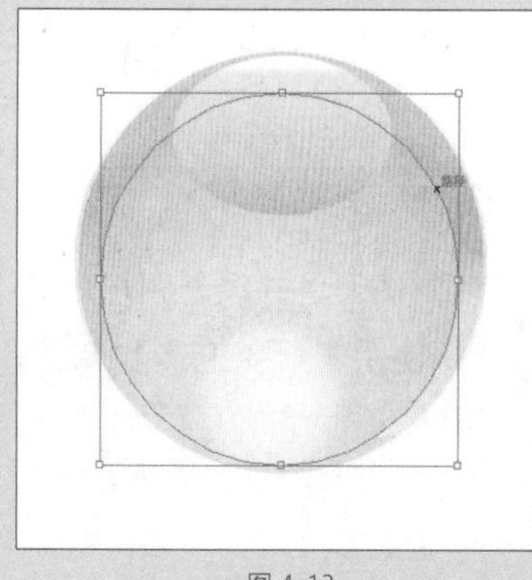

图 4-13

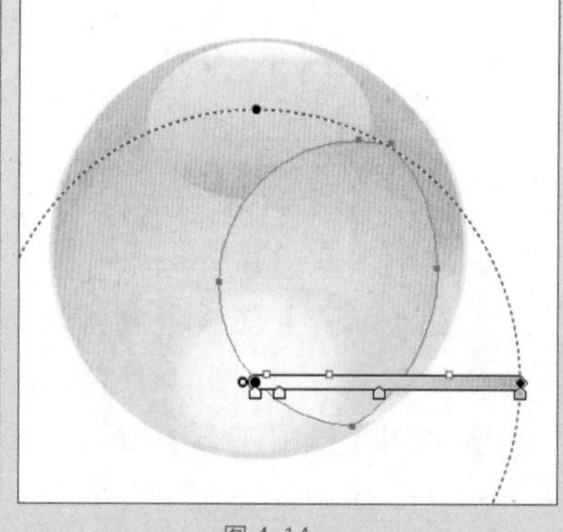

图 4-14

12 选中球体顶部的椭圆，按 Ctrl+C 组合键复制椭圆，按 Ctrl+F 组合键粘贴图形在前面，复制球体顶部图形，如图 4-15 所示。

13 使用【直接选择工具】 调整图像的上方锚点，使用【渐变工具】 调整渐变效果，完善球体顶部的立体效果，如图 4-16 所示。

14 按 Ctrl+C 组合键复制之前绘制的图形，按 Ctrl+F 组合键粘贴图形在前面，使用【添加锚点工具】 添加锚点，如图 4-17 所示。

15 使用【删除锚点工具】删除锚点，制作与球体顶部相融合的反光，如图 4-18 所示。

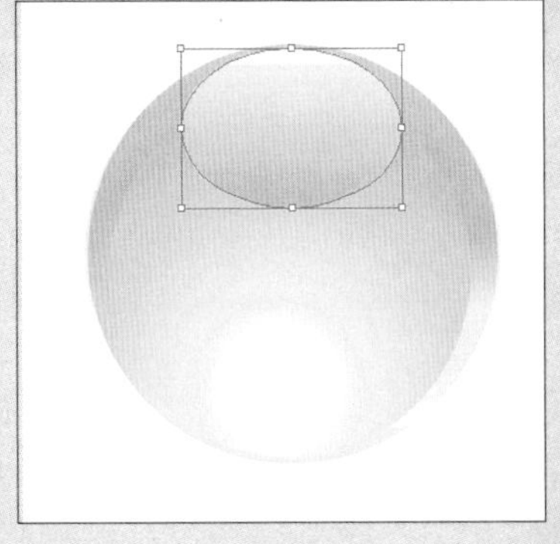

图 4-15

图 4-16

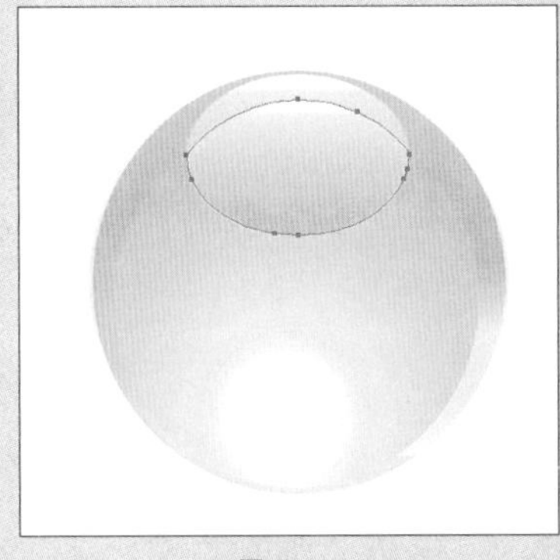

图 4-17

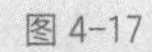

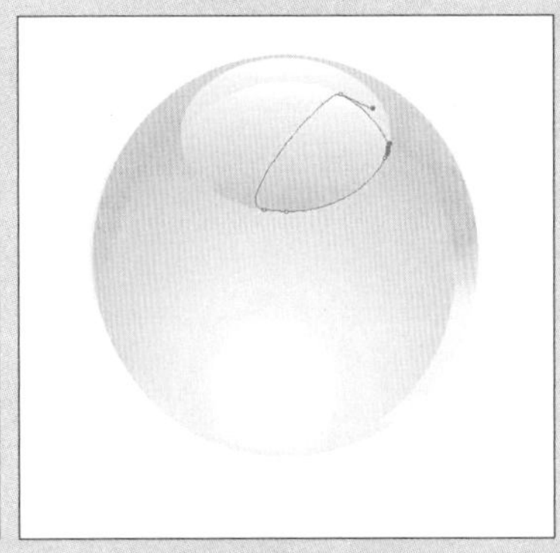

图 4-18

16 使用【直接选择工具】调整图像锚点，使用【渐变工具】调整渐变效果，完善球体顶部反光效果，如图 4-19、图 4-20 所示。

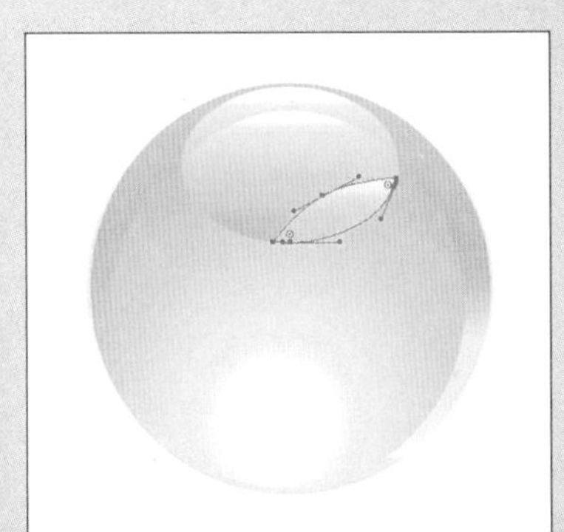

图 4-19

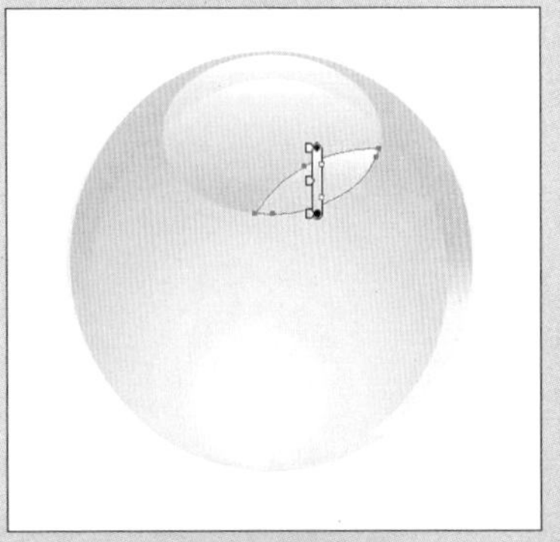

图 4-20

17 使用【钢笔工具】创建祥云纹样，如图 4-21 所示。

18 选中图形填充渐变色，在【渐变】面板中设置渐变参数，如图 4-22 所示。

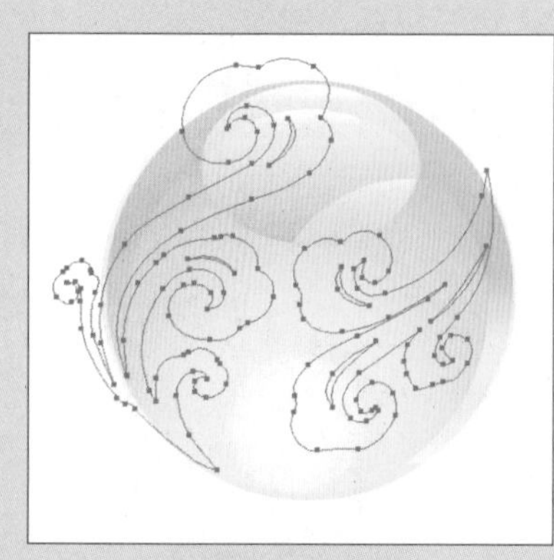

图 4-21

图 4-22

19 使用【渐变工具】调整渐变效果，制作出右侧祥云的体积，如图 4-23 所示。

20 使用【渐变工具】调整渐变中心点的位置，制作出左侧祥云的体积，如图 4-24 所示。

图 4-23

图 4-24

21 使用【钢笔工具】绘制出祥云的外轮廓图形，如图 4-25 所示。

22 填充渐变色，并在【渐变】面板中设置渐变色，如图 4-26 所示。

图 4-25

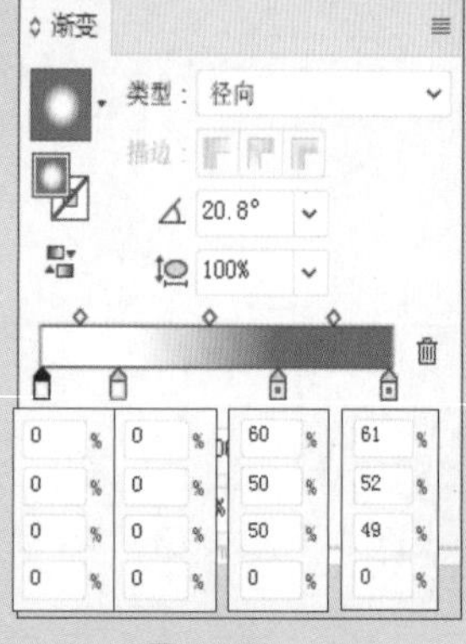

图 4-26

23 调整图层顺序，使图像位于祥云的下方，使用【渐变工具】 调整左右两侧渐变效果，使祥云具有侧面体积，如图 4-27、图 4-28 所示。

图 4-27

图 4-28

24 单击工具箱中的【文字工具】 T 添加文字，在【字符】面板中设置字体、字号，如图 4-29、图 4-30 所示。

图 4-29

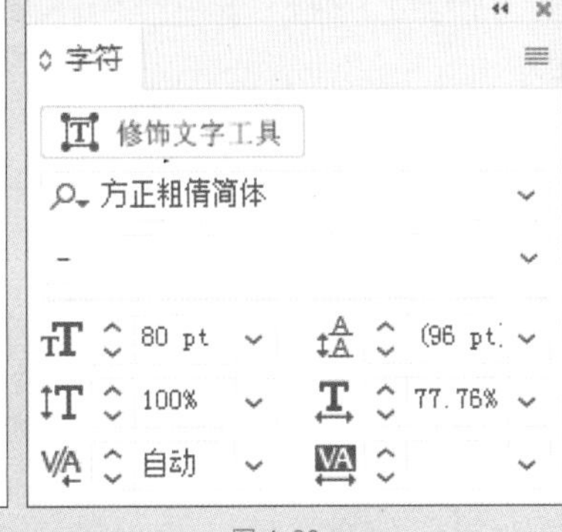

图 4-30

25 继续添加文字，并在【字符】面板中设置字体、字号，如图 4-31、图 4-32 所示。

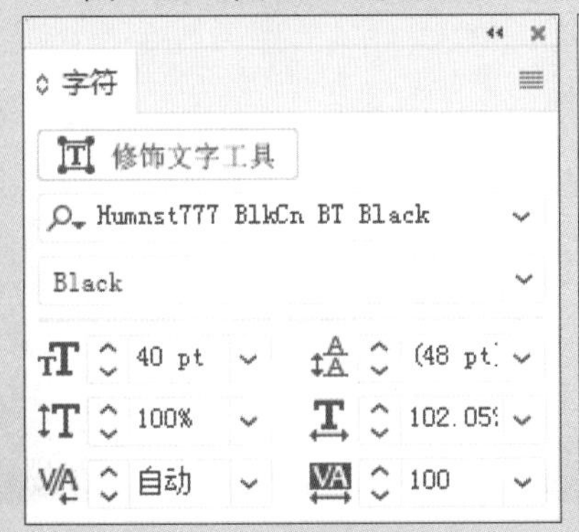

图 4-31

图 4-32

至此，完成标志的制作。

4.2 标志的效果展示

下面来讲述标志展示效果如何制作，先要建立色彩平衡图层来调整整个画面的色调，创建曲线图层来调整背景颜色亮度，使整个画面更加协调，然后使用图层样式给字体和图形增加立体效果，使整个画面更丰富。

具体操作步骤如下。

01 启动 Photoshop CC 2017，执行【文件】|【新建】命令，在弹出的【新建文档】对话框中进行设置，单击【创建】按钮，如图 4-33 所示。

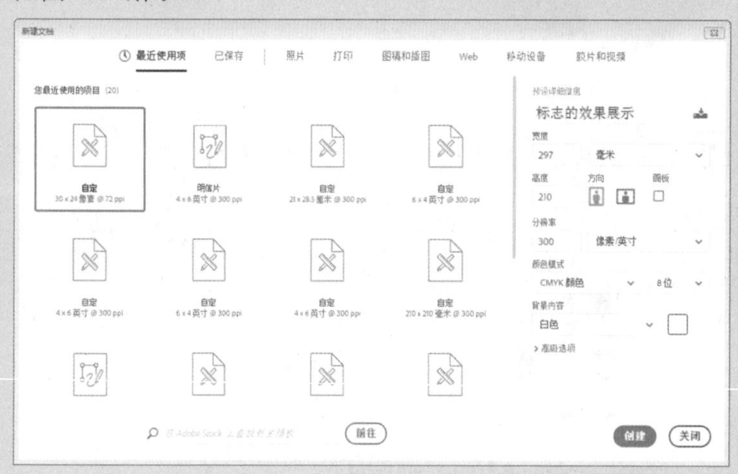

图 4-33

02 将素材文件“背景”拖至正在编辑的文档中，调整大小及位置，如图 4-34 所示。

03 单击【图层】面板底部的【创建新的填充或调整图层】按钮 ◐，在弹出的菜单中选择【色彩平衡】，在【属性】面板中设置色彩平衡的参数，让背景偏向蓝绿色，如图 4-35、图 4-36 所示。

图 4-34　　图 4-35　　图 4-36

04 在【创建新的填充或调整图层】菜单中选择【曲线】，在【属性】面板中调整曲线，让整个画面变亮，如图 4-37、图 4-38 所示。

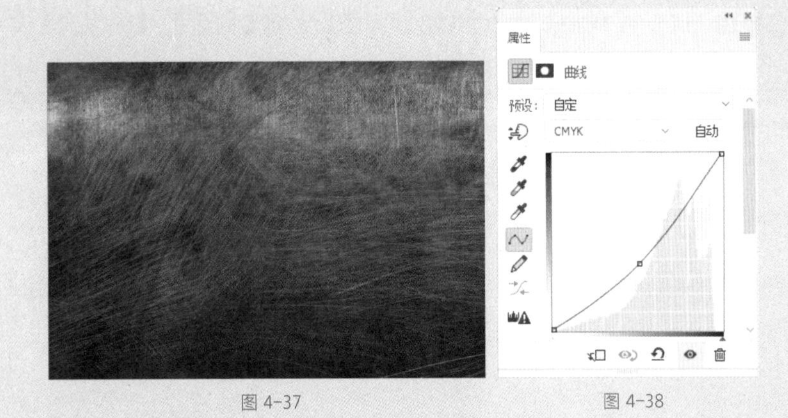

图 4-37　　图 4-38

05 把在 Illustrator 中所绘制标志的字体和图形依次拖入 Photoshop 正在编辑的文件中，如图 4-39 所示。

图 4-39

06 选中“字体”图层，单击【图层】面板底部的【添加图层样式】fx，在弹出的【图层样式】对话框中进行设置，为图层添加【斜面和浮雕】图层样式，使字体具有立体效果，如图 4-40 所示。

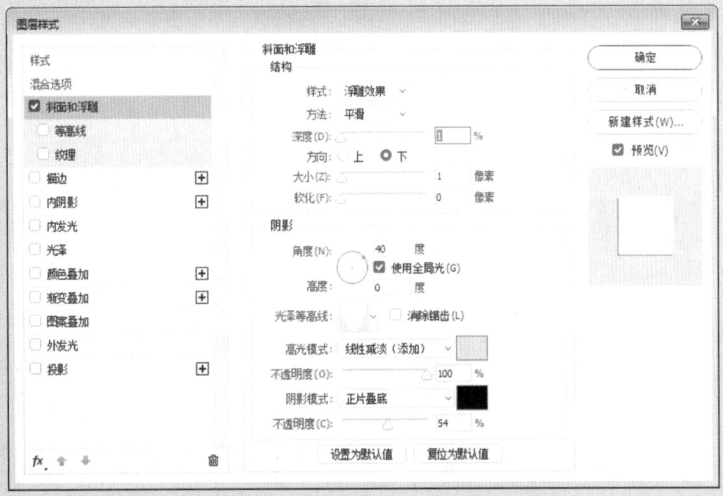

图 4-40

07 在【图层样式】对话框中继续为图层添加【描边】、【外发光】图层样式，如图 4-41、图 4-42 所示。

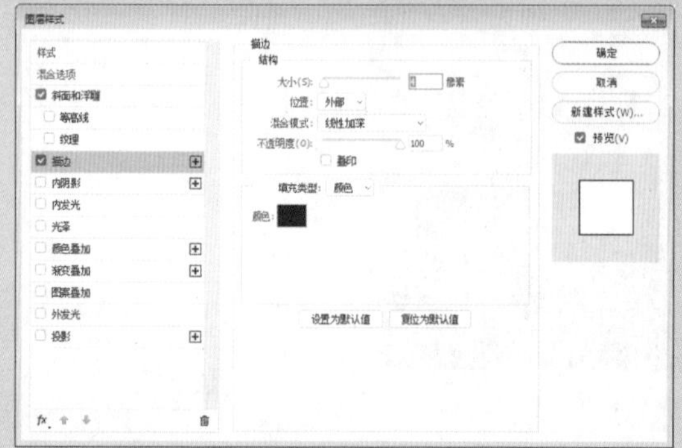

图 4-41

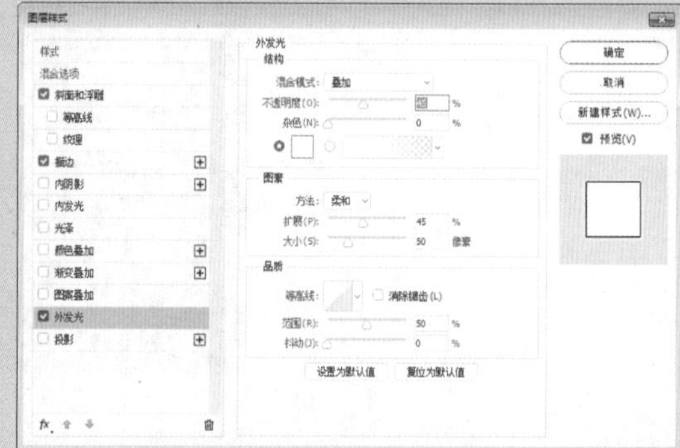

图 4-42

08 在【图层样式】对话框中继续为图层添加【投影】图层样式，使字体具有阴影效果，如图 4-43、图 4-44 所示。

09 将素材“蒙版”文件拖至正在编辑的文档中，调整图像大小及位置，使“蒙版”图层在“字体”图层上方，如图 4-45 所示。

10 右击“蒙版”图层空白处，选择【创建剪贴蒙版】选项，将“蒙版”向下剪贴，如图 4-46 所示。

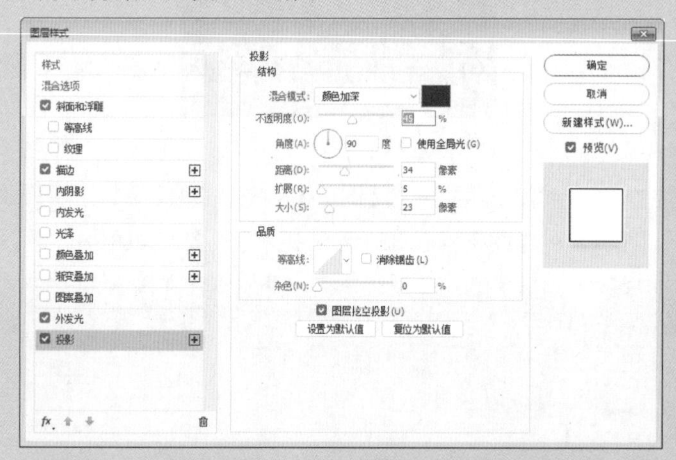

图 4-43

图 4-44

图 4-45

图 4-46

11 按住 Ctrl+J 组合键，快速复制“文字”图层，选中“文字”图层，双击图层名称后的空白处，在弹出的【图层样式】对话框中进行设置，为图层添加【投影】图层样式，如图 4-47、图 4-48 所示。

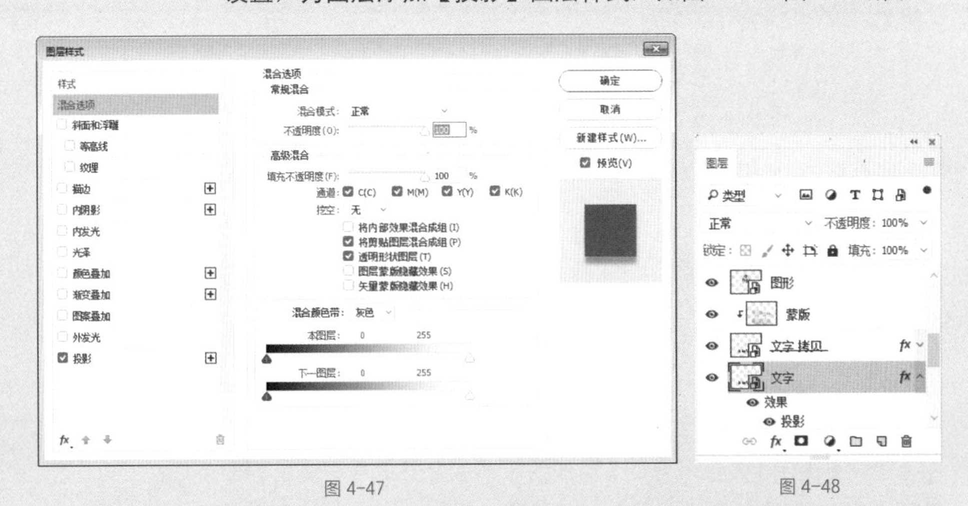

图 4-47　　　　图 4-48

12 选中“图形”图层并复制图层，执行【编辑】|【变换】|【垂直反转】命令，把图形反转过来，并调整图形在画面中的位置，如图 4-49 所示。

图 4-49

13 调整图像的透明度，在【图层】面板中设置不透明度为 12%，如图 4-50 所示。

图 4-50

⑭ 在【图层】面板中调整图层的顺序，将“图形 拷贝”图层调整至文字图层的下方，如图 4-51、图 4-52 所示。

图 4-51　　图 4-52

⑮ 单击【图层】面板下方的【添加图层蒙版】按钮，使用【画笔工具】在蒙版中进行绘制，隐藏部分图像，如图 4-53 所示。

⑯ 选中图层中的蒙版，利用【属性】面板调整图形，制作出背景反光的阴影，如图 4-54 所示。

⑰ 选中“文字 拷贝”图层，在图层名称后的空白处右击，在弹出的快捷菜单中选择【拷贝图层样式】命令，选中“图形”图层，并在名称后的空白处右击，在弹出的快捷菜单中选择【粘贴图层样式】命令，使“图形”图层具有与“文字 拷贝”图层相同的图层样式，如图 4-55 所示。

图 4-53

图 4-54

图 4-55

⑱ 双击“图形”图层，在弹出的【图层样式】对话框中进行设置，调整【斜面和浮雕】图层样式，去掉图像中白色的光，如图 4-56 所示。

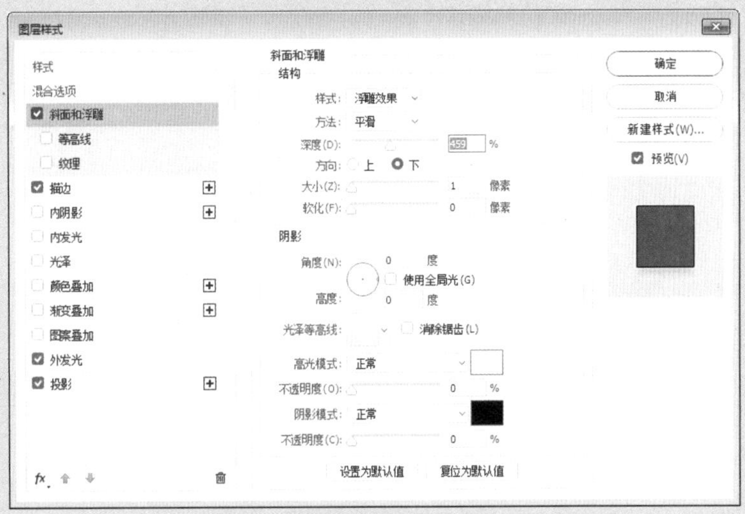

图 4-56

19 复制“图形”图层，拷贝粘贴“字体”图层样式，为图层添加【投影】图层样式，调节图层顺序，如图 4-57、图 4-58 所示。

图 4-57　　图 4-58

20 将素材文件“光点”拖至正在编辑的文档中，调整图像大小及位置，如图 4-59 所示。最终效果如图 4-60 所示。

图 4-59　　图 4-60

至此，完成标志效果展示的制作。

4.3 强化训练

项目名称　浪花标志的制作

项目需求

受某企业的委托设计 Logo，要求具有形式感，能宣传企业形象，传播产品信息，能够在第一时间吸引眼球，引起兴趣，给人留下深刻的印象。

项目分析

标志使用了旋转对称的艺术手法，使整个标志看起来非常舒适。标志的颜色非常丰富，象征着企业充满活力。

项目效果

项目效果如图 4-61 所示。

图 4-61

操作提示

01 使用【钢笔工具】绘制图像，并设置渐变填充。

02 使用【透明度】面板调整图像。

CHAPTER 05

手机 APP 图标设计

本章概述 SUMMARY

随着智能手机的飞速发展，越来越多的人开始关注手机 APP 的 UI 界面设计，手机 APP 图标作为 UI 最基本的元素，是整个设计的灵魂，手机 APP 图标设计的好坏，直接关系到用户对 APP 的使用。

■ 学习目标

√ 掌握使用 Photoshop 制作拉丝纹样

√ 熟练应用 Illustrator 网格工具

√ 熟练应用 Illustrator 混合工具

√ 熟练应用 Illustrator 透明度面板

◎相机图标效果

◎管家图标效果

5.1 相机图标背景的制作

制作图标的背景，可以通过网格工具制作出图标的背景立体效果，再用 Photoshop 中的添加杂色、动感模糊，制作出金属拉丝效果，最后在 Illustrator 中使用【渐变】及【透明度】面板，制作出金属材质的边框。

01 启动 Illustrator CC 2017，执行【文件】|【新建】命令，在弹出的【新建文档】对话框中进行设置，单击【创建】按钮，如图 5-1 所示。

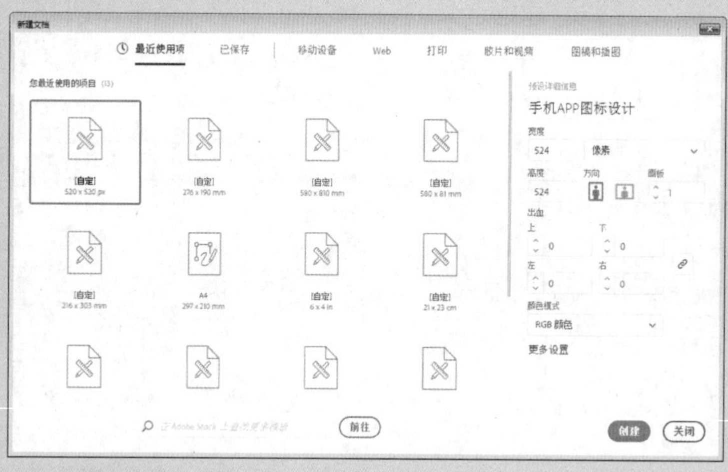

图 5-1

02 选择【圆角矩形工具】，单击绘图区，在弹出的【圆角矩形】对话框中进行设置，如图 5-2 所示。

03 选中圆角矩形，在属性栏中设置对齐方式为【对齐画板】，单击【水平居中对齐】按钮和【垂直对齐】按钮，使其对齐画板，如图 5-3 所示。

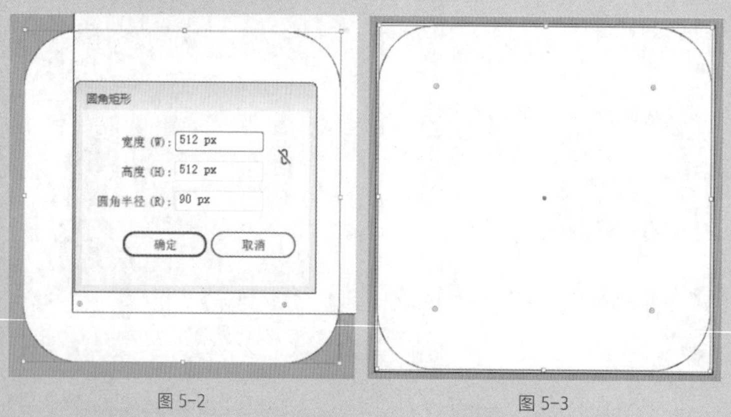

图 5-2

图 5-3

04 填充颜色，使用【网格工具】添加网格线，如图 5-4 所示。

05 继续添加网格线，如图 5-5 所示。

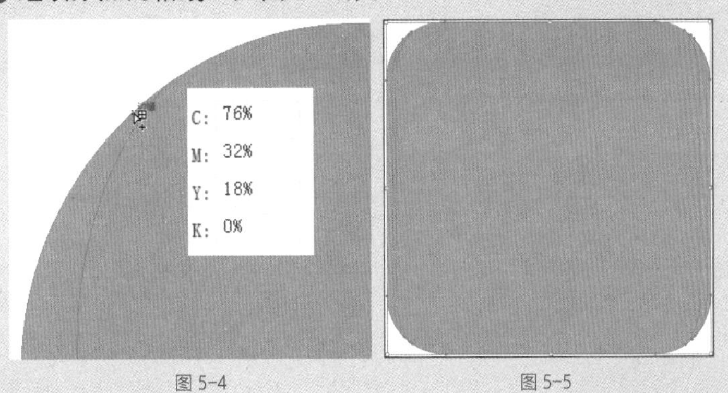

图 5-4　　图 5-5

06 使用【直接选择工具】选中锚点，双击工具箱的【填充色】，在弹出的【拾色器】中改变颜色，制作立体的效果，如图 5-6 所示。

07 继续选择锚点改变颜色，制作立体的效果，如图 5-7 所示。

图 5-6　　图 5-7

08 启动 Photoshop CC 2017，执行【文件】|【新建】命令，在弹出的【新建文档】对话框中进行设置，单击【创建】按钮，如图 5-8 所示。

图 5-8

09 执行【滤镜】|【杂色】|【添加杂色】命令，在弹出的【添加杂色】对话框中设置杂色的数量，单击“确定”按钮，如图 5-9 所示。

10 执行【滤镜】|【模糊】|【动感模糊】命令，在弹出的【动感模糊】对话框中设置动感模糊的距离，如图 5-10 所示。

图 5-9

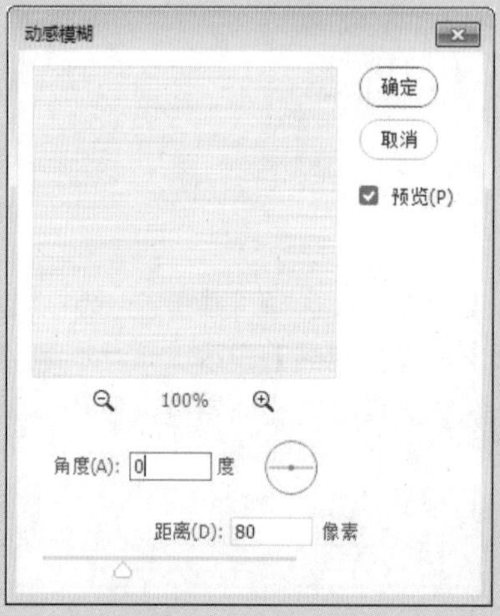

图 5-10

11 按 Ctrl+J 组合键拷贝图层，将【移动工具】放在画面上，单击鼠标左键，将 Photoshop 画面拖到 Illustrator 中，调整大小及位置，效果如图 5-11 所示。

12 执行【窗口】|【透明度】命令，打开【透明度】面板，设置不透明度及混合模式，如图 5-12 所示。

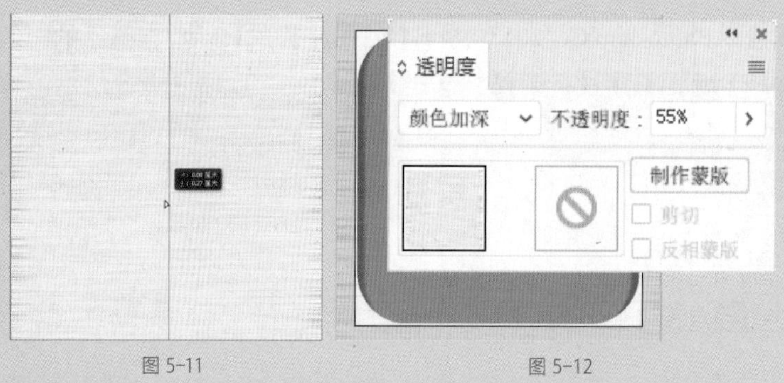

图 5-11　　图 5-12

13 选择【圆角矩形工具】，单击绘图区，在弹出的【圆角矩形】对话框中进行设置，创建出矩形，调整位置如图 5-13、图 5-14 所示。

14 按 Shift 加选拉丝纹样，执行【对象】|【剪切蒙版】|【建立】命令，建立剪切蒙版，隐藏多余的图像，效果如图 5-15 所示。

15 全选图像，按 Ctrl+G 组合键编组图像，再按 Ctrl+2 组合键锁定所选图像，使用【圆角矩形工具】创建出与上一步骤矩形相同的圆角矩形图像，如图 5-16 所示。

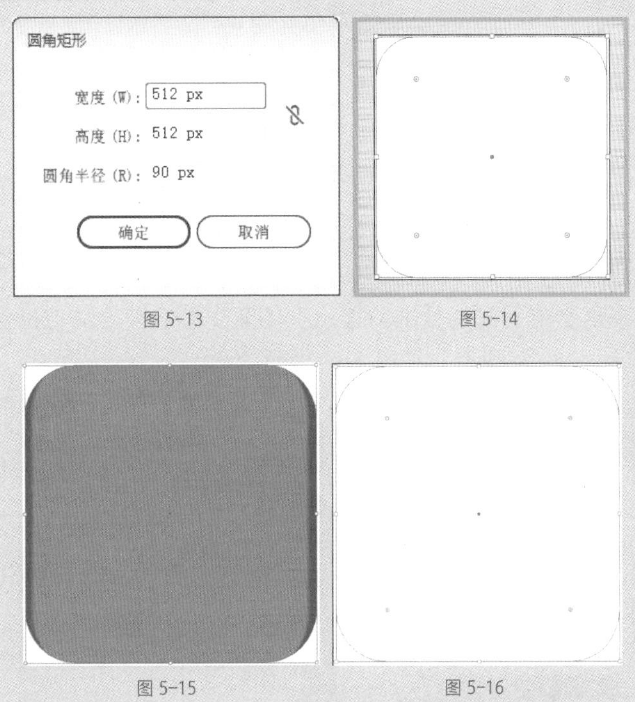

图 5-13　　图 5-14

图 5-15　　图 5-16

16 使用【添加锚点工具】为圆角矩形添加锚点，如图 5-17 所示。

17 使用【删除锚点工具】删除多余锚点，使用【直接选择工具】调整图像，并填充颜色，如图 5-18 所示。

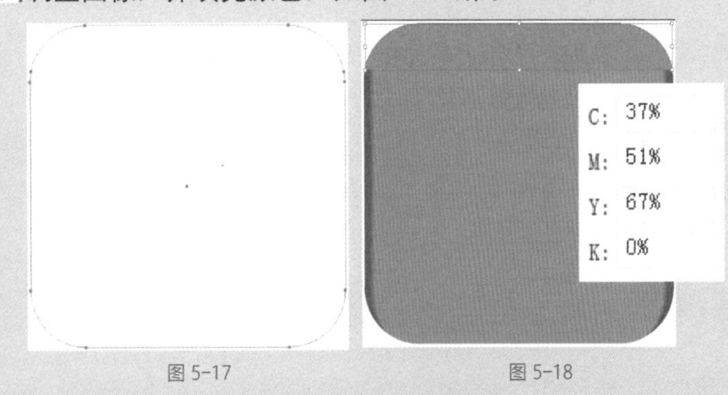

图 5-17　　图 5-18

18 选中图像，按 Ctrl+C 组合键复制图像，按 Ctrl+F 组合键粘贴图像在前面，在【渐变】面板中进行设置，为图像添加线性渐变，制作金属边，如图 5-19 所示。

19 选中渐变图形，在【透明度】面板中设置混合模式及不透明度，如图 5-20 所示。

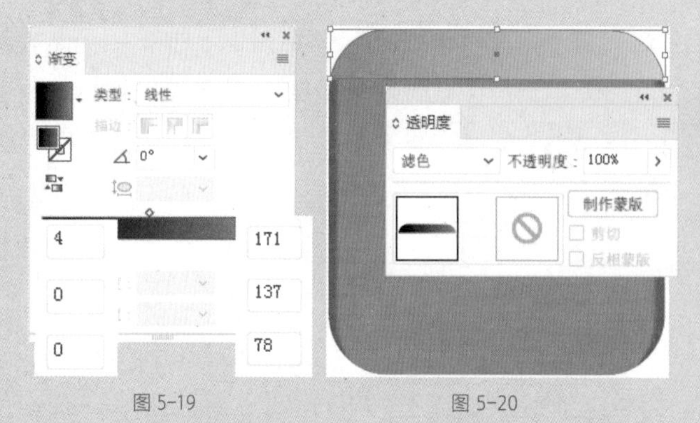

图 5-19　　图 5-20

20 选中上一步骤的图形，按 Ctrl+C 组合键复制图像，按 Ctrl+F 组合键粘贴图像在前面，在【渐变】面板中进行设置，为图像添加线性渐变，如图 5-21 所示。

21 选中上一步骤编辑的图形，在【透明度】面板中设置混合模式，如图 5-22 所示。

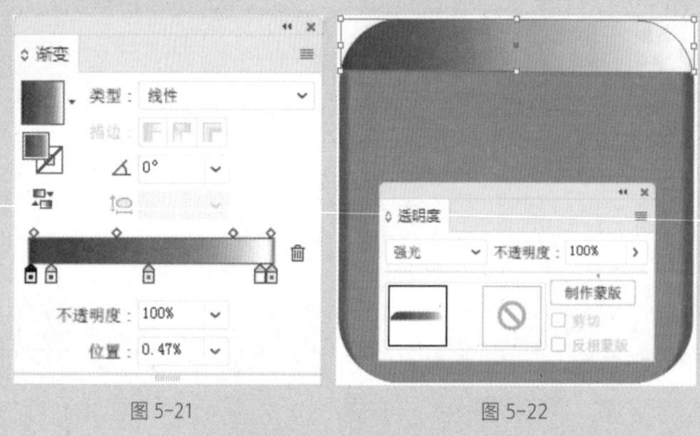

图 5-21　　图 5-22

22 选中上一步骤编辑的图形，按 Ctrl+C 组合键复制图像，按 Ctrl+F 组合键粘贴图像在前面，使用【添加锚点工具】，为图形添加锚点，如图 5-23 所示。

23 使用【删除锚点工具】删除多余的锚点，利用【直接选择工具】调整图像，如图 5-24 所示。

图 5-23　　图 5-24

24 选中上一步骤的图像，在【渐变】面板中进行设置，如图5-25所示。

25 在【透明度】面板中设置混合模式，如图 5-26 所示。

图 5-25　　图 5-26

26 使用【钢笔工具】绘制图像，并填充颜色，在【透明度】面板中设置混合模式及不透明度，完善图形侧面体积，如图 5-27、图 5-28 所示。

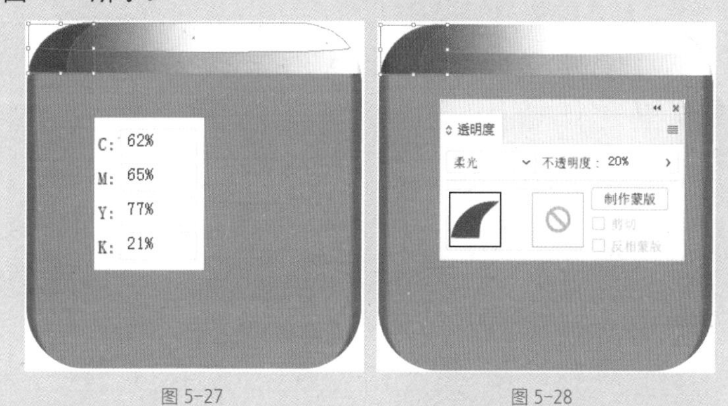

图 5-27　　图 5-28

27 使用【矩形工具】创建矩形，并填充颜色，如图 5-29 所示。

28 执行【效果】|【风格化】|【羽化】命令，在弹出的【羽化】面板中设置羽化半径，按 Ctrl+[调整图层顺序，制作出金属边图像的阴影，如图 5-30 所示。

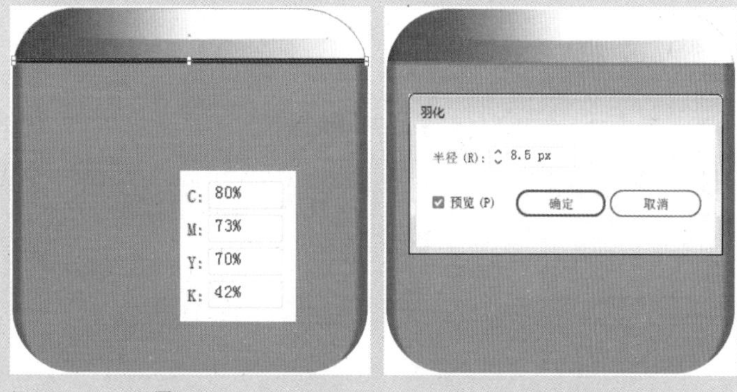

图 5-29　　图 5-30

29 使用【直线工具】 创建出直线，并在【渐变】面板中填充颜色，为图像添加装饰，如图 5-31、图 5-32 所示。

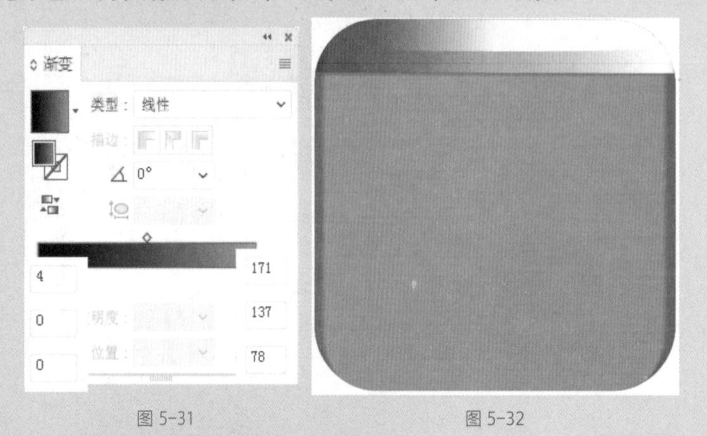

图 5-31　　图 5-32

30 全选金属边框，如图 5-33 所示。

31 双击【镜像工具】，在弹出的镜像面板中进行设置，复制并水平翻转图像，如图 5-34 所示。

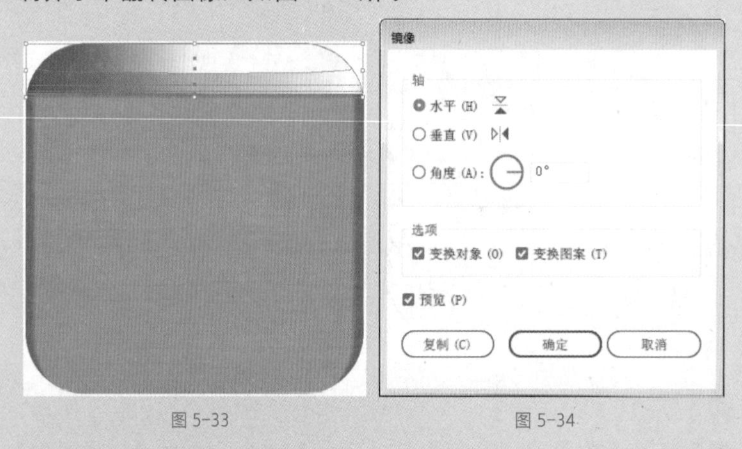

图 5-33　　图 5-34

32 将镜像图像一次拆开，如图 5-35 所示。选中其中的纯色图形，如图 5-36 所示。

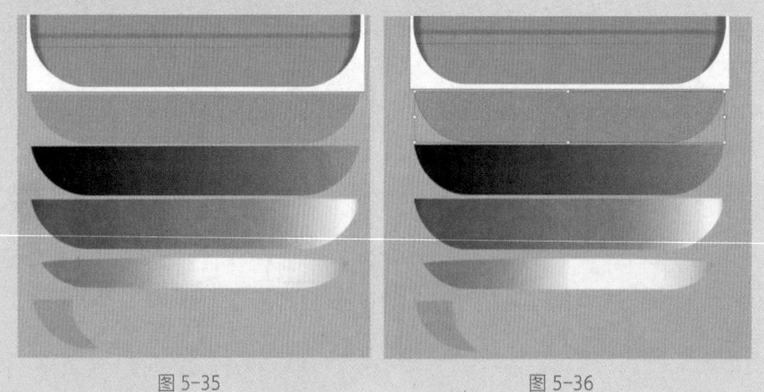

图 5-35　　图 5-36

33 使用【渐变】面板为纯色图形添加渐变效果，如图 5-37、图 5-38 所示。

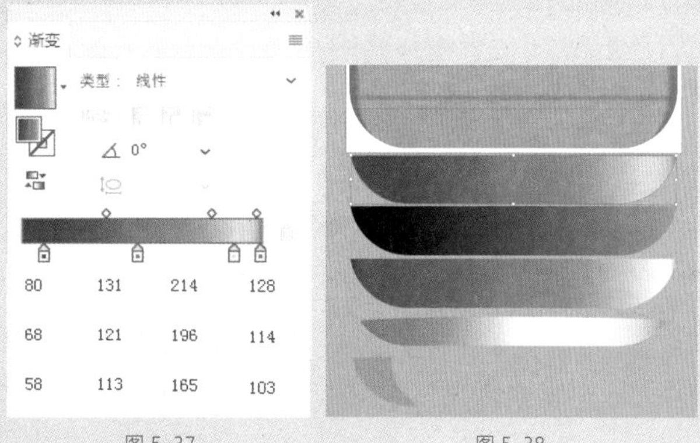

图 5-37　　图 5-38

34 选中上一步骤操作图像的下方图形，使用【吸管工具】吸取上一步骤渐变色，如图 5-39 所示。

35 调整图形的位置，与上一步骤图形的上下左右对齐，在【透明度】面板中设置图像的混合模式，如图 5-40 所示。

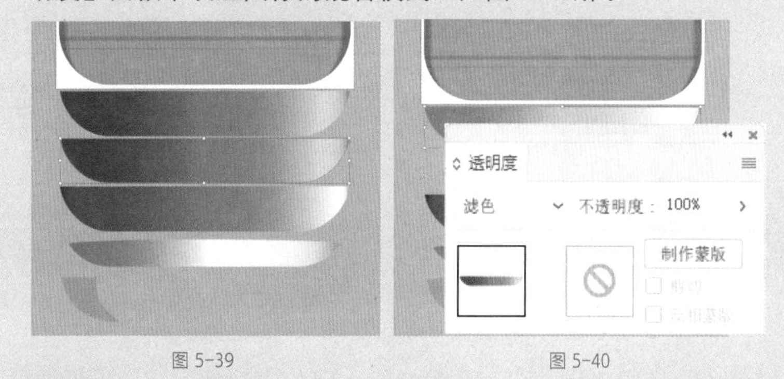

图 5-39　　图 5-40

36 选中上一步骤操作图像的下方图形，使用【吸管工具】吸取上一步骤渐变色，如图 5-41 所示。

37 调整图形的位置，与上一步骤图形的上下左右对齐，并在【透明度】面板中设置图像的混合模式，如图 5-42 所示。

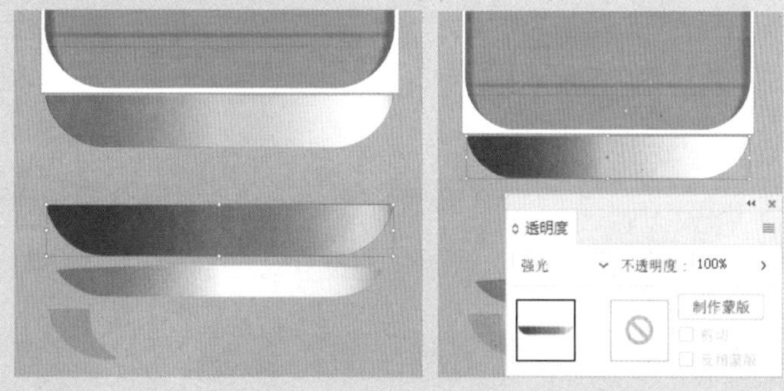

图 5-41　　图 5-42

38 选中上一步骤操作图像的下方图形，在【渐变】面板中改变渐变色，如图 5-43、图 5-44 所示。

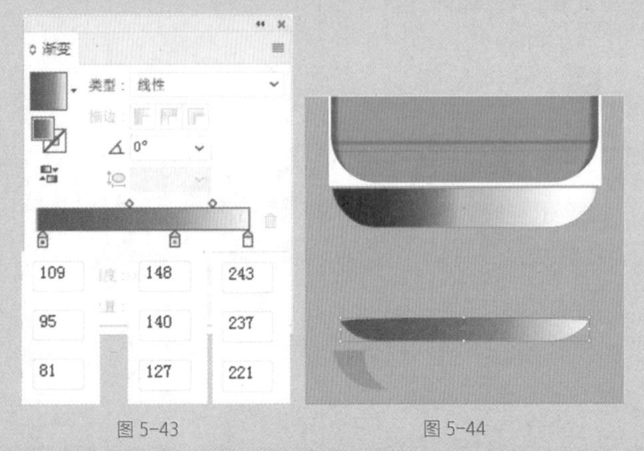

图 5-43　　图 5-44

39 调整图像的位置，在【透明度】面板中设置图像的混合模式，如图 5-45 所示。

40 调整拆开图像的位置，制作完成相机下方金属边，如图 5-46 所示。

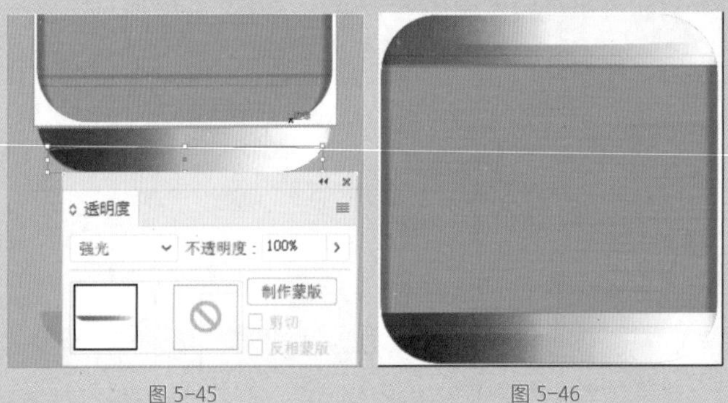

图 5-45　　图 5-46

41 分别选中相机上下方金属边框，按 Ctrl+G 组合键将图像编组，再按 Ctrl+2 组合键锁定所选图像，如图 5-47、图 5-48 所示。

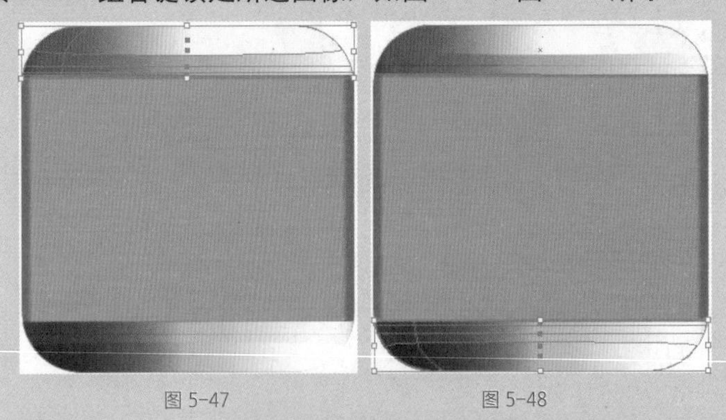

图 5-47　　图 5-48

至此，完成手机 APP 图标背景的制作。

5.2 相机图标镜头的制作

相机镜头有很多的光圈，在制作过程中需要重复使用相同的命令来制作，相机镜头的反光和高光制作主要使用【透明度】面板改变混合模式，使用【渐变】面板添加渐变效果。

01 选择【椭圆工具】，单击绘图区，在弹出的【椭圆】对话框中设置参数，创建正圆，如图 5-49 所示。

02 使用上述同样的步骤绘制出第二个正圆，并调整图形的位置，使小圆中心点在大圆的路径上方，如图 5-50 所示。

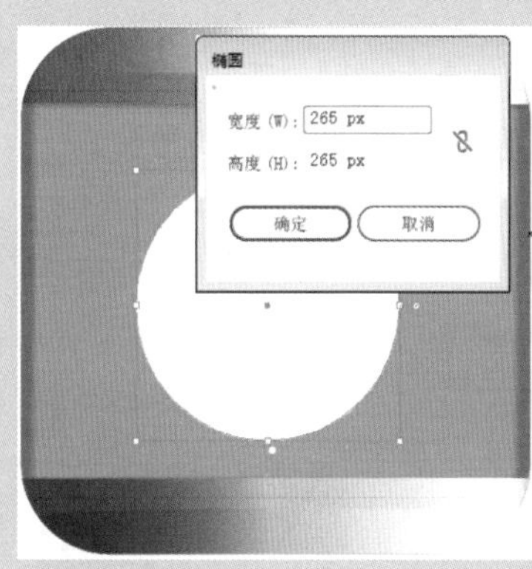

图 5-49

图 5-50

03 选中小圆，使用【旋转工具】，按 Alt 键，以大圆中心点为旋转点，如图 5-51 所示。

04 在弹出的【旋转】对话框中设置参数，如图 5-52 所示。

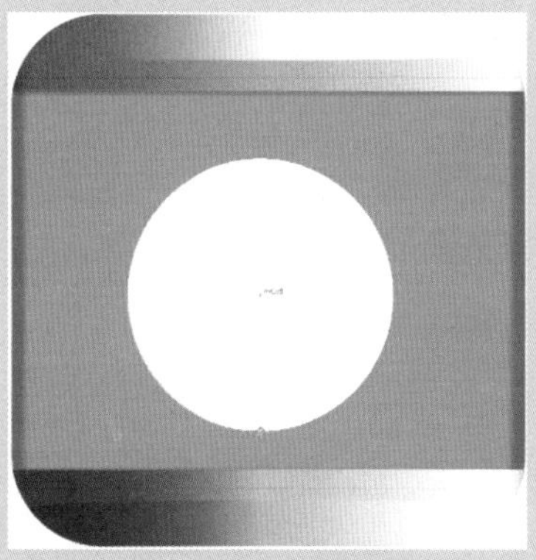

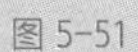

图 5-51

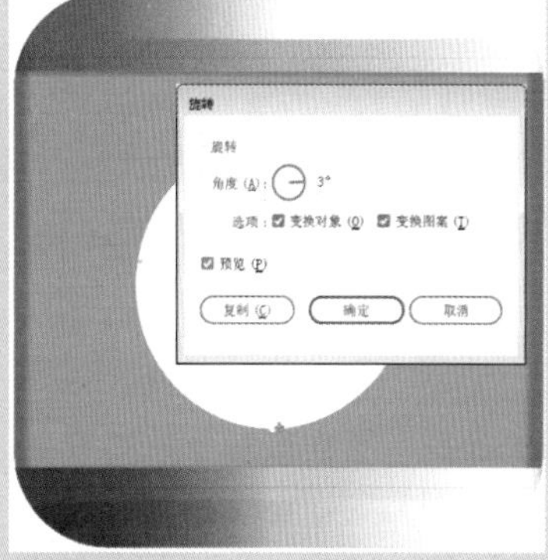

图 5-52

05 一直按住 Ctrl+D 组合键复制旋转图像，直到完成，如图 5-53、图 5-54 所示。

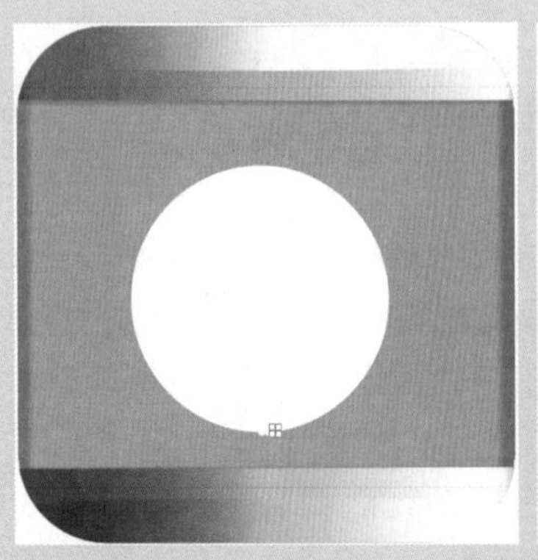

图 5-53

图 5-54

06 全选小圆，按 Ctrl+8 组合键建立复合路径，如图 5-55 所示。

07 按 Alt 键复制小圆，按 Shift 键加选大圆，单击属性栏中的【水平居中对齐】按钮和【垂直居中对齐】按钮，对齐图像，如图 5-56 所示。

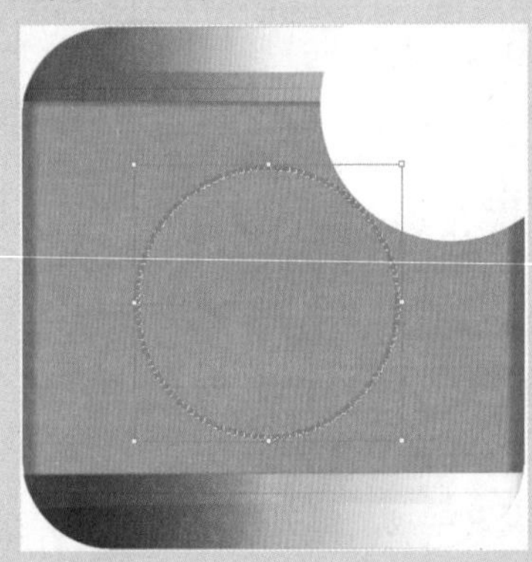

图 5-55

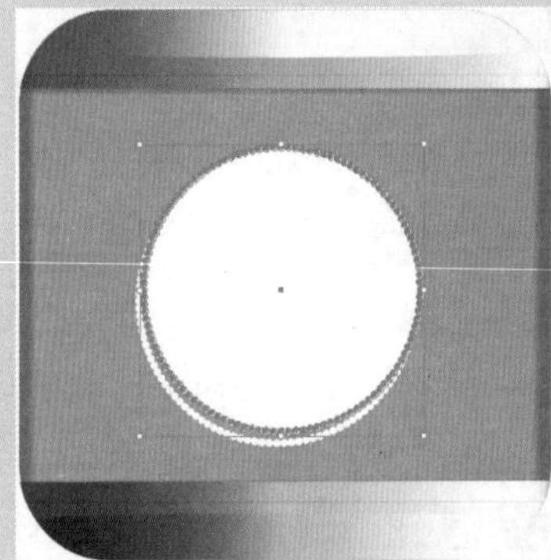

图 5-56

08 选中上一步骤操作的图像，在【路径查找器】面板中单击【联集】按钮，使图像成为一个整体，如图 5-57 所示。

09 调整图像在画面中的位置，并填充颜色，如图 5-58 所示。

图 5-57

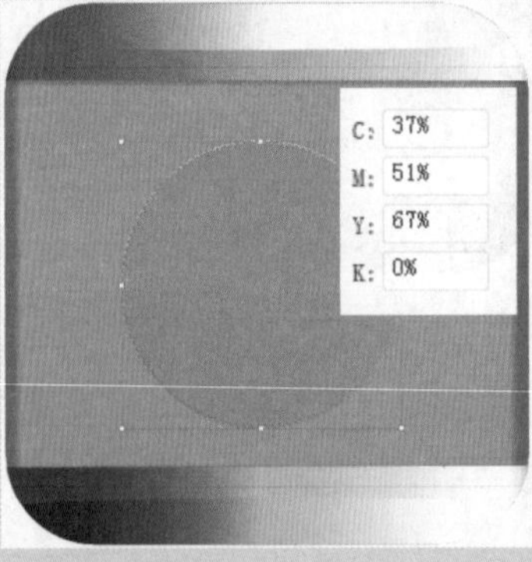

图 5-58

10 选中上一步骤的图形，按 Ctrl+C 组合键复制图像，按 Ctrl+F 组合键粘贴图像在前面，使用【渐变】面板添加渐变效果，如图 5-59、图 5-60 所示。

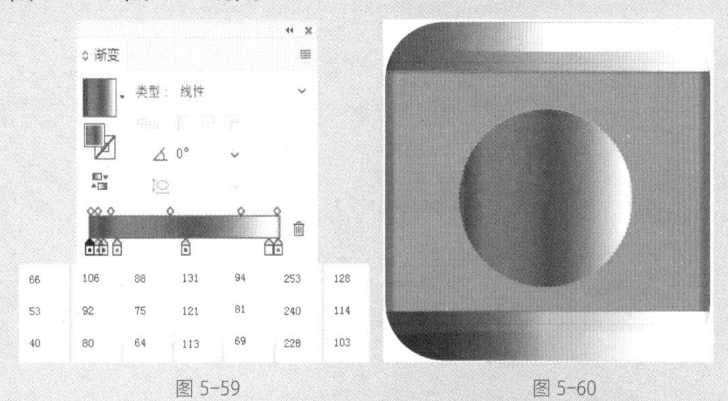

图 5-59　　图 5-60

11 在【透明度】面板中设置图像的混合模式，如图 5-61 所示。

12 使用【椭圆工具】，按 Shift 键绘制出正圆，并填充颜色，如图 5-62 所示。

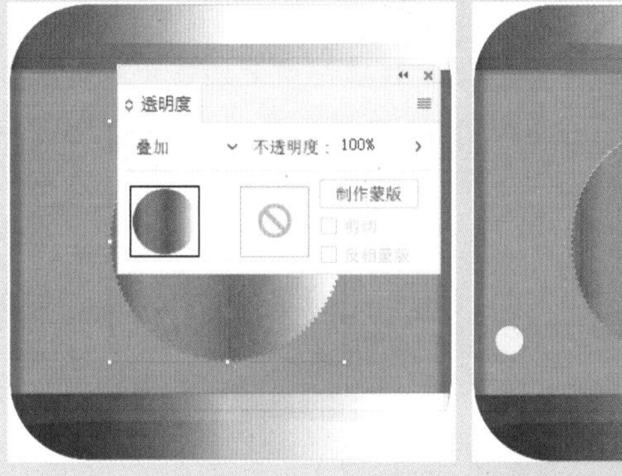

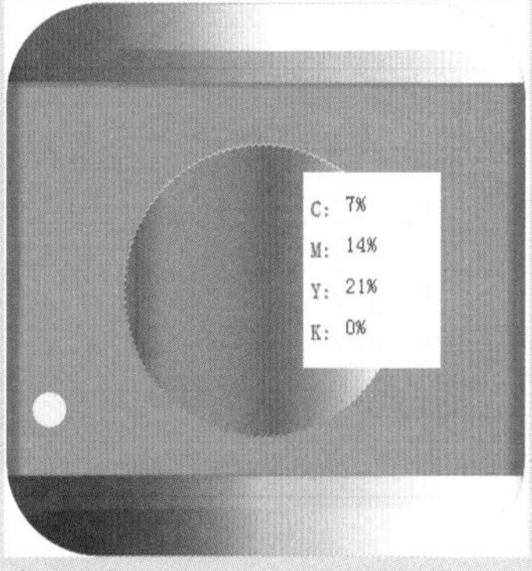

图 5-61　　图 5-62

13 使用【钢笔工具】绘制图像，并调整图像位置，如图 5-63 所示。

14 按 Shift 键加选上一步骤的正圆，在【路径查找器】面板中单击【联集】按钮，使图像成为整体，如图 5-64 所示。

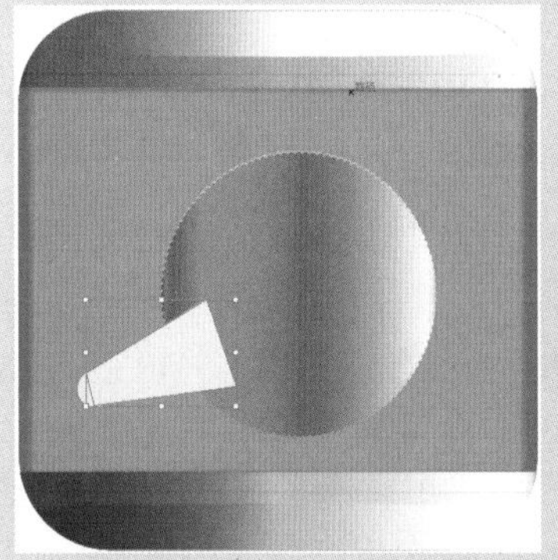

图 5-63　　图 5-64

15 按 Ctrl+C 组合键复制图像，按 Ctrl+F 组合键粘贴图像在前面，调整图像的位置，下移图像并填充颜色，如图 5-65 所示。

16 按 Ctrl+C 组合键复制图像，按 Ctrl+F 组合键粘贴图像在前面，使用【渐变】面板添加渐变效果，如图 5-66 所示。

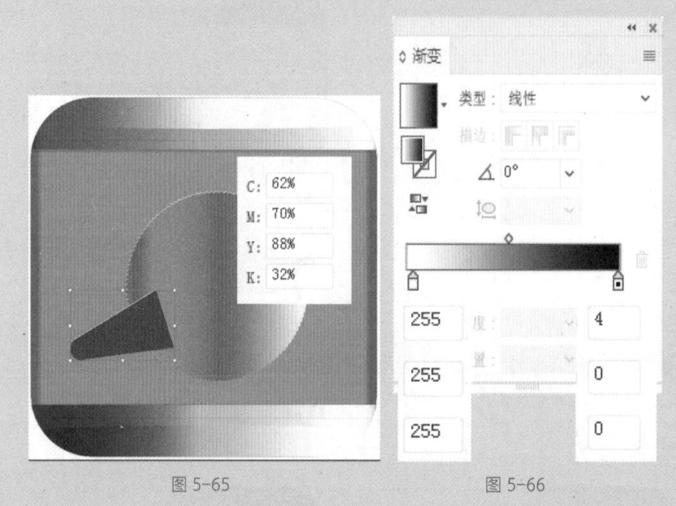

图 5-65　　图 5-66

17 选中上一步骤绘制的图像，在【透明度】面板中设置混合模式，制作出金属材质，如图 5-67 所示。

18 加选图形下方的图像，按 Ctrl+C 组合键复制图像，按 Ctrl+F 组合键粘贴图像在前面，同比例缩小图像，并调整图像的位置，如图 5-68 所示。

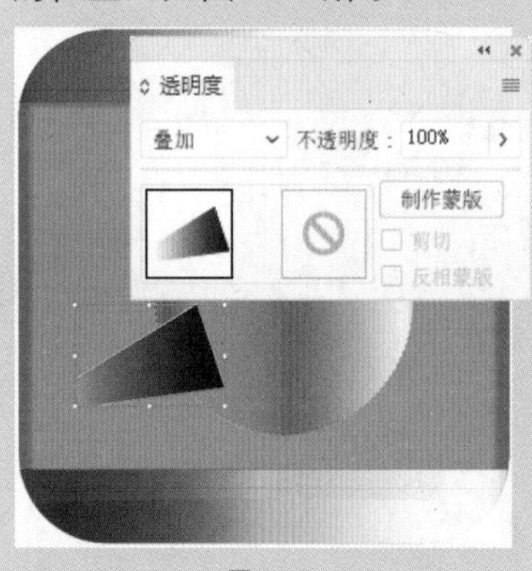

图 5-67

图 5-68

19 选中上方图像，在【渐变】面板中调整渐变效果，如图 5-69、图 5-70 所示。

20 使用【椭圆工具】，按 Shift 键绘制出正圆，并填充颜色，如图 5-71 所示。

21 按 Ctrl+C 组合键复制图像，按 Ctrl+F 组合键粘贴图像在前面，改变填充色，调整图像的位置，如图 5-72 所示。

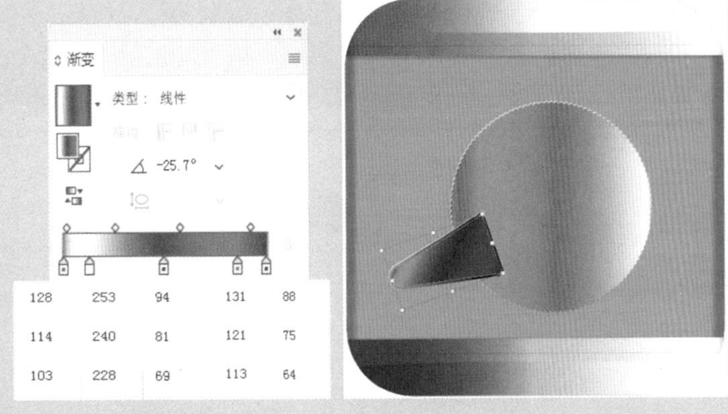

图 5-69　　图 5-70

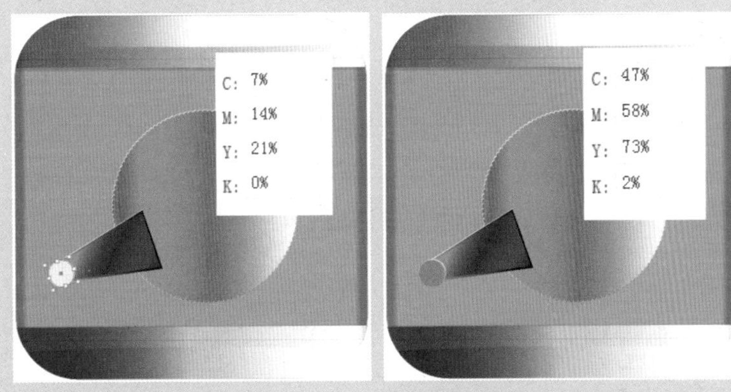

图 5-71　　图 5-72

22 按 Ctrl+C 组合键复制图像，按 Ctrl+F 组合键粘贴图像在前面，改变填充色，在【渐变】面板中添加渐变效果，在【透明度】面板中设置混合模式，制作出金属效果，如图 5-73、图 5-74 所示。

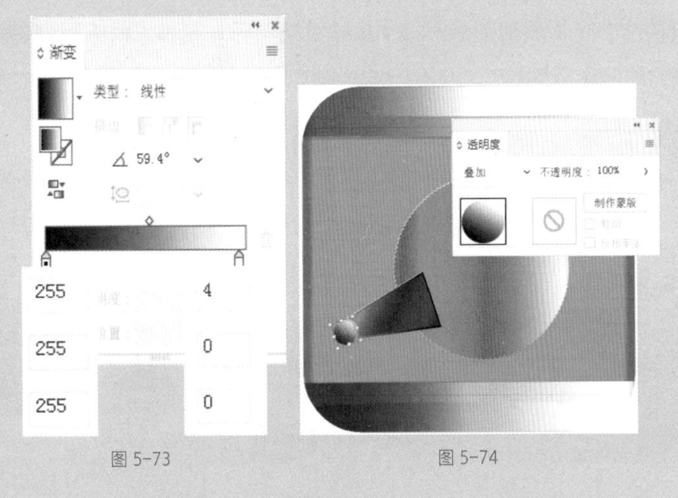

图 5-73　　图 5-74

23 选中上述两个步骤绘制的正圆图像，复制图像，按 Shift 键同比例缩小图像，如图 5-75 所示。

24 选中上一步骤最上方的正圆，使用【渐变工具】调整渐变，效果如图 5-76 所示。

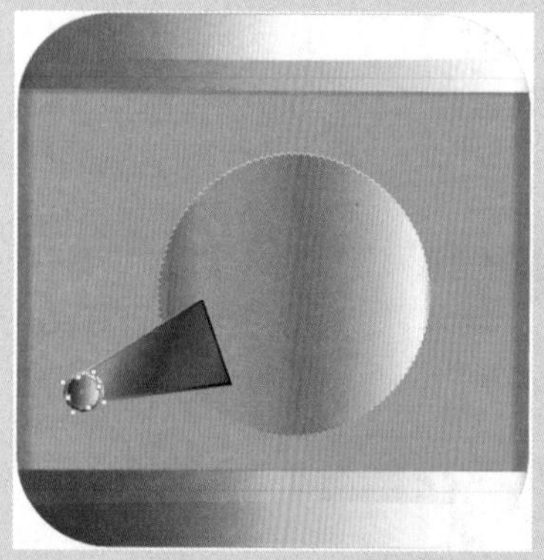
图 5-75

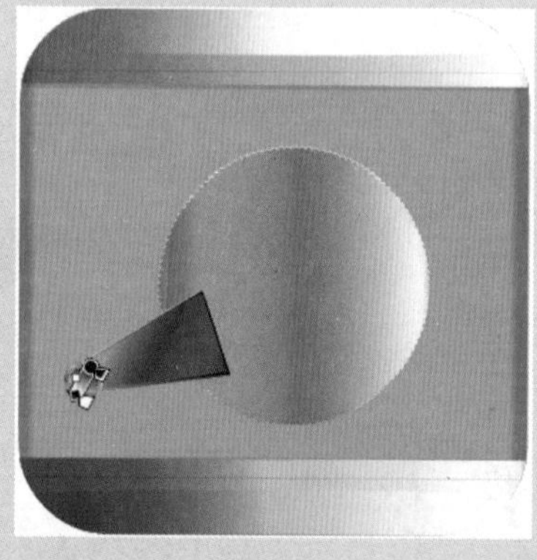
图 5-76

25 重复以上步骤绘制图像，完成金属叶片的制作，如图 5-77 所示。

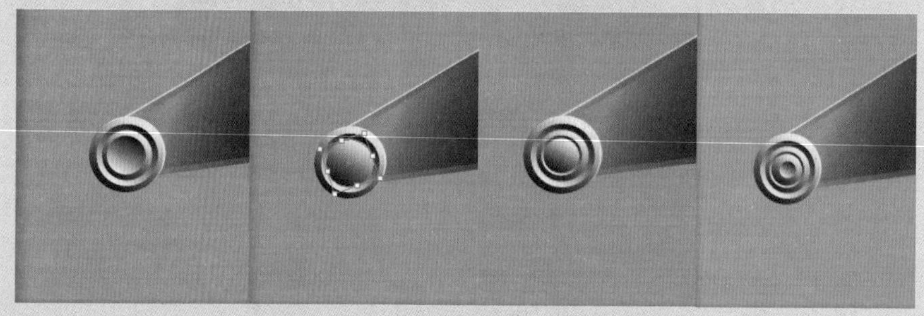
图 5-77

26 选中金属叶片，按 Ctrl+[组合键调整图像的图层顺序，使叶片在右边物体的下方，如图 5-78 所示。

27 选中叶片底部图像，按 Alt 键复制图形，再按 Ctrl+[组合键调整图像的图层顺序，在叶片的底部制作叶片的阴影，如图 5-79 所示。

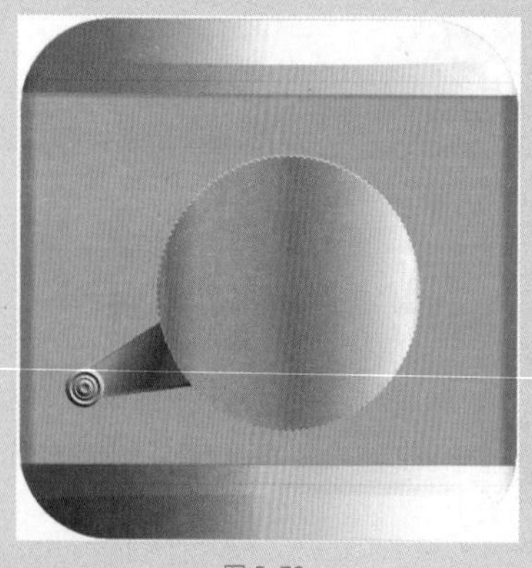
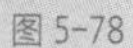
图 5-78

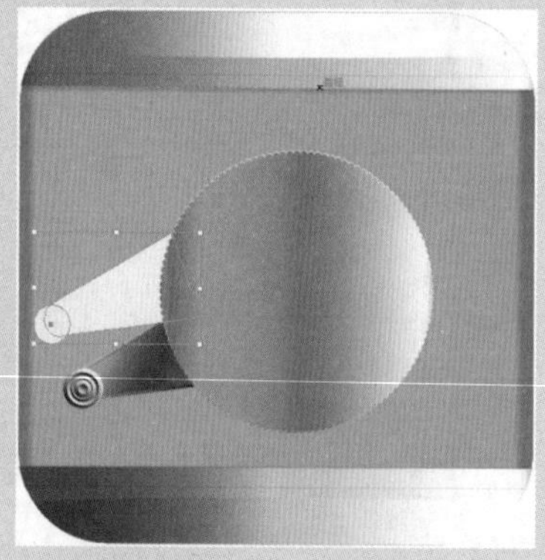
图 5-79

28 在【路径查找器】面板中单击【联集】按钮，并填充颜色为黑色，按 Alt 键复制图像，如图 5-80 所示。

29 改变填充颜色，并在属性栏中设置图像的不透明度，如图 5-81 所示。

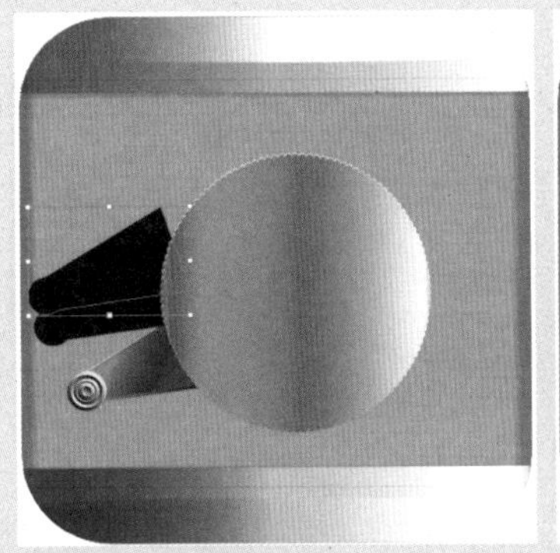

图 5-80

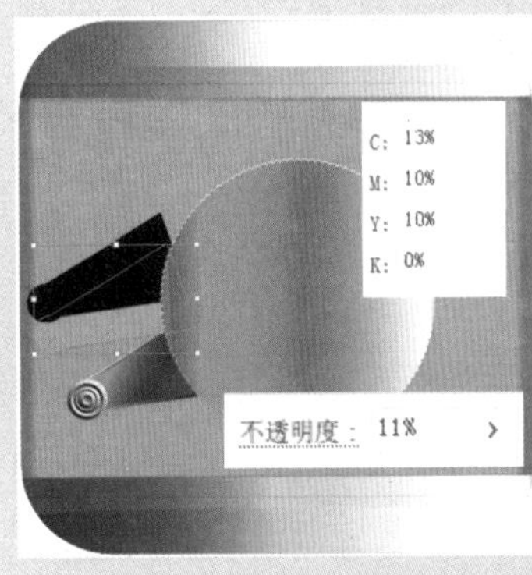

图 5-81

30 调整图像的位置，双击【混合工具】，在弹出的【混合选项】对话框中设置参数，单击【确定】按钮，如图 5-82、图 5-83 所示。

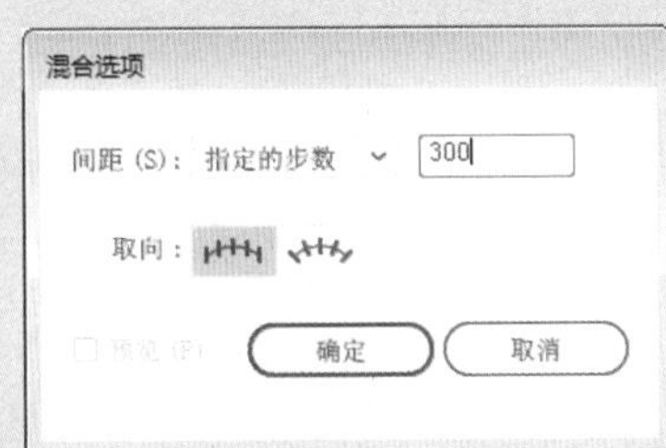

图 5-82

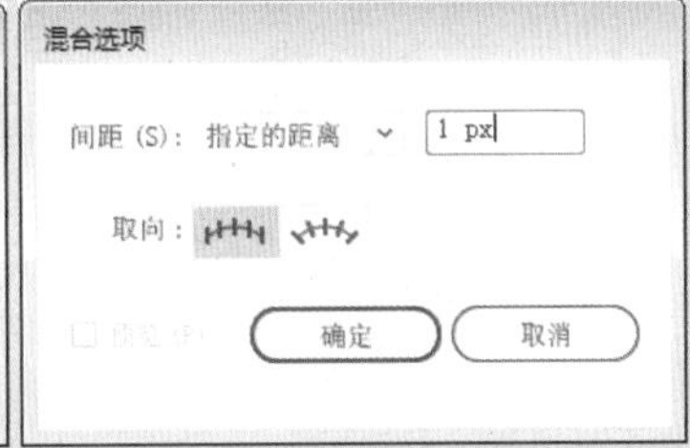

图 5-83

31 用鼠标单击黑色图形，再单击下方的灰色图像，如图 5-84、图 5-85 所示。

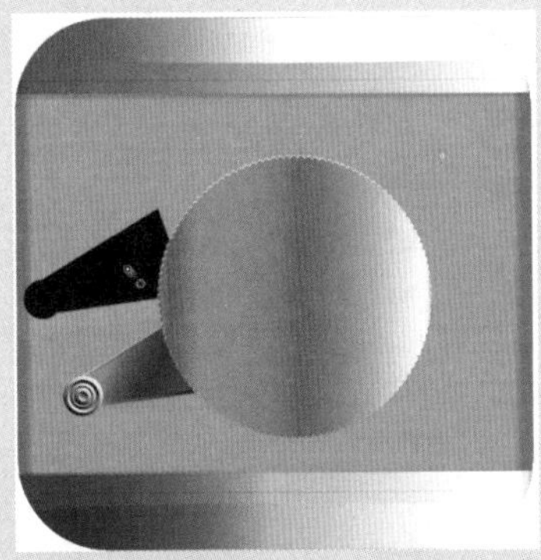

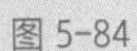
图 5-84

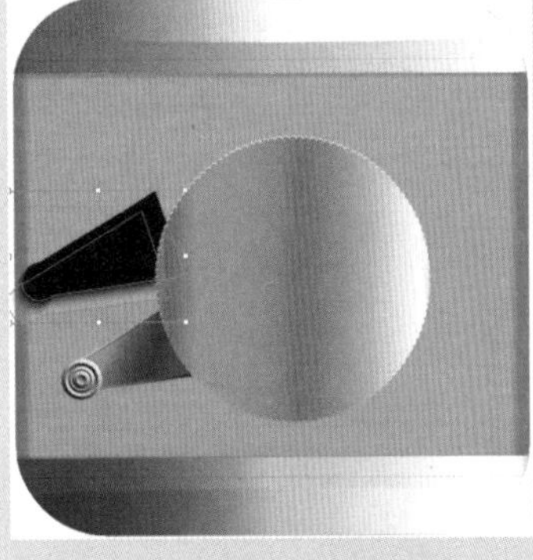

图 5-85

32 调整阴影图像的位置，在【透明度】面板中设置混合模式，如图 5-86 所示。

33 使用【钢笔工具】绘制图案，并填充颜色，在属性栏中设置不透明度，制作镜头边框的阴影，如图 5-87 所示。

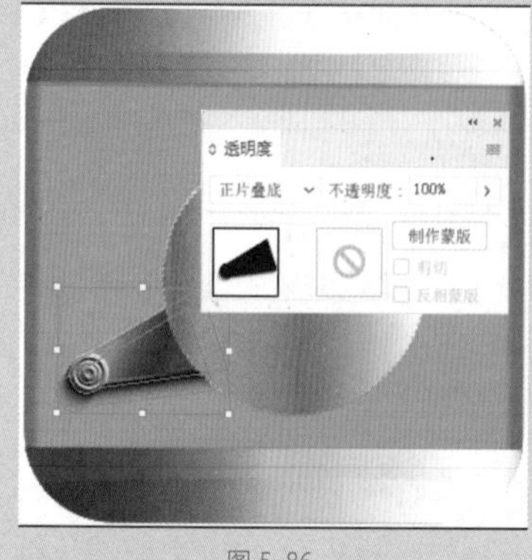

图 5-86

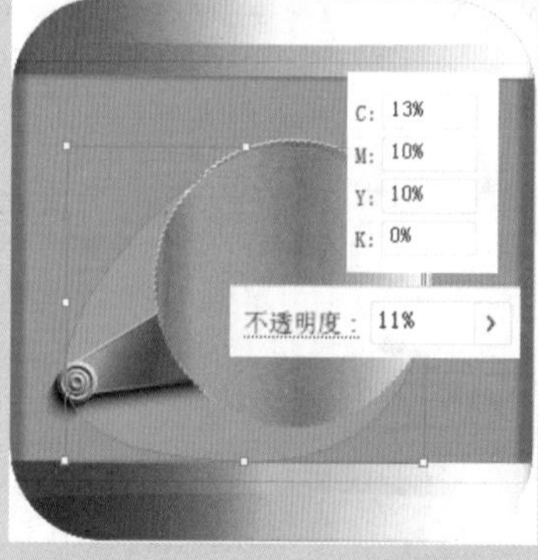

图 5-87

34 绘制黑色正圆，选择【混合工具】，用鼠标单击黑色正圆，再单击底部灰色图像，如图 5-88、图 5-89 所示。

图 5-88

图 5-89

35 按 Ctrl+[组合键调整图像的图层顺序，将图像调整到镜头边框的最底部，在【透明度】面板中调节图像的透明度及混合模式，制作出叶片和相机镜头底部的阴影，如图 5-90 所示。

36 绘制正圆，并填充颜色，如图 5-91 所示。

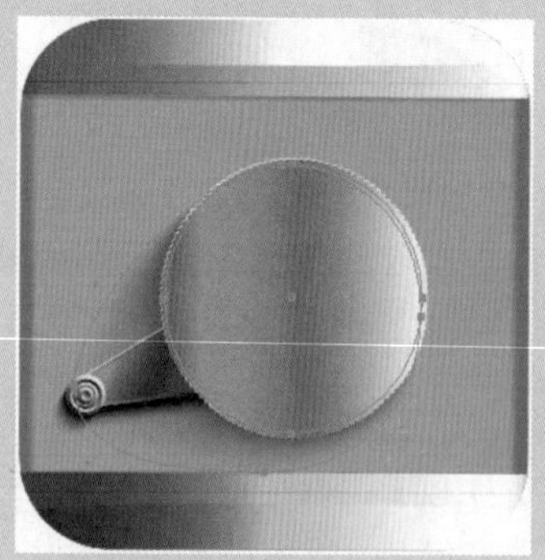
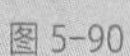
图 5-90

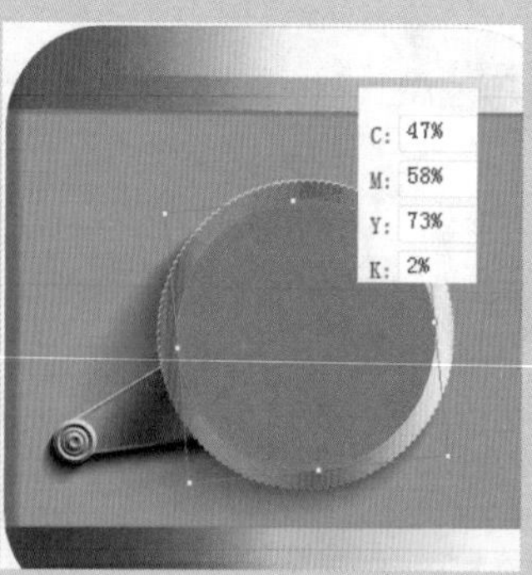

图 5-91

37 按 Ctrl+C 组合键复制图像，按 Ctrl+F 组合键粘贴图像在前面，在【渐变】面板中填充黑白渐变，如图 5-92 所示。

38 选中黑边渐变图像，在【透明度】面板中设置混合模式，如图 5-93 所示。

图 5-92

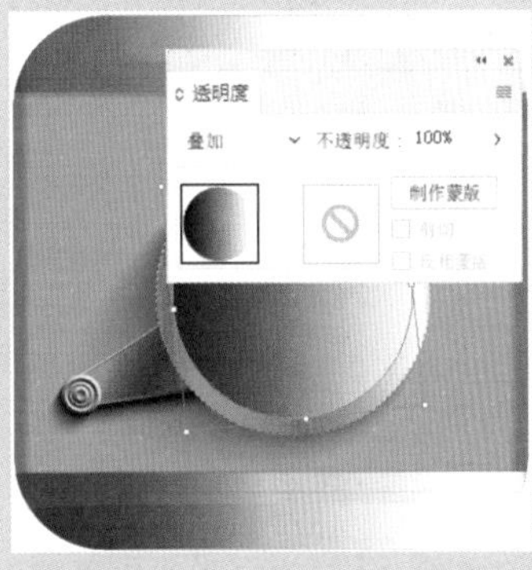

图 5-93

39 复制上述绘制的两个正圆，并同比例缩小图像，使用【渐变工具】调整渐变中心点的位置，如图 5-94、图 5-95 所示。

图 5-94

图 5-95

40 全选图形，按 Ctrl+G 组合键编组图像，按 Ctrl+2 组合键锁定图像，绘制正圆，并在属性栏中设置参数，如图 5-96 所示。

41 复制并缩小正圆，在属性栏中设置描边的粗细，如图 5-97 所示。

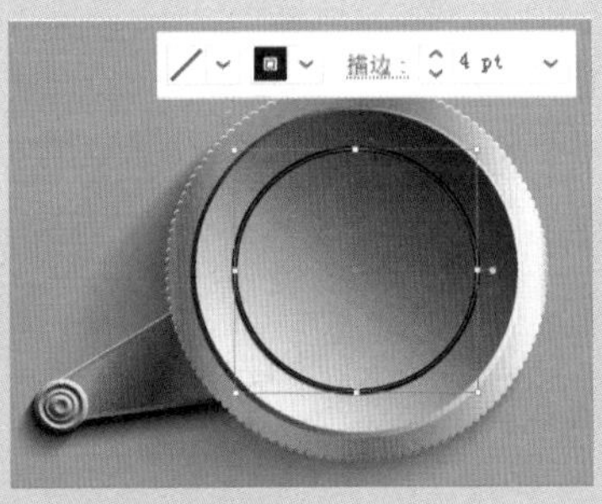

图 5-96

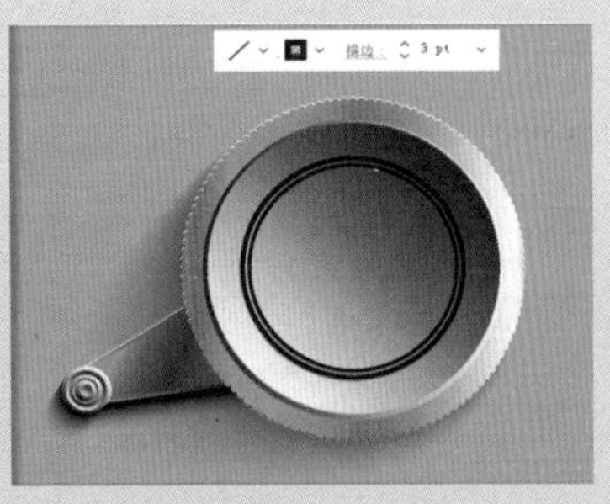

图 5-97

42 复制并缩小上一步骤的正圆，如图 5-98 所示。复制最外圈的大圆并放大图像，如图 5-99 所示。

图 5-98

图 5-99

43 继续复制上一步骤被复制的图像，按 Ctrl+C 组合键复制图像，按 Ctrl+F 组合键粘贴图像在前面，按 Shift 键加选上一步复制的图像，按 Ctrl+8 组合键建立复合路径，制作出圆环图像，如图 5-100 所示。

44 使用【渐变】面板给圆环图像添加渐变效果，如图 5-101 所示。

图 5-100

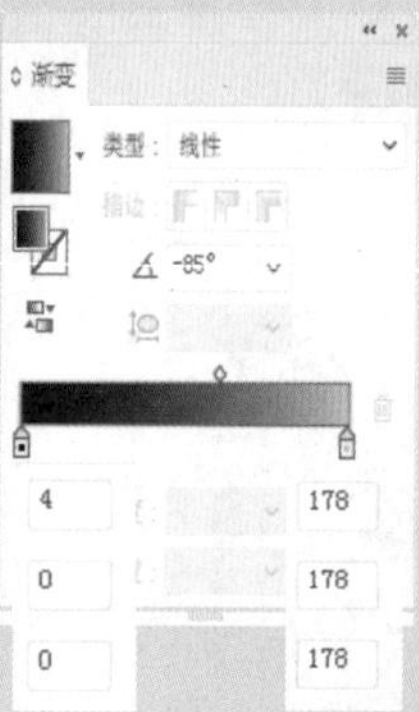

图 5-101

45 绘制正圆，填充描边色，在属性栏中设置描边的粗细，如图 5-102 所示。

46 复制上一步骤绘制的正圆，同比例缩小图像，改变描边色，在属性栏中设置描边的粗细，如图 5-103 所示。

图 5-102

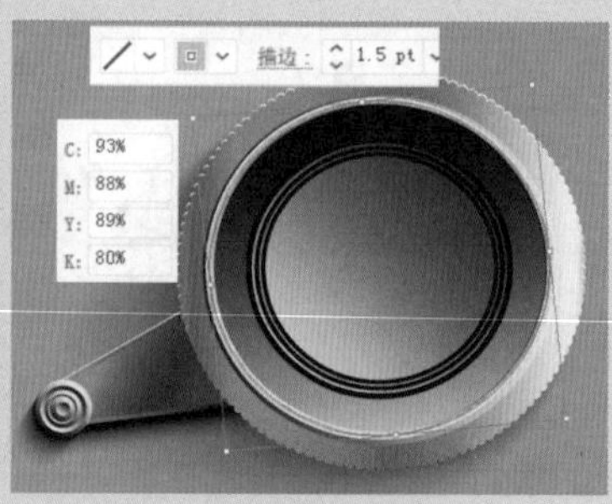

图 5-103

47 绘制黑色的正圆，作为圆环的黑边，并在属性栏中设置描边的粗细，如图 5-104 所示。

48 选中圆环的黑边正圆，将图层顺序调整到黑边正圆和圆环的图层下方，改变描边填充色，并在属性栏中设置描边的粗细，如图 5-105 所示。

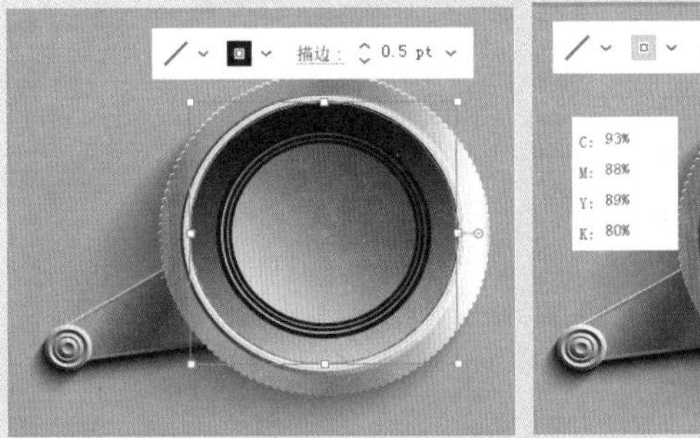

图 5-104

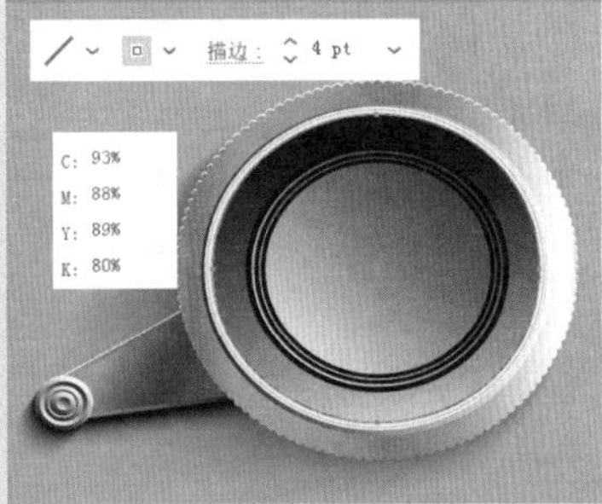

图 5-105

49 复制并缩小上一步骤绘制的正圆，在属性栏中设置描边的粗细，如图 5-106 所示。

50 按 Alt 键复制正在编辑的图像，并缩小图像，作为最小正圆的灰色边，如图 5-107 所示。

图 5-106

图 5-107

51 绘制正圆，填充描边色，在属性栏中设置描边的粗细，如图 5-108 所示。

52 复制并缩小上一步骤绘制的正圆，改变描边填充色，在属性栏中设置描边的粗细，如图 5-109 所示。

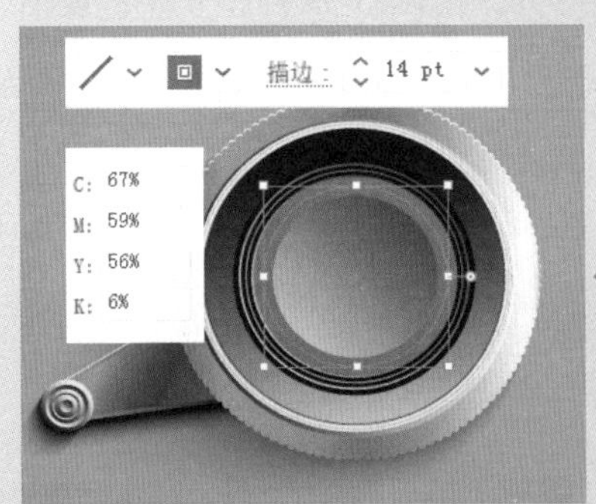

图 5-108

图 5-109

53 复制并放大上一步骤绘制的正圆，填充黑色描边，在属性栏中设置描边的粗细，如图 5-110 所示。

54 复制并缩小上一步骤绘制的正圆，改变描边填充色，在属性栏中设置描边的粗细，如图 5-111 所示。

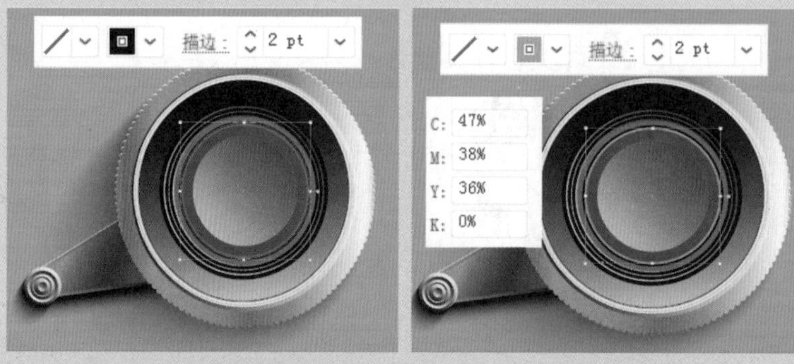

图 5-110　　图 5-111

55 复制并缩小上一步骤绘制的正圆，改变描边填充色，在属性栏中设置描边的粗细，如图 5-112 所示。

56 重复上一步骤，绘制黑色正圆图像，如图 5-113 所示。

图 5-112　　图 5-113

57 复制并放大上一步骤绘制的正圆，改变描边填充色，在属性栏中设置描边的粗细，如图 5-114 所示。

58 选中两个正圆，按 Ctrl+C 组合键复制图像，按 Ctrl+F 组合键粘贴图像在前面，如图 5-115 所示。

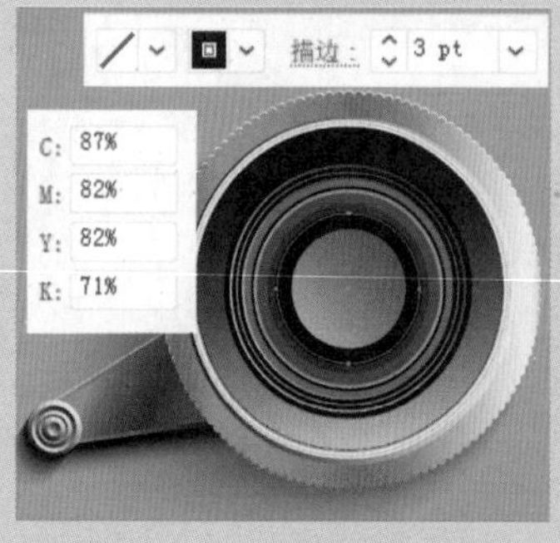

图 5-114

图 5-115

59 缩小图像，改变小的正圆描边及颜色，如图 5-116 所示。

60 选中所有正圆，执行【对象】|【扩展外观】命令，在弹出的【扩展】对话框中进行设置，如图 5-117 所示。

图 5-116　　图 5-117

61 全选图像，在属性栏中单击【水平居中对齐】按钮和【垂直居中对齐】按钮对齐图像，按 Ctrl+G 组合键编组图像，按 Ctrl+2 锁定图像，如图 5-118 所示。

62 绘制正圆并在【透明度】面板中设置混合模式为正片叠底，效果如图 5-119 所示。

图 5-118　　图 5-119

63 使用【渐变】面板给图像添加渐变效果，如图 5-120、图 5-121 所示。

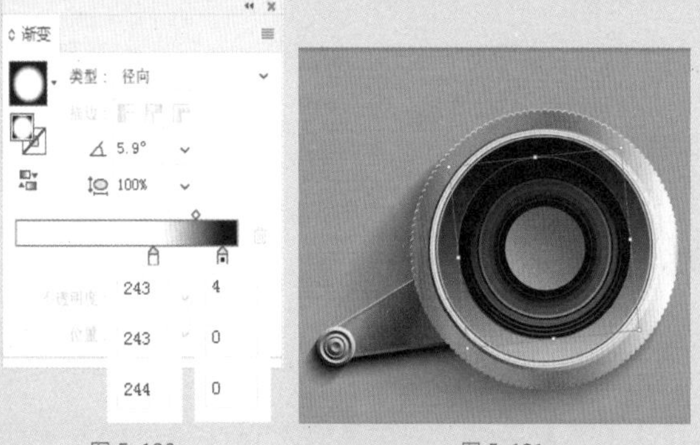

图 5-120　　图 5-121

64 复制并缩小正圆，如图 5-122 所示。重复命令，绘制并缩小正圆，如图 5-123 所示。

图 5-122

图 5-123

65 选中上一步骤绘制的正圆，在【渐变】面板中调整渐变色，如图 5-124、图 5-125 所示。

图 5-124

图 5-125

66 使用【钢笔工具】绘制镜头装饰图像，复制并旋转，在【路径查找器】面板中单击【联集】按钮，使图像成为整体，制作出镜头的反光效果，如图 5-126、图 5-127 所示。

图 5-126

图 5-127

67 使用【渐变】面板，为图像添加渐变效果，在【透明度】面板中设置混合模式，制作出镜头的灰色反光，如图 5-128、图 5-129 所示。

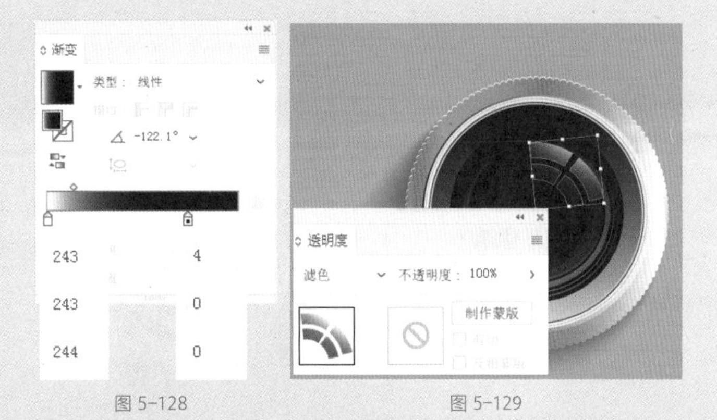

图 5-128　　图 5-129

68 按 Ctrl+C 组合键复制图像，按 Ctrl+F 组合键粘贴图像在前面，复制上一步骤图像，使用【渐变】面板改变渐变色，制作出蓝色的反光，如图 5-130、图 5-131 所示。

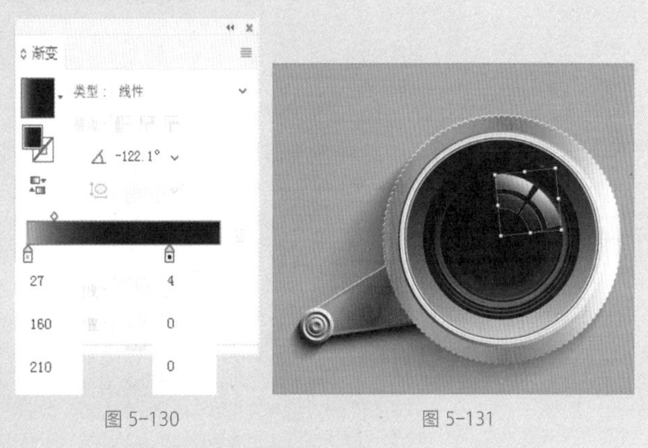

图 5-130　　图 5-131

69 复制上一步骤图像，旋转并调整位置，如图 5-132 所示。

70 复制缩小上一步骤操作的图像，旋转并调整图像的位置，如图 5-133 所示。

图 5-132　　图 5-133

71 选中上一步骤操作的图像，在【渐变】面板中改变渐变色，制作出紫色的反光，如图 5-134、图 5-135 所示。

图 5-134　　图 5-135

72 复制上一步骤图像，旋转并调整位置，在【渐变】面板中改变渐变颜色，制作出绿色反光，如图 5-136、图 5-137 所示。

图 5-136　　图 5-137

73 创建椭圆图像，使用【渐变】面板为图像添加渐变效果，在【透明度】面板中设置图形的不透明度及混合模式，完善相机镜头的反光效果，如图 5-138、图 5-139 所示。

图 5-138　　图 5-139

74 绘制椭圆形，使用【吸管工具】吸取镜头的蓝色渐变，使用【透明度】面板设置不透明度，使用【渐变工具】调整渐变效果，如图 5-140、图 5-141 所示。

图 5-140　　图 5-141

75 复制上一步骤椭圆，调整大小及位置，利用【吸管工具】吸取镜头的紫色渐变，并使用【渐变工具】调整渐变效果，如图 5-142、图 5-143 所示。

图 5-142　　图 5-143

76 复制上一步骤椭圆，调整大小及位置，使用【渐变】面板改变渐变颜色，如图 5-144、图 5-145 所示。

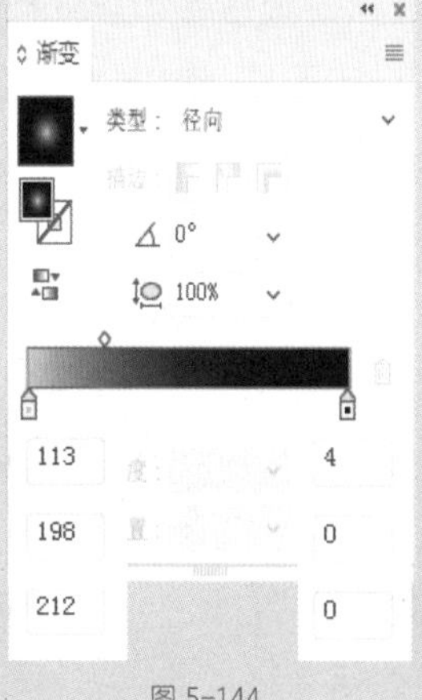

图 5-144　　图 5-145

77 复制上一步骤椭圆，调整大小及位置，使用【吸管工具】 吸取镜头的黄色渐变，并使用【渐变工具】 调整渐变效果，如图 5-146 所示。

78 置入矢量素材文件“光圈”，并调整大小及位置，如图 5-147 所示。

图 5-146

图 5-147

79 绘制椭圆，在【透明度】面板中设置混合模式为滤色，使用【渐变】面板填充渐变效果，如图 5-148、图 5-149 所示。

图 5-148

图 5-149

80 绘制椭圆形，使用【吸管工具】 吸取镜头中的黑白渐变的反光渐变颜色，在【透明度】面板中进行设置，使用【渐变工具】 调整渐变效果，如图 5-150、图 5-151 所示。

图 5-150

图 5-151

81 复制上一步骤绘制的椭圆，调整大小及位置，使用【渐变工具】调整渐变角度，全选图像，按 Ctrl+G 组合键，编组图像，如图 5-152、图 5-153 所示。

图 5-152

图 5-153

82 使用【钢笔工具】绘制图像，完善相机的体积，使用【渐变】面板为图像添加渐变效果，如图 5-154、图 5-155 所示。

图 5-154　　图 5-155

83 选中上一步骤绘制的图像，在【透明度】面板中设置混合模式及不透明度，如图 5-156、图 5-157 所示。

图 5-156

图 5-157

84 选中上一步骤图像，执行【效果】|【风格化】|【羽化】命令，在弹出的【羽化】对话框中进行设置，羽化图像边缘，完善相机体积，如图 5-158 所示。

85 绘制椭圆形，调整画面的亮度，并使用【吸管工具】吸取上一步骤操作图形的渐变色，如图 5-159 所示。

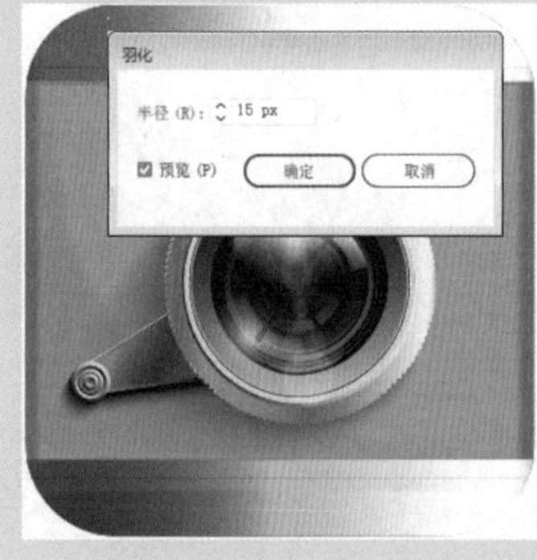

图 5-158

图 5-159

86 在【透明度】面板中设置图像的混合模式及不透明度，提亮画面，如图 5-160、图 5-161 所示。

图 5-160

图 5-161

87 复制上一步骤的椭圆，调整大小及位置，使用【渐变工具】调整渐变效果，如图 5-162 所示。

88 执行【效果】|【风格化】|【羽化】命令，在弹出的【羽化】对话框中进行设置，如图 5-163 所示。

89 在【图层】面板中选中之前绘制的三个图像，下拉图层，将图层位置调整到装饰叶片的下方，如图 5-164、图 5-165 所示。

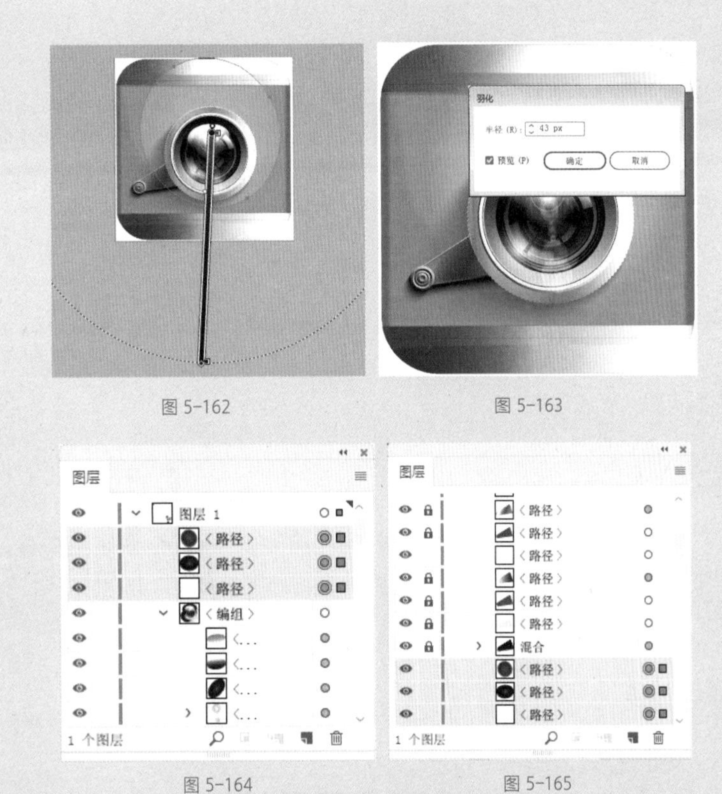

图 5-162　　图 5-163

图 5-164　　图 5-165

90 使用【圆角矩形工具】▢绘制圆角矩形图像，装饰相机，如图 5-166 所示。

91 按 Alt+Ctrl+2 组合键全部解锁，置入矢量素材“相机装饰”，调整图像，完成制作，如图 5-167 所示。

图 5-166　　图 5-167

至此，完成相机图标镜头的制作。

5.3 强化训练

项目名称 手机管家 APP 图标制作

项目需求

受某企业的委托，制作手机界面，要求主题突出、简洁，作品风格、形式不限，彩色原稿。

项目分析

盾牌的主要用途是保护人不被伤害，用盾牌做图标，能使用户看到标志就联想到 APP 的主要功能是保护手机。将图标制作出立体效果，LOFT 风格，色彩对比强烈，给人强烈的视觉冲击感。

项目效果

项目效果如图 5-168 所示。

图 5-168

操作提示

01 使用【圆角矩形工具】绘制边框，并填充渐变，设置投影效果。
02 用剪切蒙版制作背景底纹，使用模糊羽化功能制作光束。
03 使用【钢笔工具】绘制盾牌，并填充颜色，设置投影效果。

CHAPTER 06

宣传页设计

本章概述 SUMMARY

宣传页是商店周期性促销的主要手段，以季节、时令等因素为依托。在一定期间内最大限度地促进商品销售，提高业绩。它是一种成本低，方便快捷的广告宣传方式。

■ 学习目标

- √ 熟练应用 Photoshop 文本工具
- √ 熟练应用 Photoshop 路径模糊
- √ 熟练应用 Illustrator 对象扩展
- √ 熟练应用 Illustrator 路径查找器

◎宣传页的正面设计效果

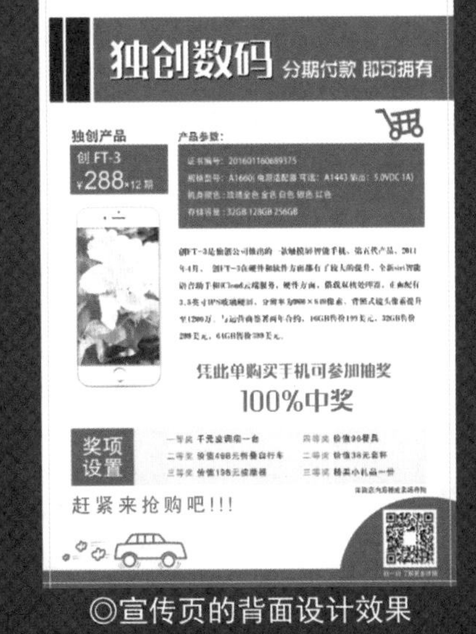

◎宣传页的背面设计效果

6.1 宣传页的正面设计

本案例宣传页以绿色为主色调，利用滤镜模糊处理正面背景图片，并绘制黑色矩形装饰图案，使宣传页画面整体协调，达到较好的宣传效果。

具体操作步骤如下。

01 启动 Photoshop CC 2017，执行【文件】|【新建】命令，在弹出的【新建文档】对话框中进行设置，单击【创建】按钮，如图 6-1 所示。

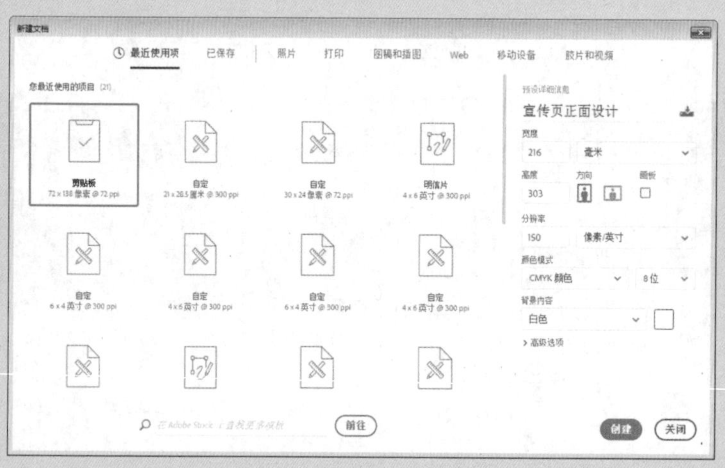

图 6-1

02 在四边添加 3mm 的参考线，如图 6-2 所示。

03 打开“花朵摄影”素材文件，调整大小及位置，如图 6-3 所示。

04 按 Ctrl+J 组合键快速复制图层，如图 6-4 所示。

图 6-2　图 6-3　图 6-4

05 打开“手机边框”素材文件，调整大小及位置，如图 6-5 所示。

06 调整“花朵摄影 拷贝”图层，使用【矩形选框工具】，将手机屏幕图形载入选区，如图 6-6 所示。

07 执行【选择】|【反选】命令，按 Delete 键删除图形，按 Ctrl+D 组合键取消选区，如图 6-7 所示。

图 6-5　　图 6-6　　图 6-7

08 单击【图层样式】对话框底部的【添加图层样式】按钮，在弹出的对话框中设置【斜面和浮雕】图层样式，如图 6-8 所示。

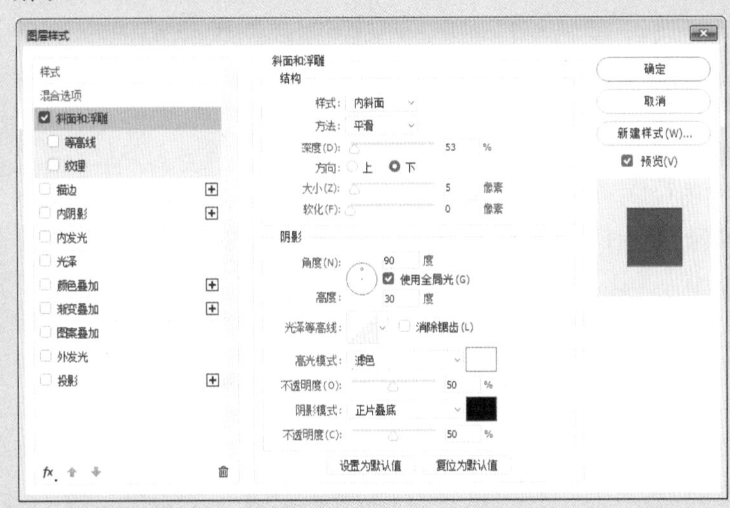

图 6-8

09 为图层添加图层样式，并调整顺序，如图 6-9、图 6-10 所示。

10 选中“花朵摄影”图层，执行【滤镜】|【模糊】|【高斯模糊】命令，在【高斯模糊】对话框中设置模糊半径，如图 6-11、图 6-12 所示。

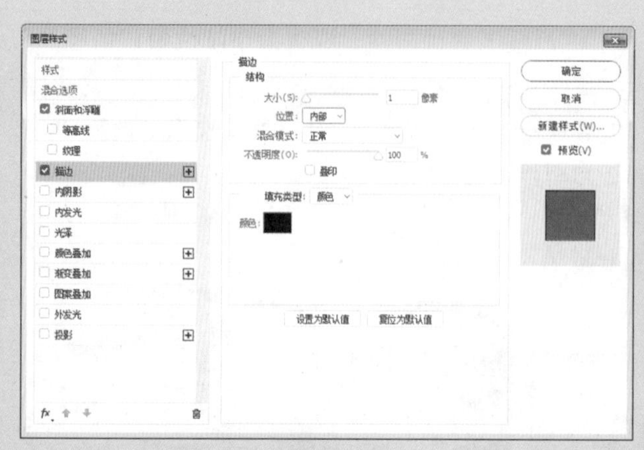

图 6-9

图 6-10

图 6-11　　图 6-12

11 使用【矩形工具】□.在页面的左上角创建绿色矩形图像，如图 6-13 所示。

12 继续使用【矩形工具】□.在页面的其他位置分别创建矩形图像，如图 6-14 所示。

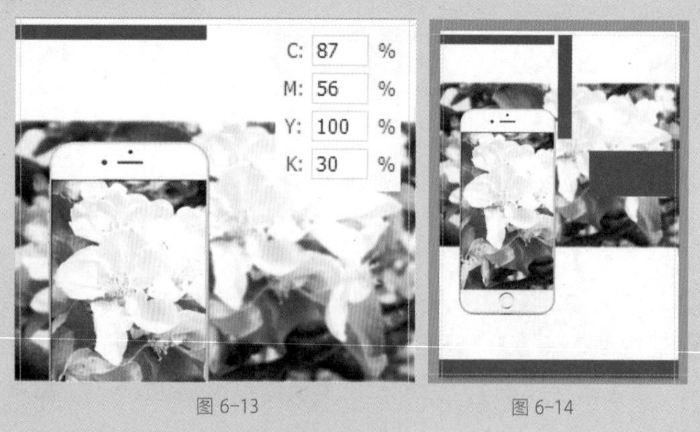

图 6-13　　图 6-14

13 使用【矩形工具】□.，创建黑色矩形图像，如图 6-15 所示。

14 将“公司标志”素材文件拖至当前文档中，调整大小及位置，如图 6-16 所示。

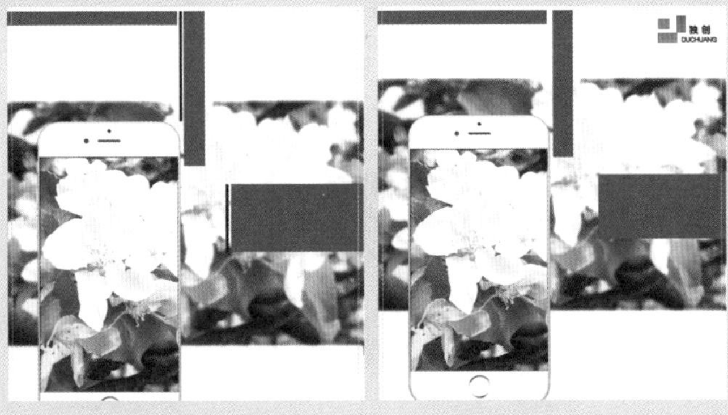

图 6-15　　图 6-16

15 使用【横排文字工具】T.添加文本，并调整“花朵摄影”图层的位置，如图 6-17 所示。

16 使用【横排文字工具】T.选中“0”字符，在【符号】面板中将颜色改为红色，如图 6-18 所示。

图 6-17　　图 6-18

17 继续使用【横排文字工具】T.添加文本，在【字符】面板中设置字体、字号，如图 6-19 所示。

18 使用【直排文字工具】IT.添加竖排广告文本，设置字体、字号，如图 6-20 所示。

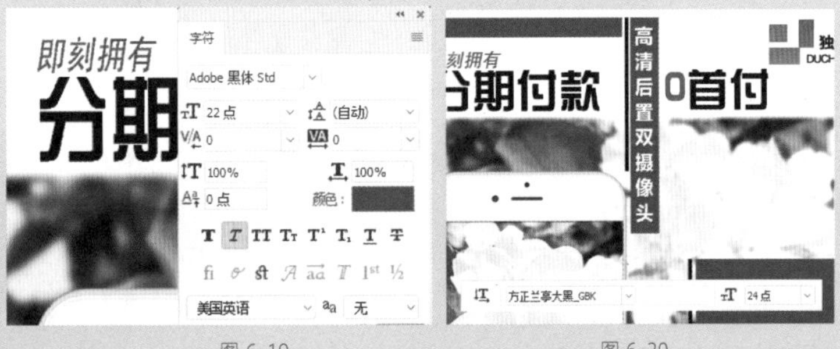

图 6-19　　图 6-20

19 使用【横排文字工具】T.继续添加文本，在【字符】面板中设置字体、字号，如图 6-21、图 6-22 所示。

图 6-21

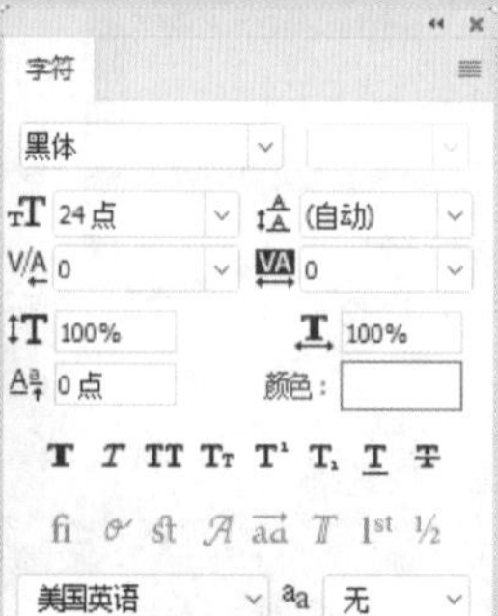

图 6-22

20 使用【横排文字工具】T.添加文本，利用【横排文字工具】T.选中部分文字，并在属性栏中进行调整，如图 6-23、图 6-24 所示。

图 6-23

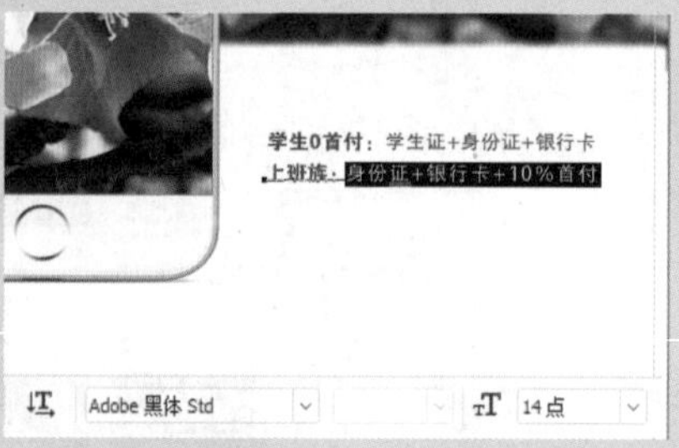

图 6-24

21 继续使用【横排文字工具】T.添加文本，设置字体、字号，如图 6-25 所示。

22 使用【直线工具】/.绘制出边框，如图 6-26 所示。

图 6-25

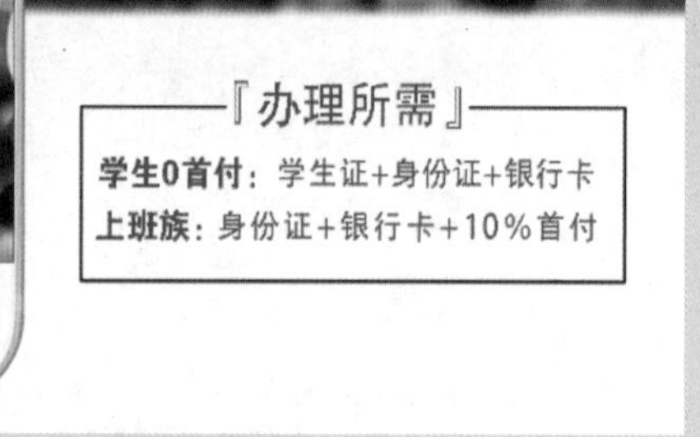

图 6-26

23 继续添加文本，设置字体、字号，如图 6-27、图 6-28 所示。

24 启动 Illustrator CC 2017，执行【文件】|【新建】命令，在弹出的【新建文档】对话框中进行设置，单击【创建】按钮，如图 6-29 所示。

25 使用【钢笔工具】绘制出电话的轮廓，如图 6-30 所示。

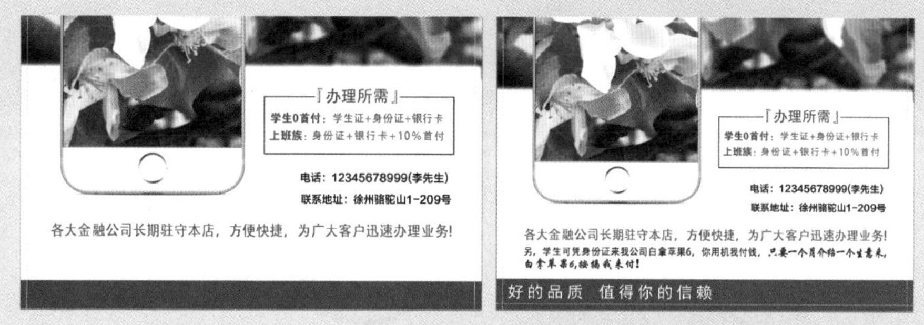

图 6-27　　图 6-28

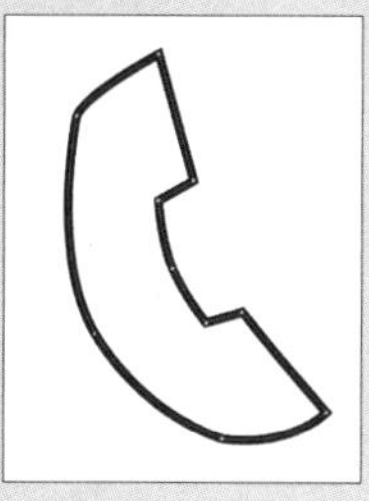

图 6-29　　图 6-30

26 选择【椭圆工具】○，按 Shift 键创建出正圆，如图 6-31 所示。

27 选中正圆，执行【对象】|【扩展】命令，在弹出的【扩展】对话框中进行设置，如图 6-32 所示。

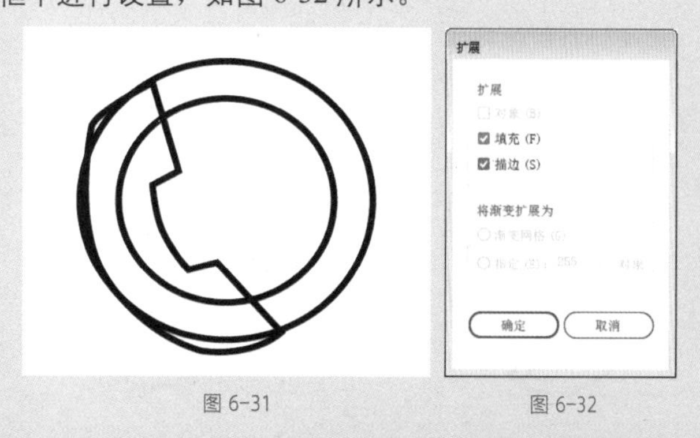

图 6-31　　图 6-32

28 利用【矩形工具】□ 绘制图形，旋转并调整图像的位置，如图 6-33 所示。

29 选中大的正圆和上一步骤绘制的矩形，执行【窗口】|【路径查找器】命令，在弹出的【路径查找器】面板中单击【减去顶层】按钮，如图 6-34 所示。

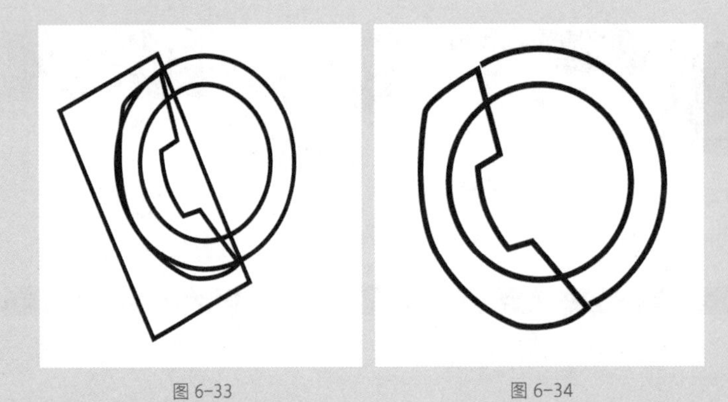

30 执行上述命令，使小的正圆与大的正圆具有相同的效果，如图 6-35 所示。

31 添加文字，使用【直线工具】绘制直线，如图 6-36 所示。

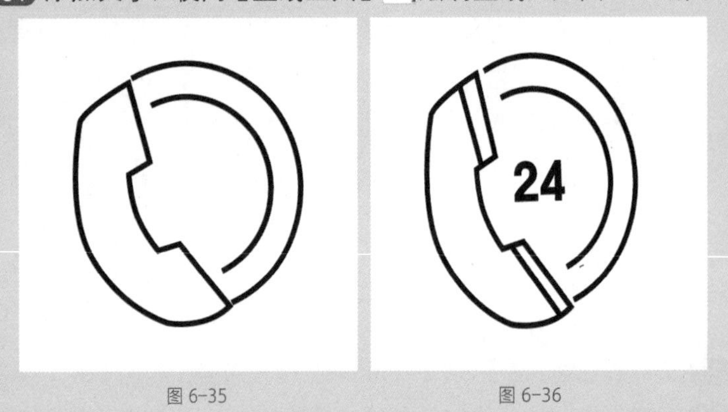

32 选择图形，如图 6-37 所示。执行【对象】|【扩展】命令，在弹出的【扩展】对话框中进行设置，效果如图 6-38 所示。

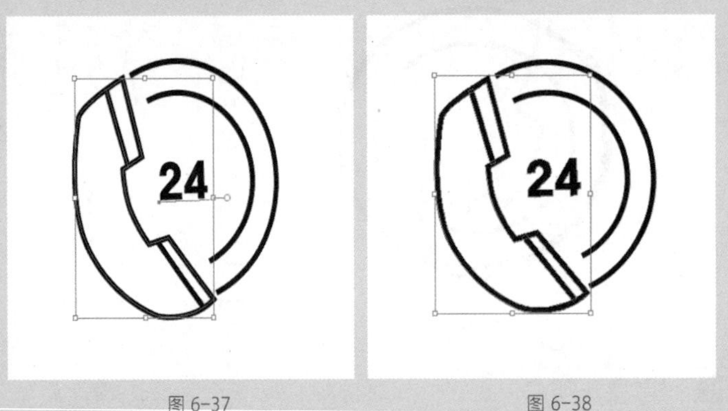

33 绘制椭圆形，执行【效果】|【风格化】命令，在弹出的【羽化】对话框中设置参数，制作电话阴影，如图 6-39、图 6-40 所示。

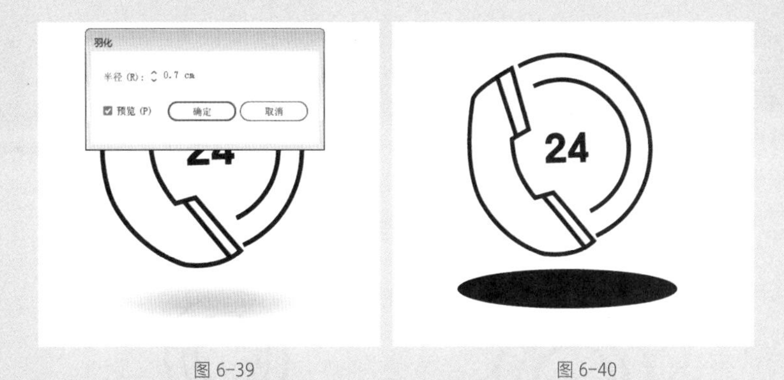

图 6-39　　图 6-40

34 选中绘制的所有图形，按 Ctrl+G 组合键进行编组，如图 6-41 所示。

35 使用【椭圆工具】绘制两个正圆，如图 6-42 所示。

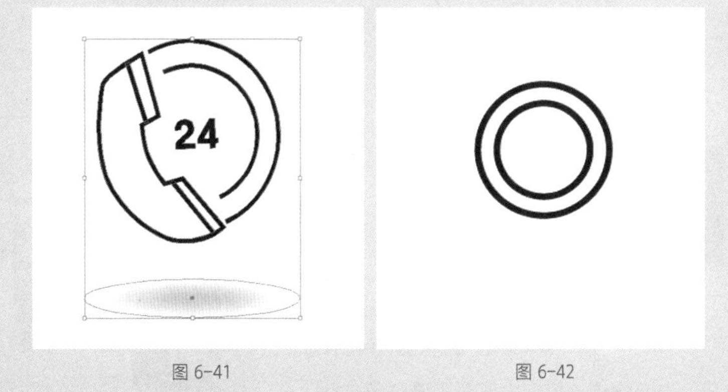

图 6-41　　图 6-42

36 使用【椭圆工具】绘制较大的椭圆，选中创建的三个图形，在属性栏中单击【水平居中对齐】按钮，如图 6-43 所示。

37 使用【直接选择工具】调整锚点，如图 6-44 所示。

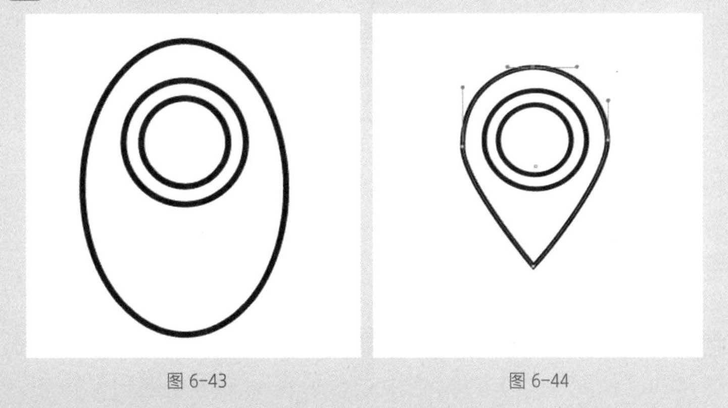

图 6-43　　图 6-44

38 执行【对象】|【扩展】命令，在弹出的【扩展】对话框中进行设置，效果如图 6-45 所示。

39 按 Alt 键复制电话底部的阴影，完成定位标志的制作，如图 6-46 所示。

40 将 Illustrator 中所绘制的电话、定位标志依次拖入到 Photoshop 中，调整大小及位置，完成制作，效果如图 6-47、图 6-48 所示。

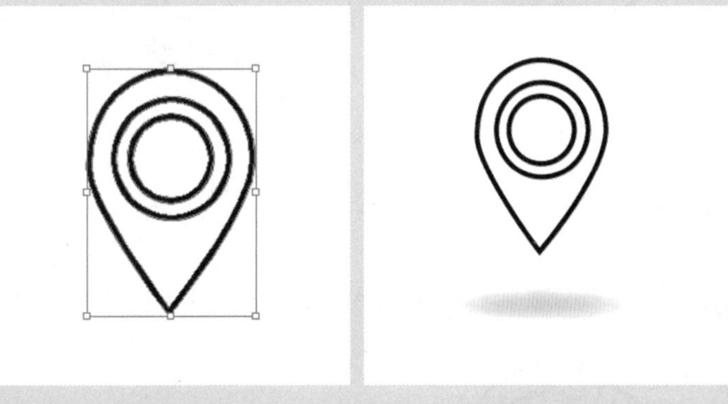

图 6-45　　图 6-46

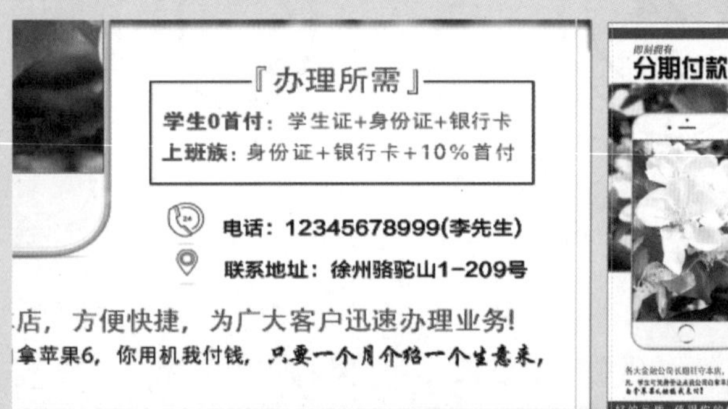

图 6-47　　图 6-48

6.2　宣传页的背面设计

宣传页的背面设计要与正面保持一致的风格，宣传页的背面主要是介绍产品的详情信息和产品活动。在介绍主要内容时，可以用与背景不同的颜色来突出信息，从而使观者能在阅览宣传页时一眼就能看到，并吸引眼球。

01 启动 Photoshop CC 2017，执行【文件】|【新建】命令，在弹出的【新建文档】对话框中进行设置，单击【创建】按钮，如图 6-49 所示。

02 在四边添加 3mm 的参考线，如图 6-50 所示。

图 6-49　　图 6-50

03 选择【矩形工具】□，单击绘图区，在弹出的【创建矩形】对话框中进行设置，如图 6-51 所示。

04 使用【矩形工具】□绘制出矩形图像，如图 6-52 所示。

图 6-51　　图 6-52

05 使用【横排文字工具】T添加文本，设置字体、字号，如图 6-53 所示。

06 继续使用【横排文字工具】T添加文本，设置字体、字号，如图 6-54 所示。

图 6-53　　图 6-54

07 单击【图层】面板底部的【添加图层样式】按钮 fx，在弹出的【图层样式】对话框中进行设置，为图层添加【投影】样式，如图 6-55、图 6-56 所示。

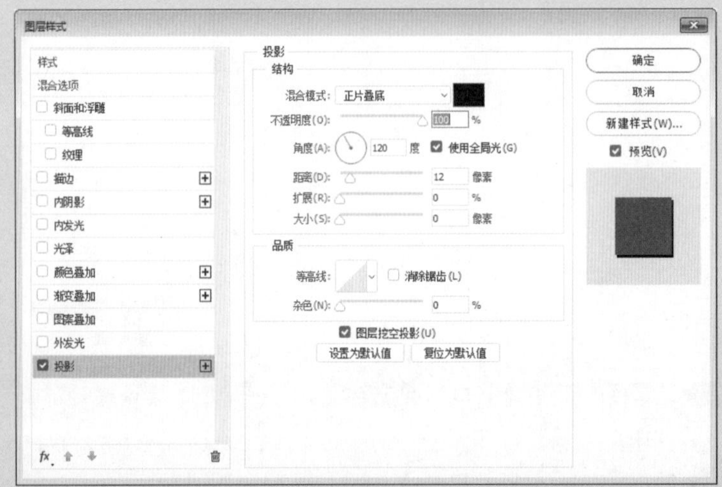

图 6-55

图 6-56

08 选中“独创数码”图层，在图层名称后的空白处右击，在弹出的快捷菜单中选择【拷贝图层样式】命令，选中“分期付款”图层，在名称后的空白处右击，在弹出的快捷菜单中选择【粘贴图层样式】命令，使“分期付款”图层具有与“独创数码”图层相同的图层样式，如图 6-57、图 6-58 所示。

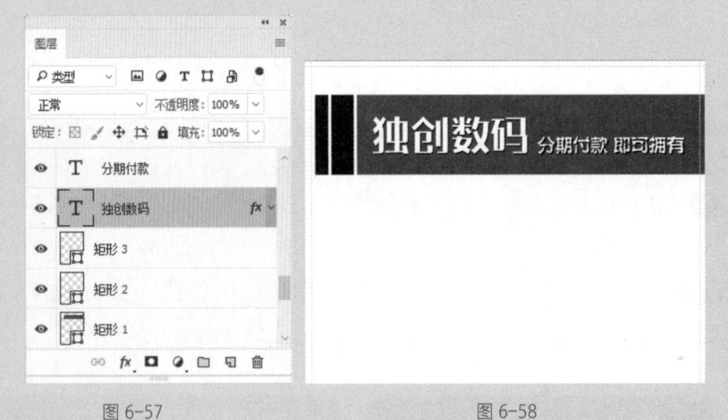

图 6-57　　图 6-58

09 使用【矩形工具】□.绘制出两个矩形图像，如图 6-59 所示。

10 按 Ctrl+E 组合键合并图层，按 Ctrl+A 组合键全选画布，单击属性栏上的【水平居中对齐】按钮 ≑ 对齐画布，按 Ctrl+D 组合键取消选区，居中对齐画布，如图 6-60 所示。

图 6-59　　图 6-60

11 使用【横排文字工具】T.添加文本，设置字体、字号，如图 6-61 所示。

12 继续使用【横排文字工具】T.添加文本，设置字体、字号、如图 6-62 所示。

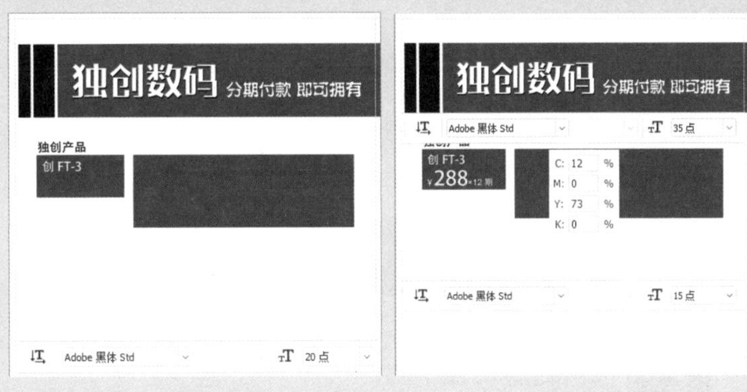

图 6-61　　图 6-62

13 继续使用【横排文字工具】T.添加文本，如图 6-63 所示。

14 在【字符】面板中设置字体、字号，如图 6-64 所示。

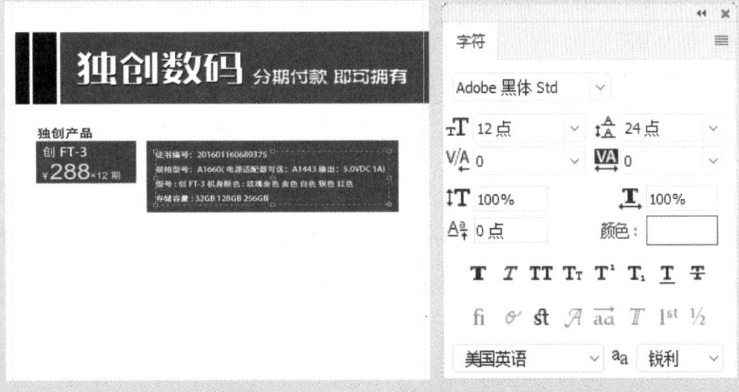

图 6-63　　图 6-64

15 继续使用【横排文字工具】T.添加文本，设置字体、字号，如图 6-65 所示。

16 用 Photoshop 打开“宣传页正面设计”文件，将正面的手机素材拖入到“宣传页背面设计”文件中，调整大小及位置，如图 6-66 所示。

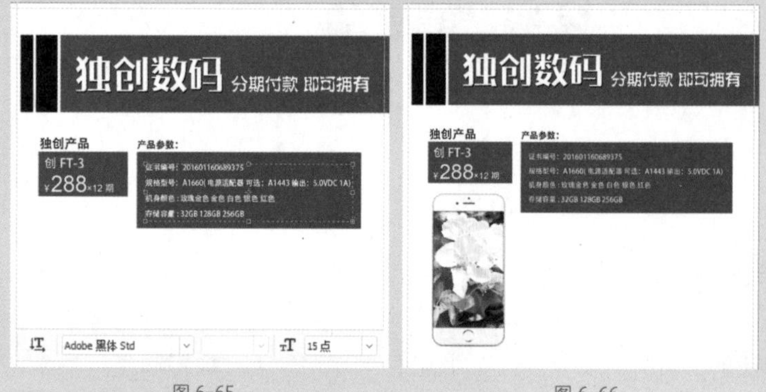

图 6-65 图 6-66

17 使用【横排文字工具】T.添加文本，如图 6-67 所示。

18 在【字符】面板中设置字体、字号，如图 6-68 所示。

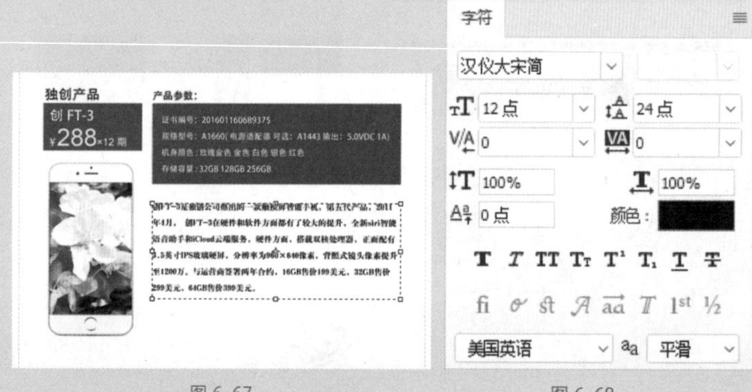

图 6-67 图 6-68

19 在【段落】面板中调整段落，使段落左右对齐，如图 6-69、图 6-70 所示。

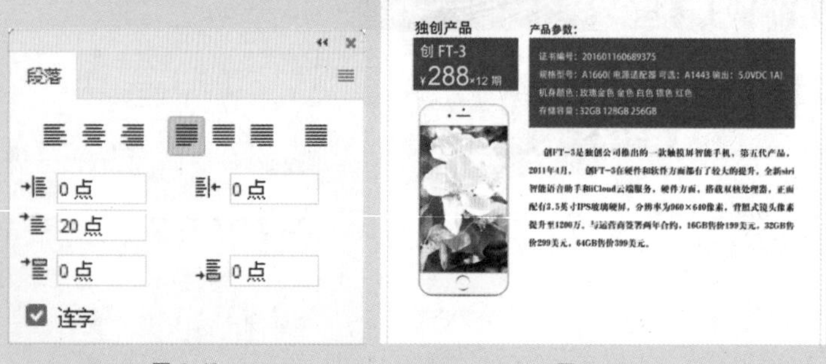

图 6-69 图 6-70

20 使用【横排文字工具】T.添加文本，设置字体、字号，如图6-71所示。

21 使用【矩形工具】□.绘制出两个矩形，按Ctrl+E组合键合并图层，按Ctrl+A组合键全选画布，单击属性栏上的【水平居中对齐】按钮 ≑ 对齐画布，按Ctrl+D组合键取消选区，如图6-72所示。

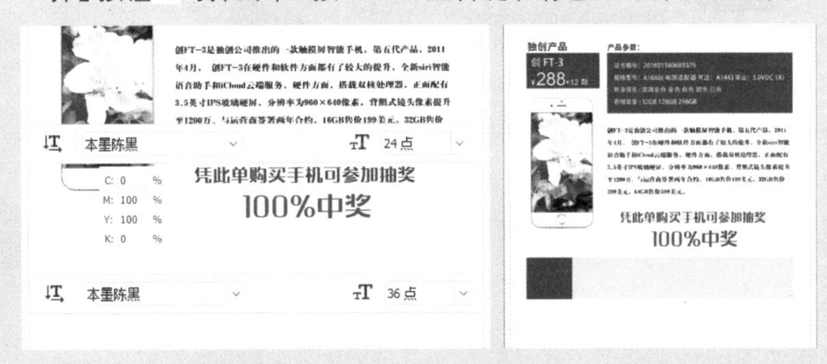

图 6-71　　　　图 6-72

22 使用【横排文字工具】T.添加文本，设置字体、字号，如图6-73所示。

23 继续使用【横排文字工具】T.添加文本，设置字体、字号，如图6-74所示。

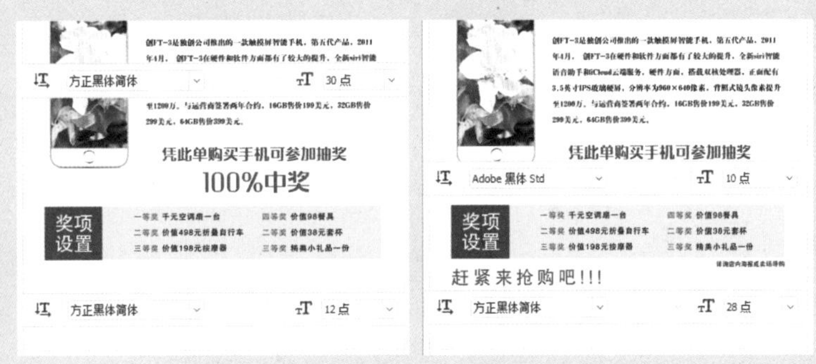

图 6-73　　　　图 6-74

24 使用【矩形工具】□.在页面的底部绘制绿色矩形图像，如图6-75所示。

25 使用【椭圆形工具】○.并按住Shift键创建正圆，如图6-76所示。

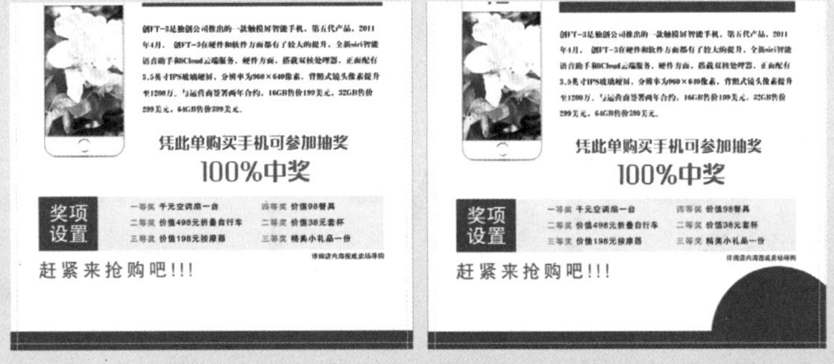

图 6-75　　　　图 6-76

26 使用【转换点工具】N.，将实时形状转换为常规路径，调整图形，效果如图6-77所示。

27 将“二维码”素材文件拖至当前正在编辑的文档中，调整大小及位置，如图 6-78 所示。

图 6-77　　图 6-78

28 启动 Illustrator CC 2017，执行【文件】|【新建】命令，在弹出的【新建文档】对话框中进行设置，单击【创建】按钮，如图 6-79 所示。

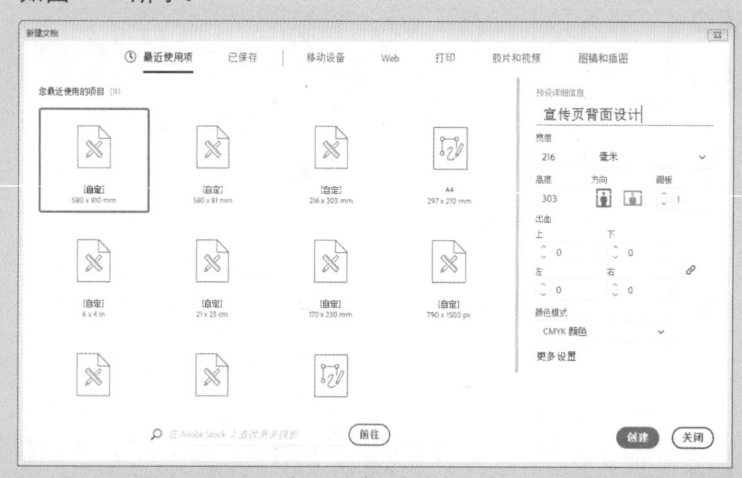

图 6-79

29 使用【钢笔工具】绘制出购物车的轮廓，设置描边粗细为 4 点，如图 6-80 所示。

30 使用【椭圆形工具】并按住 Shift 键绘制正圆，选中正圆按 Alt 键复制正圆并调整位置，如图 6-81、图 6-82 所示。

图 6-80　　图 6-81　　图 6-82

31 选中上一步骤绘制的两个正圆，按 Alt 键复制正圆，备份图形，如图 6-83 所示。

32 选中上方绘制的购物车图形，执行【对象】|【扩展】命令，在弹出的【扩展】对话框中进行设置，如图 6-84 所示。

图 6-83　　图 6-84

33 全选购物车图形，在【路径查找器】面板中单击【减去顶层】按钮，如图 6-85、图 6-86 所示。

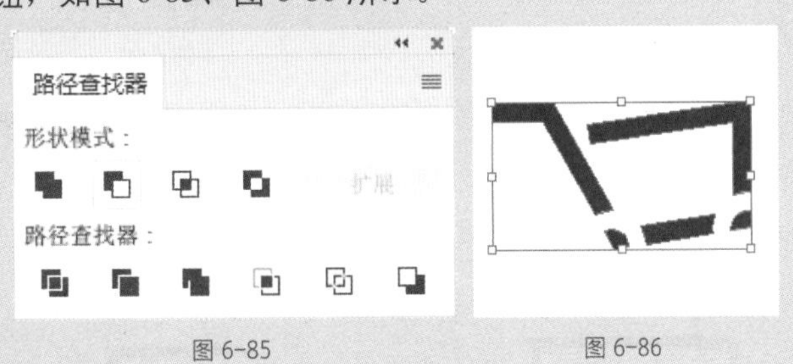

图 6-85　　图 6-86

34 使用【直接选择工具】删除多余图像，效果如图 6-87 所示。

35 移动之前复制的备份圆，调整大小，作为购物车的车轮，如图 6-88 所示。

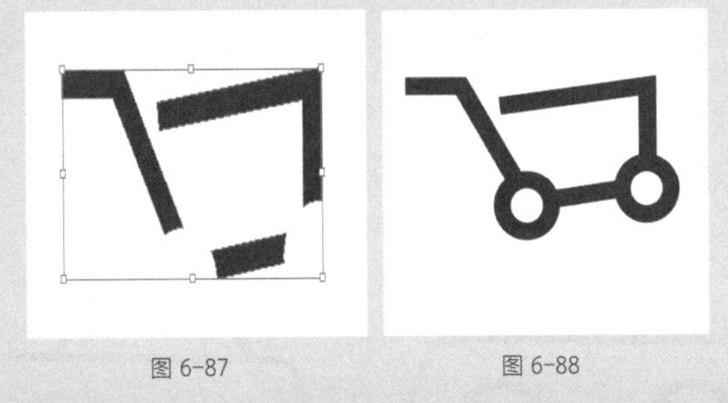

图 6-87　　图 6-88

36 使用【直线工具】绘制直线，作为购物车的篮筐，如图 6-89 所示。

37 选中直线和购物车的车轮，执行【对象】|【扩展】命令，在弹出的【扩展】对话框中进行设置，如图 6-90 所示。

图 6-89

图 6-90

38 使用【直接选择工具】调整图形，效果如图 6-91 所示。

39 全选图形，在【路径查找器】面板中单击【联合】按钮，使图形成为一体，购物车制作完成，效果如图 6-92 所示。

图 6-91

图 6-92

40 使用【矩形工具】绘制两个矩形，作为小汽车的车身，如图 6-93 所示。

41 使用【锚点工具】调整小汽车的车身，效果如图 6-94 所示。

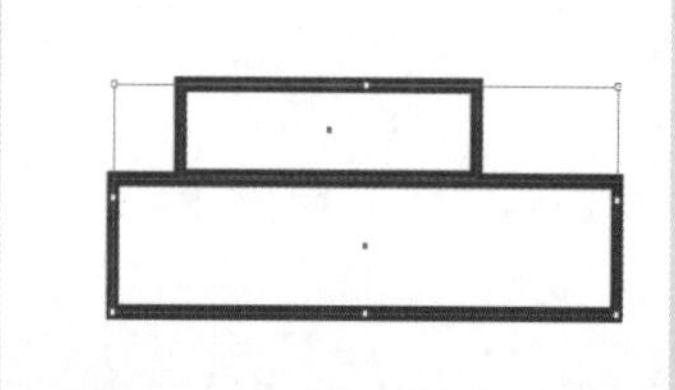
图 6-93

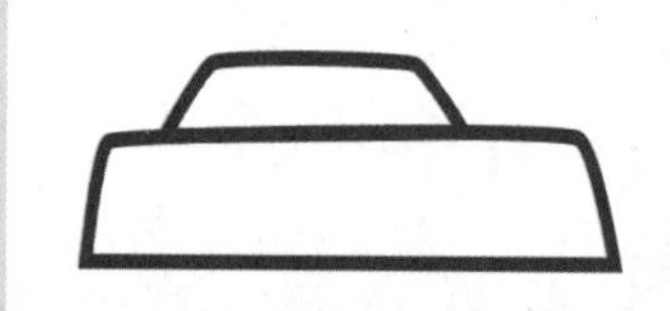
图 6-94

42 绘制正圆，如图 6-95 所示。依次选中正圆和车身图形，在【路径查找器】面板中单击【减去顶层】按钮，效果如图 6-96 所示。

图 6-95

图 6-96

43 绘制正圆，作为汽车的车轮，如图 6-97 所示。使用【直线工具】绘制汽车的车窗，如图 6-98 所示。

图 6-97　　图 6-98

44 使用【钢笔工具】绘制汽车车灯，如图 6-99 所示。

45 绘制椭圆形并分别调整其角度，制作汽车喷出的尾气，如图 6-100 所示。

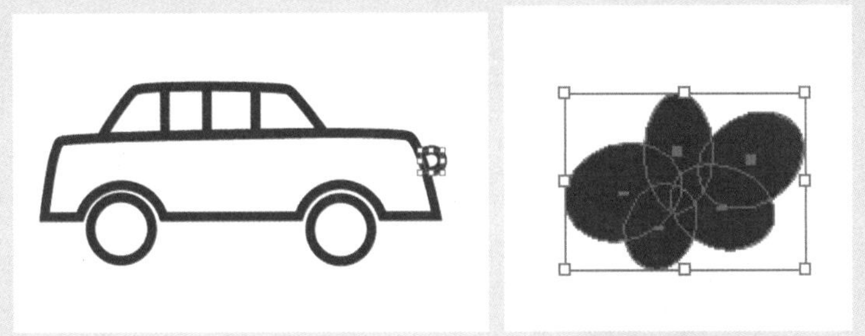

图 6-99　　图 6-100

46 在【路径查找器】面板中单击【联集】按钮，在工具箱设置图像的填充描边色，如图 6-101 所示。

47 按 Alt 键复制汽车尾气图像，按 Shift 键同比例缩小图像，制作出尾气依次排出的感觉，如图 6-102 所示。

图 6-101　　图 6-102

48 使用【直线工具】绘制直线，在属性栏中设置描边粗细为 1 点，按 Alt 键复制直线，按 Shift 键同比例缩小图像，效果如图 6-103 所示。

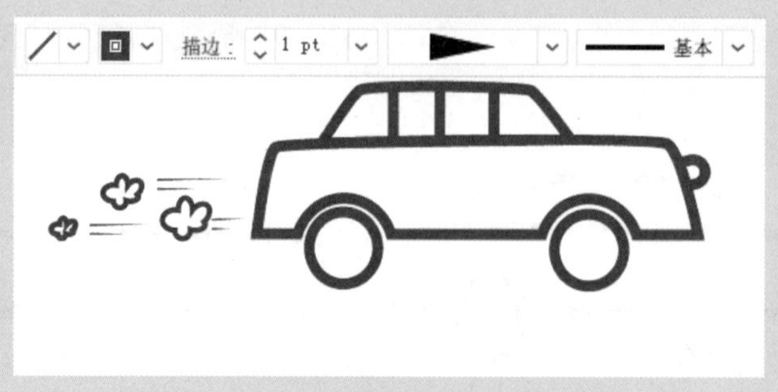

图 6-103

49 绘制两个正圆，设置描边的粗细为 2 点，执行【对象】|【扩展】命令，在弹出的【扩展】对话框中进行设置，如图 6-104、图 6-105 所示。

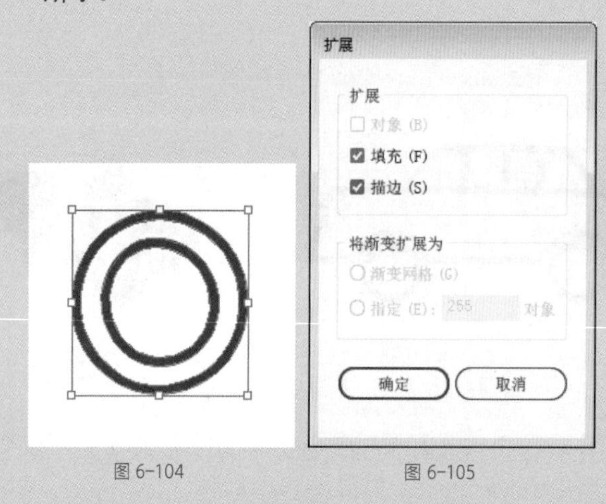

图 6-104　　图 6-105

50 使用【钢笔工具】绘制图形，如图 6-106 所示。

51 按 Shift 键加选之前绘制的正圆，执行【对象】|【剪切蒙版】命令，效果如图 6-107 所示。

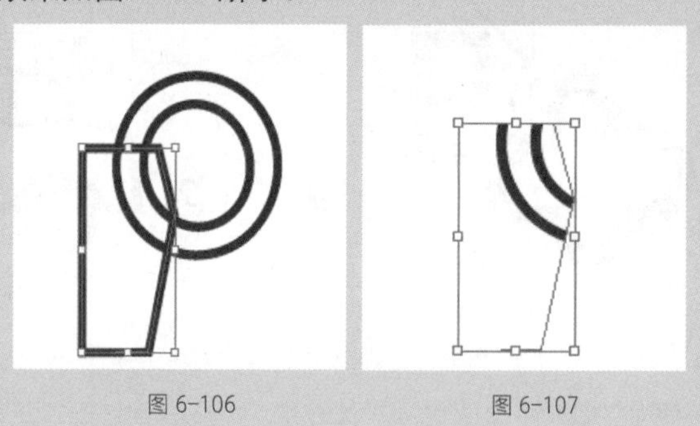

图 6-106　　图 6-107

52 全选上一步骤的图形，双击工具箱中的【镜像工具】按钮，在弹出的【镜像】对话框中进行设置，复制并反转图形，调整大小及位置，效果如图 6-108、图 6-109 所示。

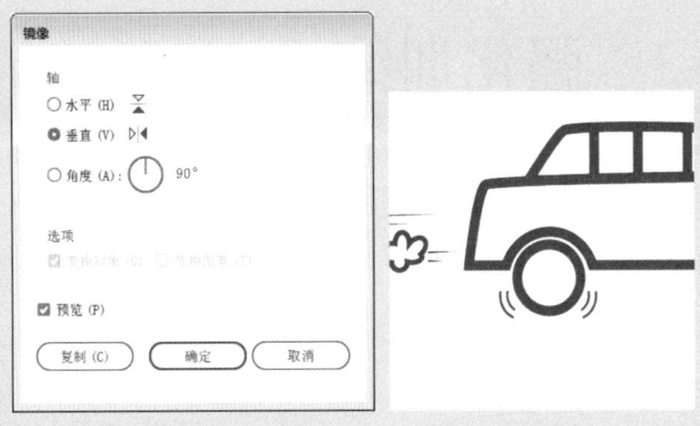

图 6-108　　图 6-109

53 复制绘制的图形，放在另一个车轮处下方，效果如图 6-110 所示。选中车身、车轮和车后的尾气，执行【对象】|【扩展外观】命令，再执行【对象】|【扩展】命令，效果如图 6-111 所示。

图 6-110

图 6-111

54 在【路径查找器】面板中单击【联集】按钮，使车成为一个整体，效果 6-112 所示。

55 将 Illustrator 中所绘制的购物车、汽车依次拖至 Photoshop 中，调整位置和大小，效果如图 6-113 所示。

图 6-112

图 6-113

至此，完成宣传页背面效果的制作。

6.3　强化训练

项目名称　教育机构的宣传单

项目需求

要求具有中国古典风格，内容简洁，版式简单，重点内容突出，吸引眼球，能达到招生的目的。

项目分析

画面排版运用了线框及单色色块，重点文字用红色来强调，使整个画面非常简洁，内容一目了然。背景是淡雅绿和灰色交融的水墨画，添加了具有中国古典特色的装饰，使整个画面既古典又清新自然。

项目效果

项目效果如图 6-114 所示。

图 6-114

操作提示

01 使用蒙版处理背景。

02 使用钢笔工具绘制装饰图案。

03 使用文字工具输入文字信息，设置字体、字号。

CHAPTER 07

封面设计

本章概述 SUMMARY

封面设计指为书籍设计封面，封面是把读者带入内容的向导。封面设计需遵循平衡、韵律与调和的造型规律，运用构图、色彩、图案等突出主题，使封面富有情感且吸引读者。

■ 学习目标

- √ 熟练应用 Photoshop 填充图案颜色
- √ 熟练应用 Photoshop 画笔工具
- √ 熟练应用 Photoshop 快速拷贝图层
- √ 熟练应用 Illustrator 线的艺术效果

◎诗歌书籍封面效果展示

◎艺术书籍封面效果展示

7.1 封面背景制作

本章制作的封面案例是古典风格的，在制作的过程中，利用填充和调整图层命令为图层填充图案，添加了中国水墨画素材，借鉴了古典书脊样式，使封面既古典又淡雅。

01 启动 Photoshop CC 2017，执行【文件】|【新建】命令，在弹出的【新建文档】对话框中进行设置，单击【创建】按钮，如图 7-1 所示。

02 为封面添加参考线，如图 7-2 所示。

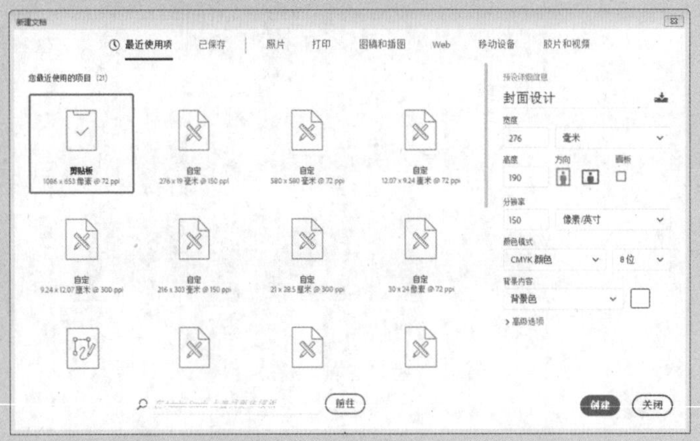

图 7-1

图 7-2

03 将“水墨画 1”“水墨画 2”素材文件依次拖至当前文档中，调整图像大小及位置，如图 7-3 所示。

04 选中“水墨画 1”图层，单击【图层】面板底部的【添加矢量图蒙版】按钮，创建矢量图蒙版，使用【画笔工具】在蒙版中进行绘制，隐藏部分图像，效果如图 7-4 所示。

图 7-3　　图 7-4

05 在图层面板中选中“水墨画 1”图层蒙版，在属性面板中进行调整，使隐藏掉的图像与整体画面边缘变得柔和，如图 7-5、图 7-6 所示。

图 7-5　　图 7-6

06 选中“水墨画 2”图层，单击【图层】面板底部的【添加矢量图蒙版】按钮，创建矢量图蒙版，使用【画笔工具】在蒙版中进行绘制，隐藏部分图像，如图 7-7 所示。

07 在【图层】面板中选中“水墨画 2”图层蒙版，在属性面板中进行调整，使隐藏掉的图像与整体画面边缘变得柔和，如图 7-8 所示。

图 7-7　　图 7-8

08 将“柳枝”素材文件拖至当前文档中，调整图像大小及位置，如图 7-9 所示。

09 执行【图像】|【调整】|【色相 / 饱和度】命令，在弹出的【色相 / 饱和度】对话框中进行设置，如图 7-10 所示。

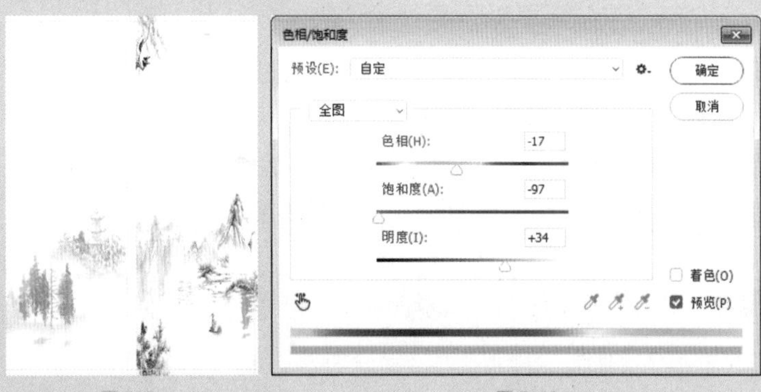

图 7-9　　图 7-10

10 单击【图层】面板底部的【创建新图层】按钮，如图 7-11 所示。

11 单击【图层】面板底部的【创建新的填充或调整图层】按钮，在弹出的菜单中选择【图案】，在弹出的【图案填充】对话框中设置参数，如图 7-12 所示。

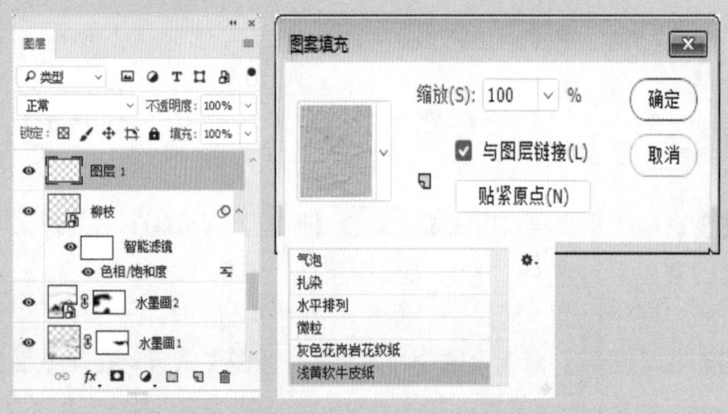

图 7-11　　图 7-12

12 选中填充图案的图层，在【图层】面板中调整图层混合模式及不透明度，使填充图案与水墨画更好的融合，如图 7-13、图 7-14 所示。

图 7-13　　图 7-14

13 使用【矩形工具】创建矩形，制作书脊部分，效果如图 7-15 所示。

14 使用【直线工具】在书脊左侧绘制出装饰图案，按 Ctrl+E 组合键合并图层，效果如图 7-16 所示。

15 选中装饰图案，按 Ctrl+J 组合键复制图层，执行【编辑】|【变换】|【水平翻转】命令，翻转图像，并调整位置，效果如图 7-17 所示。

16 完成封面背景制作，效果如图 7-18 所示。

图 7-15　图 7-16

图 7-17　图 7-18

7.2　封面装饰图案的添加

下面主要讲述水墨图案和印章图案等装饰图案的制作。水墨图案主要应用了 Illustrator 中的画笔艺术效果，印章图案主要应用了 Photoshop 中的画笔工具。

01 启动 Illustrator CC 2017，执行【文件】|【新建】命令，在弹出的【新建文档】对话框中进行设置，单击【创建】按钮，如图 7-19 所示。

02 使用【钢笔工具】，并按 Shift 键，绘制装饰图案，如图 7-20 所示。

03 继续使用【钢笔工具】，并按 Shift 键，绘制装饰图案，如图 7-21、图 7-22 所示。

04 全选图像，双击工具箱中的【镜像工具】按钮，在弹出的【镜像】对话框中进行设置，翻转复制图像，并调整位置，如图 7-23、图 7-24 所示。

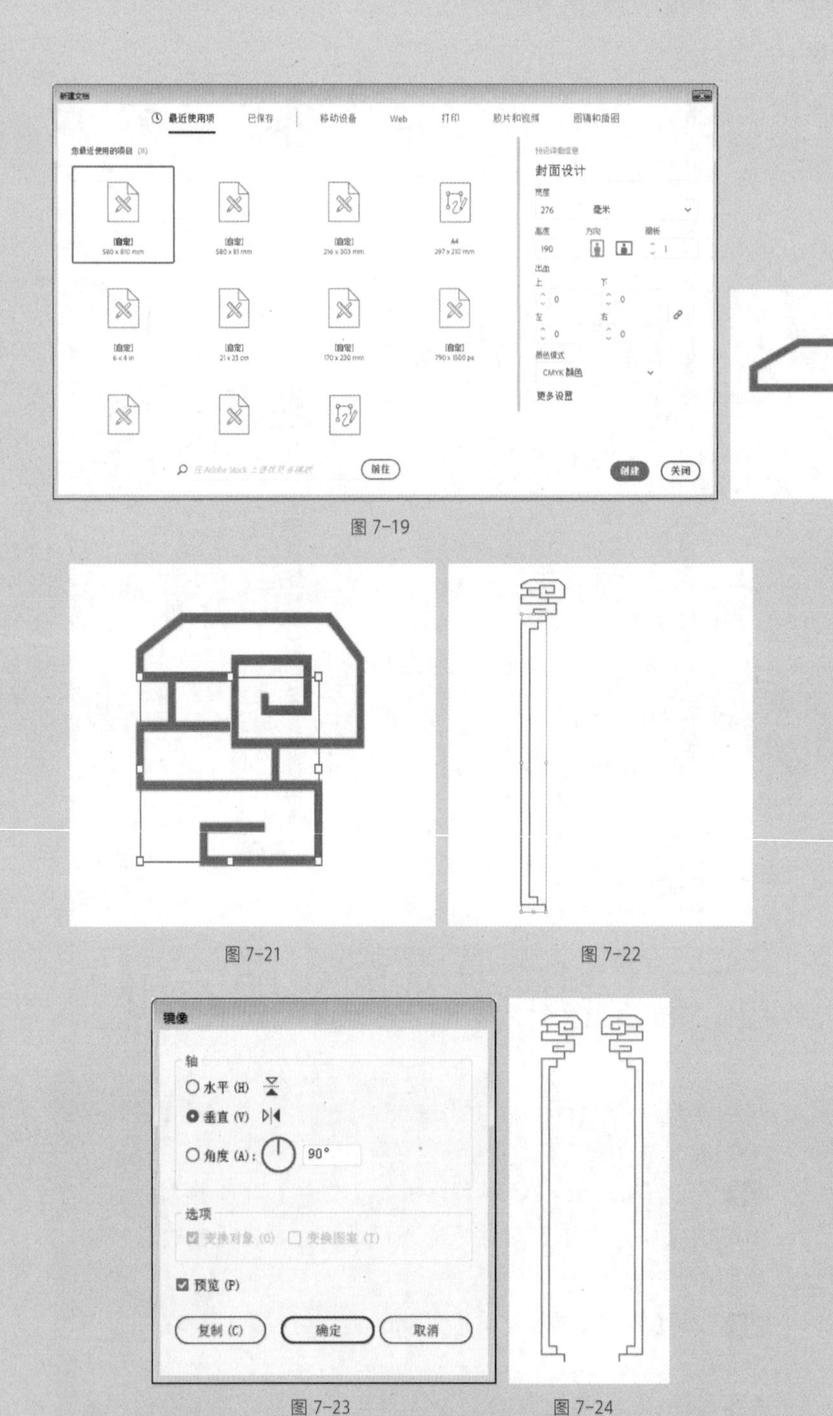

图 7-19

图 7-20

图 7-21

图 7-22

图 7-23

图 7-24

05 使用【钢笔工具】，并按 Shift 键，继续完善装饰图案，如图 7-25 所示。

06 选中装饰图案上部分，双击工具箱中的【镜像工具】按钮，在弹出的【镜像】对话框中进行设置，翻转复制图像，并调整位置，完成边框的制作，如图 7-26 所示。

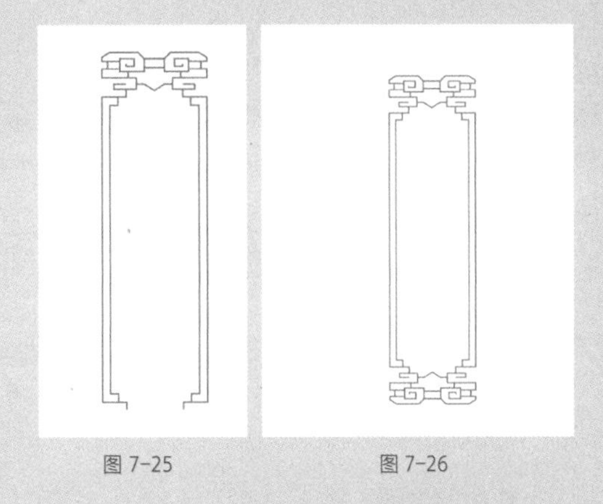
图 7-25　　图 7-26

07 使用【钢笔工具】绘制线段，利用【锚点工具】调整图形，如图 7-27、图 7-28 所示。

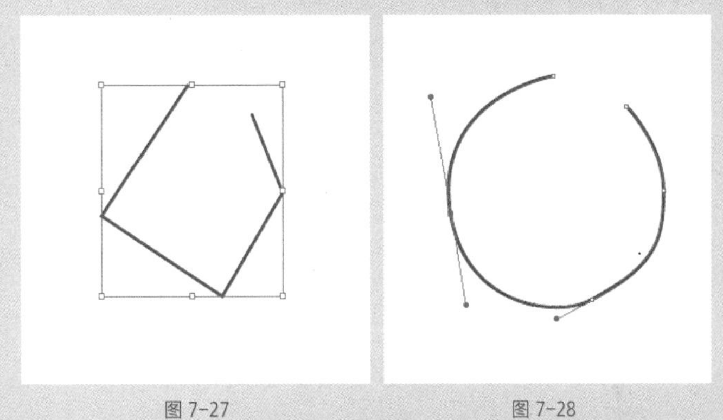
图 7-27　　图 7-28

08 执行【窗口】|【画笔库】|【艺术效果】|【艺术效果 _ 粉笔炭笔铅笔】命令，打开【艺术效果 _ 粉笔炭笔铅笔】面板，设置画笔艺术效果，并在属性栏中调整透明度为 35%，如图 7-29、图 7-30 所示。

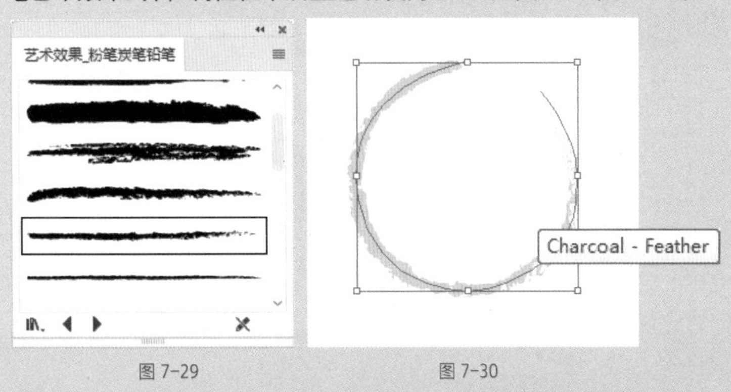

图 7-29　　图 7-30

09 按 Alt 键复制上一步骤绘制的图形，在【艺术效果 _ 粉笔炭笔铅笔】面板中进行设置，并在属性栏中调整透明度为 35%，效果如图 7-31、图 7-32 所示。

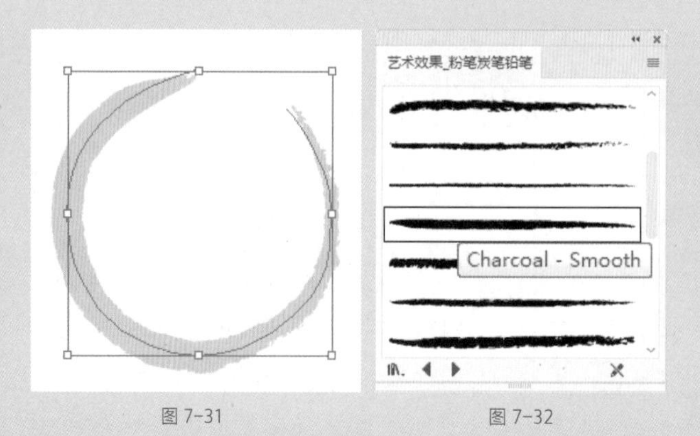

图 7-31　　图 7-32

10 继续按 Alt 键复制图形，执行【窗口】|【画笔库】|【艺术效果】|【艺术效果 _ 油墨】命令，打开【艺术效果 _ 油墨】面板，设置画笔艺术效果，如图 7-33、图 7-34 所示。

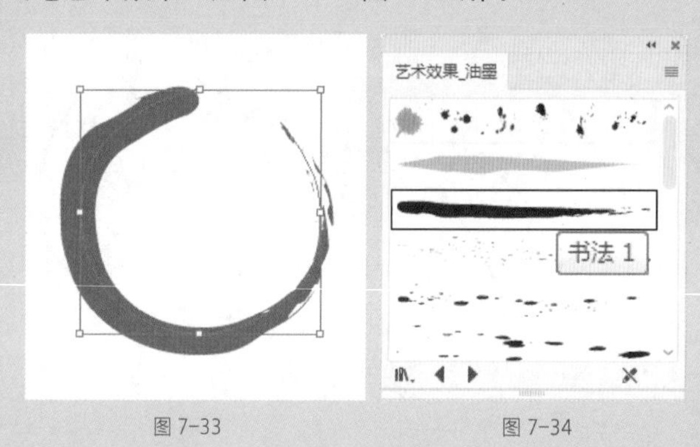

图 7-33　　图 7-34

11 复制第二个图形，全选图形，单击属性栏中的【水平居中对齐】按钮和【垂直居中对齐】按钮，将所有复制图形对齐，效果如图 7-35 所示。

12 调整复制图形位置及大小，效果如图 7-36 所示。

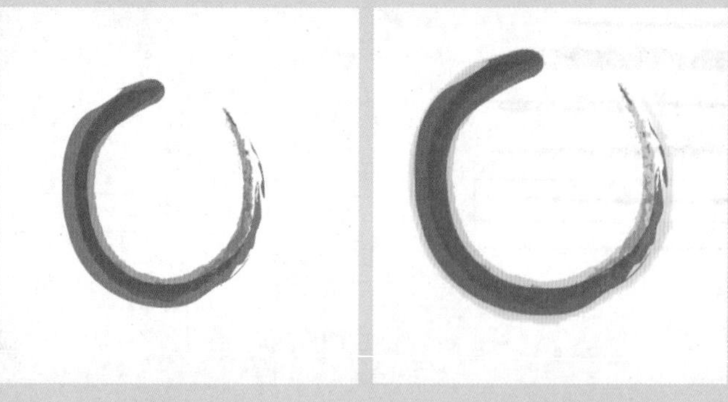

图 7-35　　图 7-36

13 选中图形，如图 7-37 所示。执行【效果】|【风格化】|【羽化】命令，在弹出的【羽化】对话框中进行设置，如图 7-38 所示。

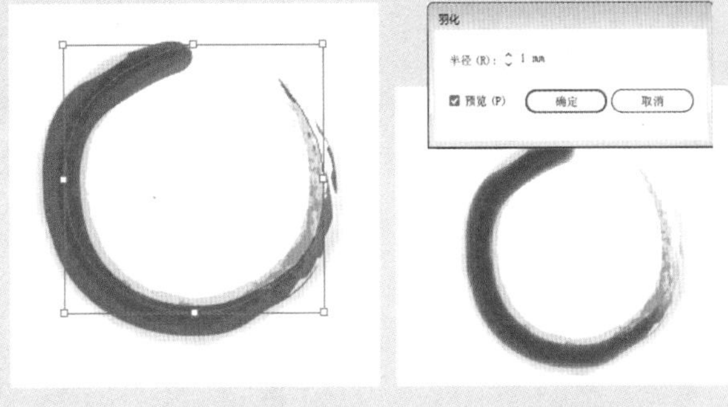

图 7-37　　图 7-38

14 将 Illustrator 中所绘制的边框、水墨装饰图案依次拖至 Photoshop 中，调整位置和大小，效果如图 7-39 所示。

15 使用【横排文字工具】T 添加文字，设置字体、字号，如图 7-40 所示。

图 7-39　　图 7-40

16 按 Ctrl+T 组合键，翻转水墨装饰图案，调整位置及大小，效果如图 7-41 所示。

17 使用【直排文字工具】IT 添加文字，设置字体、字号，如图 7-42 所示。

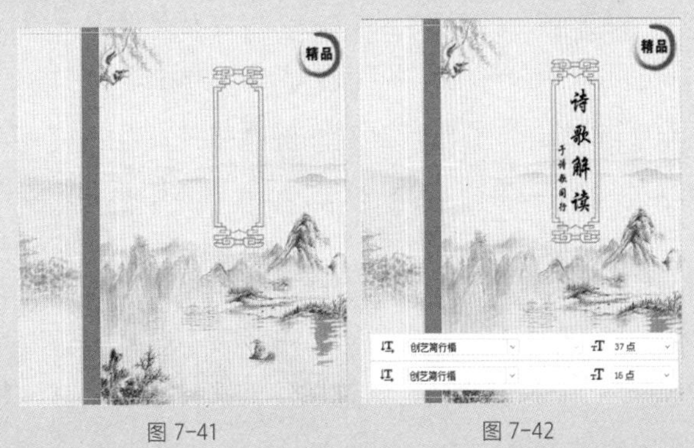

图 7-41　　图 7-42

18 使用【直排文字工具】IT 在其右侧添加文字，设置字体、字号，如图 7-43 所示。

19 继续使用【直排文字工具】IT.添加文字，设置字体、字号，如图 7-44 所示。

图 7-43　　图 7-44

20 使用【直线工具】╱.在文字中间绘制垂直直线，如图 7-45 所示。

21 在【图层】面板中隐藏黄色古典纸质背景图层，如图 7-46 所示。

图 7-45　　图 7-46

22 使用【圆角矩形工具】▢.绘制圆角矩形，在属性栏中设置填充色为无，描边为 2.9 像素，制作红色印章的轮廓，如图 7-47 所示。

23 使用【直排文字工具】IT.添加“古典诗歌”文字，设置字体、字号，如图 7-48 所示。

24 按 Shift+Ctrl+N 组合键，新建图层，选择【画笔工具】🖌.，在属性栏中设置画笔样式，如图 7-49、图 7-50 所示。

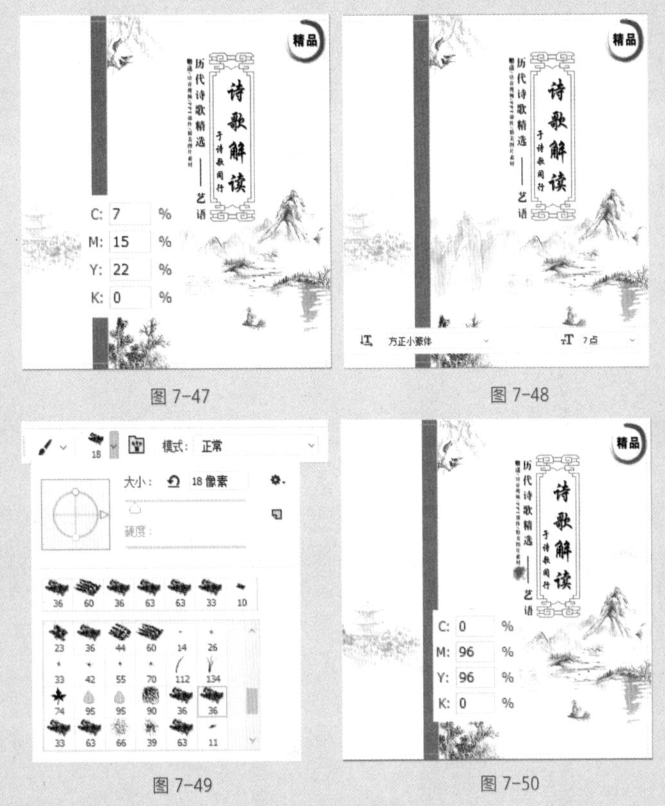

图 7-47　　图 7-48

图 7-49　　图 7-50

25 选中圆角矩形和古典诗歌字体的所在图层，按 Ctrl+E 组合键合并图层，如图 7-51 所示。

26 选中“图层 1”，按 Ctrl+Alt+G 组合键建立剪切蒙版，完成红色印章的制作，并取消黄色古典纸质背景图层的隐藏，效果如图 7-52 所示。

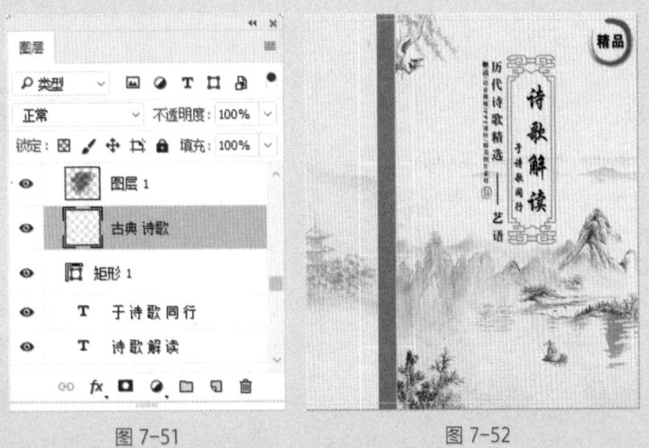

图 7-51　　图 7-52

27 将“标志”素材文件拖至当前文档中，调整图像大小及位置，如图 7-53 所示。

28 使用【直线工具】 ⁄. 绘制出装饰图案，如图 7-54 所示。

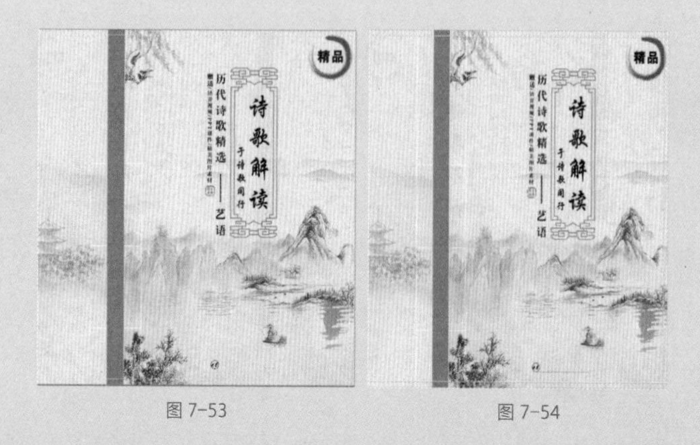

图 7-53　　图 7-54

29 使用【横排文字工具】T.添加文字，设置字体、字号，如图 7-55 所示。

30 使用【矩形工具】□.创建黑色矩形图像，装饰书脊，如图 7-56 所示。

图 7-55　　图 7-56

31 选中“图层 1”和“古典诗歌”图层，按 Ctrl+J 组合键，复制图层，按 Shift+Ctrl+] 组合键将复制的图层置于顶层，并调整图像大小及位置，如图 7-57、图 7-58 所示。

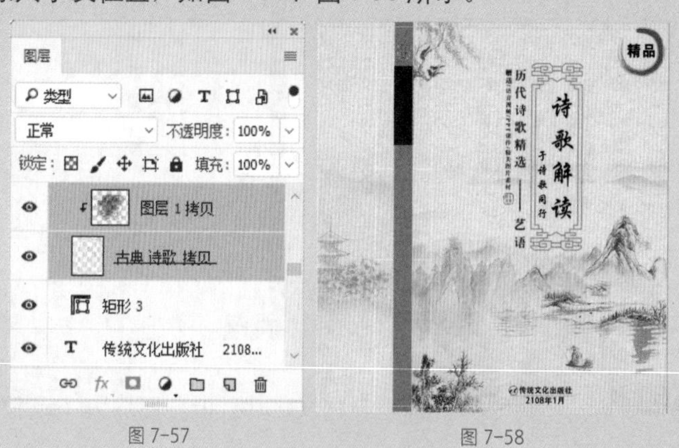

图 7-57　　图 7-58

32 按 Ctrl 键，用鼠标单击图层缩览图，载入选区，如图 7-59、图 7-60 所示。

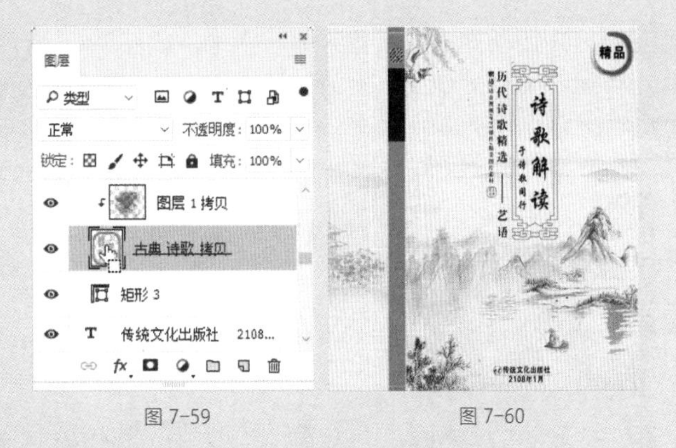

图 7-59　　图 7-60

33 按 Shift+F5 组合键打开【填充】对话框，在【内容】下拉列表框中选择颜色，弹出【拾色器】，设置颜色，使“古典诗歌”颜色与书脊的颜色一致，如图 7-61、图 7-62 所示。

图 7-61　　图 7-62

34 使用【直排文字工具】添加文本，设置字体、字号，如图 7-63 所示。

35 把鼠标置于图像的上方，按 Ctrl+Alt 组合键拷贝图层，如图 7-64 所示。

图 7-63　　图 7-64

36 调整拷贝图层的大小及位置，如图 7-65 所示。利用【直排文字工具】 添加文本，设置字体、字号，如图 7-66 所示。

37 将“花纹”素材文件拖至当前文档中，调整图像大小及位置，如图 7-67 所示。

图 7-65　　图 7-66　　图 7-67

38 单击【图层】面板底部的【添加图层样式】，在弹出的菜单中选择【颜色叠加】，在弹出的【图层样式】对话框中设置【颜色叠加】图层样式，如图 7-68 所示。

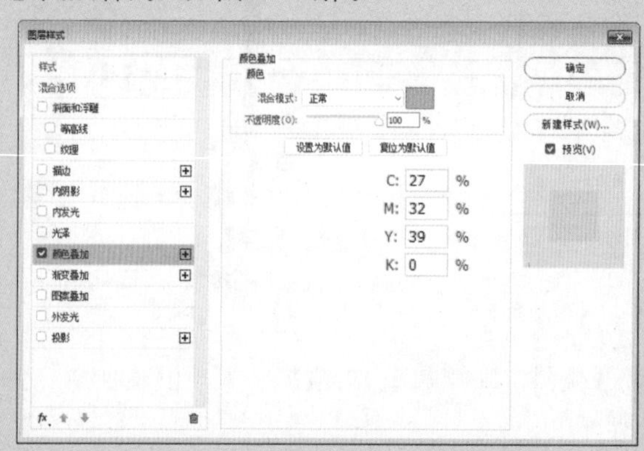

图 7-68

39 使用【直排文字工具】 添加文本，在【字符】面板中设置字体，如图 7-69、图 7-70 所示。

图 7-69　　图 7-70

40 使用【椭圆工具】，并按 Shift 键创建正圆，在属性栏中设置填充和描边，如图 7-71 所示。

41 选中正圆图层，在图层名字后面的空白处，右击鼠标，在弹出的快捷菜单中选择栅格化图层，按 Ctrl+E 组合键合并图层，如图 7-72 所示。

图 7-71　　图 7-72

42 按 Ctrl+J 组合键拷贝图层，移动“椭圆 2 拷贝 5”图层在画面中的位置，如图 7-73、图 7-74 所示。

图 7-73　　图 7-74

43 选中刚刚拷贝的图形，单击属性栏中的【底对齐】按钮和【水平居中】按钮，对齐画布，效果如图 7-75 所示。

44 将“条形码”素材文件拖至当前文档中，调整图像大小及位置，如图 7-76 所示。

图 7-75　　图 7-76

至此，完成中国古典风格书籍封面的制作。

7.3 强化训练

项目名称　艺术书籍封面设计

项目需求

受某编辑的委托制作设计艺术书籍的封面，阅读群体为 90 后，要求版式新颖，具有创意，符合 90 后的审美观。

项目分析

封面上绽放的花朵象征了艺术的灵感，由身体内向外源源不断地流出。镂空的身体和娇嫩的鲜花配在一起，给人强烈的视觉冲击力。封面背景为暗色调，突出了封面人物。

项目效果

项目效果如图 7-77 所示。

图 7-77

操作提示

01 使用通道抠取人物，绘制人体花纹，填充渐变，制作出人体镂空的感觉。

02 使用蒙版处理花朵，使用图像调整改变花朵颜色。

03 使用文字工具输入文字信息，设置字体、字号。

CHAPTER 08

海报设计

本章概述 SUMMARY

海报是一种大众化的宣传工具。海报通常具有通知性，因此主题应一目了然（如 xx 比赛、打折等），并以最简洁的语句列出时间、地点、附注等主要内容。海报的插图一般分为海报抽象的和具体的。

学习目标

- √ 熟悉 Illustrator Photoshop 绘图工具
- √ 熟练应用 Photoshop 蒙版
- √ 熟练应用 Illustrator 钢笔工具
- √ 熟练应用 Illustrator 路径查找器

◎球赛海报设计效果

◎运动鞋海报设计效果

8.1 制作海报背景

赛事类海报应打造视觉冲击感强且画面给人很震撼的感觉，可通过打造立体空间感来实现。首先在 Illustrator 中创建镜像渐变背景，制作出景深效果，然后添加放射状发光条和素材图像，通过调整图层混合模式使素材融为一体，增强背景层次感，最后添加发光星星。

具体操作步骤如下。

01 启动 Illustrator CC 2017，执行【文件】|【新建】命令，在弹出的【新建文档】对话框中进行设置，单击【创建】按钮，如图 8-1 所示。

02 选择【矩形工具】□并在视图中单击，在弹出的【矩形】对话框中进行设置，单击【确定】按钮，如图 8-2 所示。

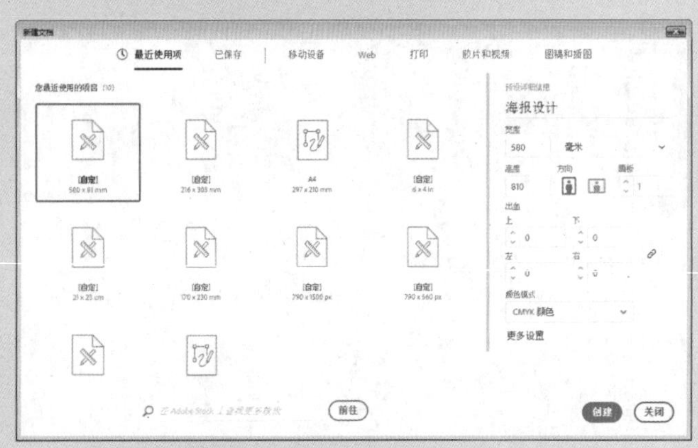

图 8-1

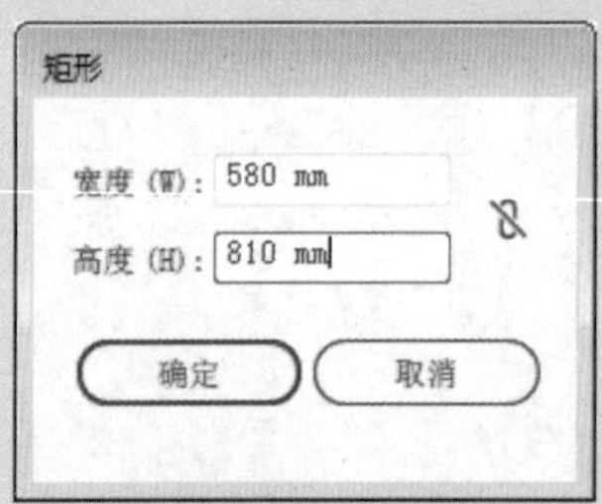

图 8-2

03 单击属性栏中的【水平居中对齐】按钮和【垂直居中对齐】按钮，使矩形与页面中心对齐，如图 8-3 所示。

04 在【渐变】面板中选择填充样式，如图 8-4 所示。

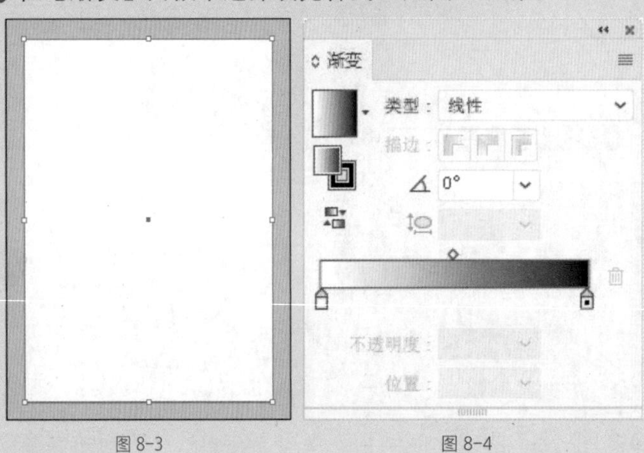

图 8-3　　图 8-4

05 在【渐变】面板中双击渐变滑块，如图 8-5 所示。设置渐变颜色，如图 8-6 所示。

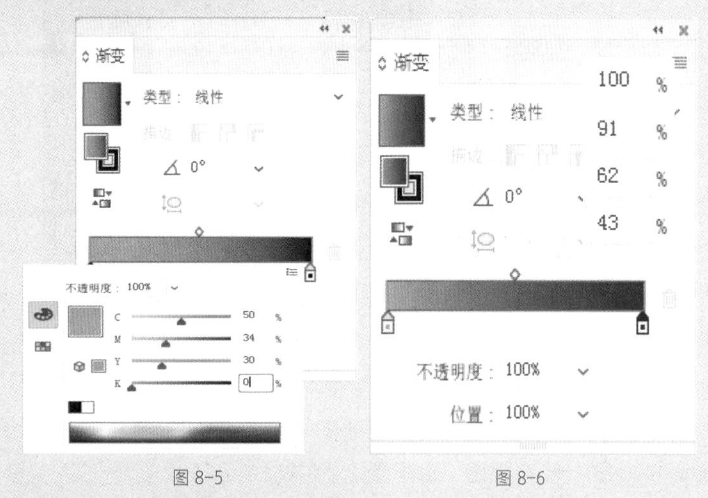

图 8-5　　图 8-6

06 在【渐变】面板中调整渐变类型，如图 8-7 所示。

07 选择渐变工具，调整渐变范围，如图 8-8 所示。

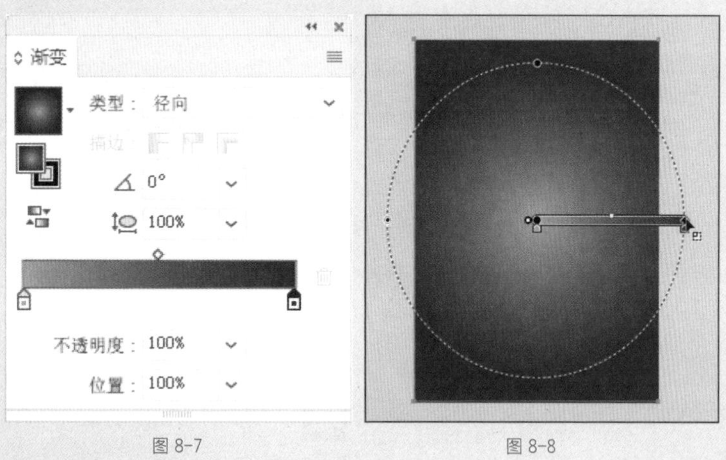

图 8-7　　图 8-8

08 在属性栏中取消矩形的描边色，如图 8-9 所示。

09 执行【文件】|【置入】命令，置入“云彩 .jpg”素材文件，如图 8-10 所示。

10 执行【窗口】|【变换】命令，在弹出的【变换】面板中设置云彩图像的高度和宽度，如图 8-11 所示。

11 单击属性栏中的【水平居中对齐】按钮和【垂直居中对齐】按钮，使矩形与页面中心对齐，单击属性栏中的 嵌入 按钮，取消图像的链接，效果如图 8-12 所示。

12 选择椭圆工具，并按 Shift 键绘制正圆图形，如图 8-13 所示。

13 在【渐变】面板中为正圆添加白色到黑色的径向渐变，如

图 8-14 所示。

图 8-9

图 8-10

图 8-11

图 8-12

图 8-13

图 8-14

14 按 Shift 键加选云彩图像，如图 8-15 所示。

15 在【透明度】面板中单击 制作蒙版 按钮，创建渐隐效果，如图 8-16 所示。

图 8-15

图 8-16

16 继续在【透明度】面板中调整图层混合模式，如图 8-17 所示。

17 选择钢笔工具 绘制图形，如图 8-18 所示。

图 8-17

图 8-18

18 在工具箱中双击填色按钮，在弹出的【拾色器】对话框中设置填充色，应用均匀填充效果，取消图形的描边色，如图 8-19、图 8-20 所示。

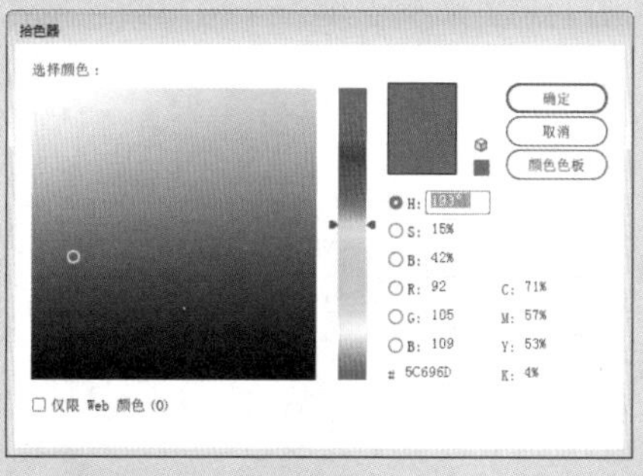

图 8-19

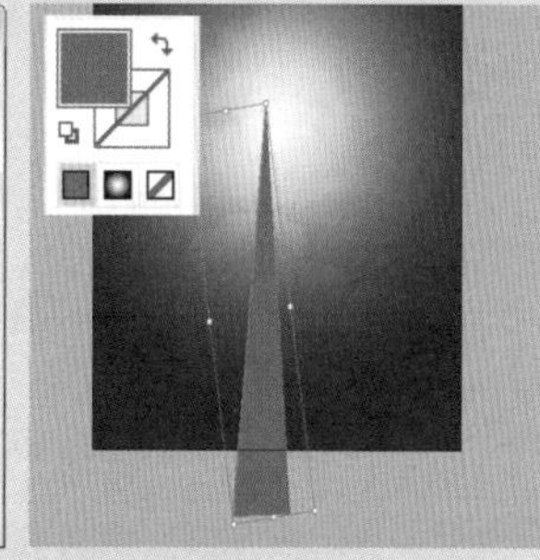

图 8-20

19 使用【旋转工具】，调整旋转中心点的位置。按 Alt 键选择旋转中心点，在弹出的【旋转】对话框中设置角度，并复制图形，如图 8-21、图 8-22 所示。

图 8-21

图 8-22

20 执行【对象】|【变换】|【再次变换】命令，再次复制并旋转图像，如图 8-23 所示。

21 按 Ctrl+D 组合键快速复制并旋转图形，如图 8-24 所示。

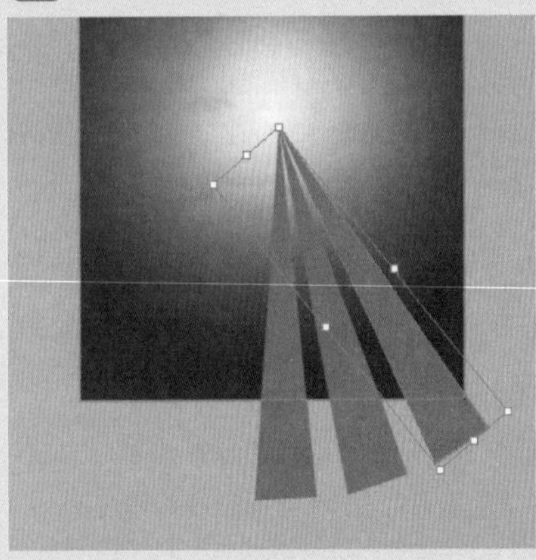

图 8-23

图 8-24

22 选中所有三角形，执行【对象】|【编组】命令，如图 8-25 所示。

23 将图形进行编组，在【透明度】面板中调整图层混合模式，如图 8-26 所示。

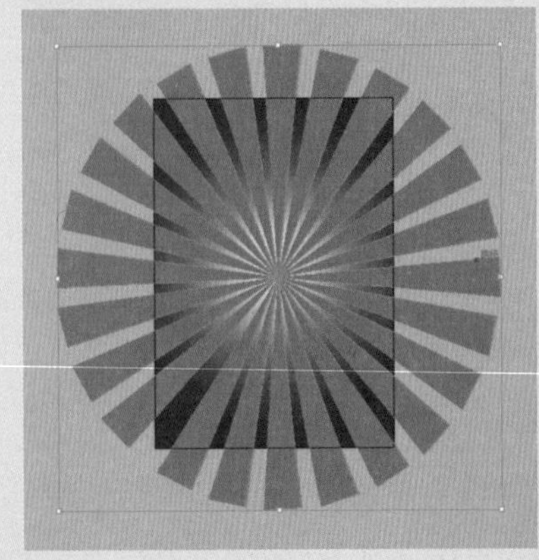

图 8-25

图 8-26

24 绘制与页面大小相同的矩形，调整其与页面中心对齐，如图 8-27 所示。

25 按 Shift 键加选编组图形，单击【透明度】面板中的 制作蒙版 按钮，隐藏矩形以外的编组图形，如图 8-28 所示。

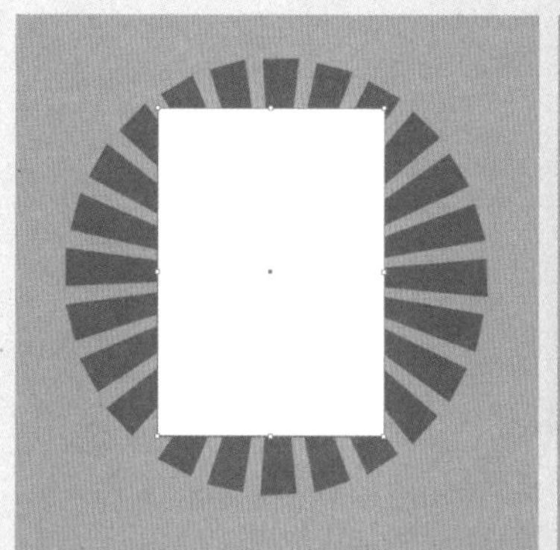

图 8-27

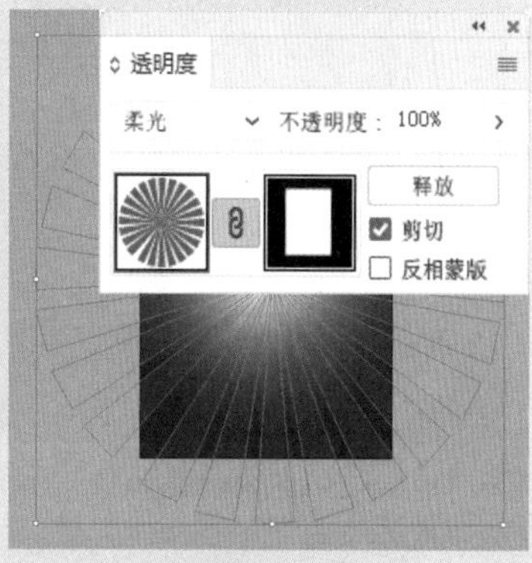

图 8-28

26 选择星形工具，按 Shift+Alt 组合键绘制正星形，双击工具箱中的描边按钮，在弹出的【拾色器】对话框中设置描边色，应用描边效果，如图 8-29、图 8-30 所示。

图 8-29

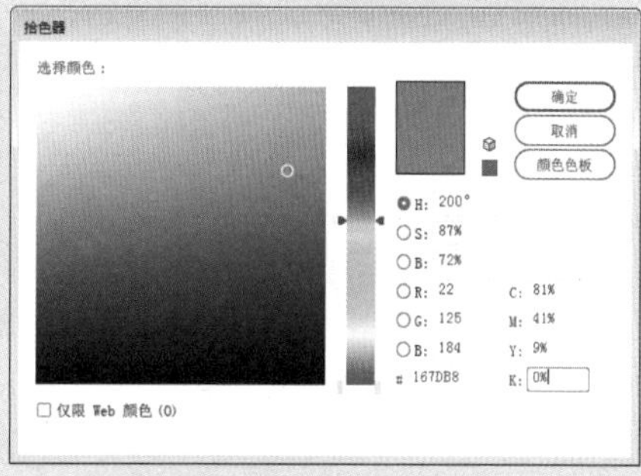

图 8-30

27 在属性栏中设置描边大小。执行【效果】|【风格化】|【内发光】命令，在弹出的【内发光】对话框中进行设置，为图形添加内发光效果，如图 8-31、图 8-32 所示。

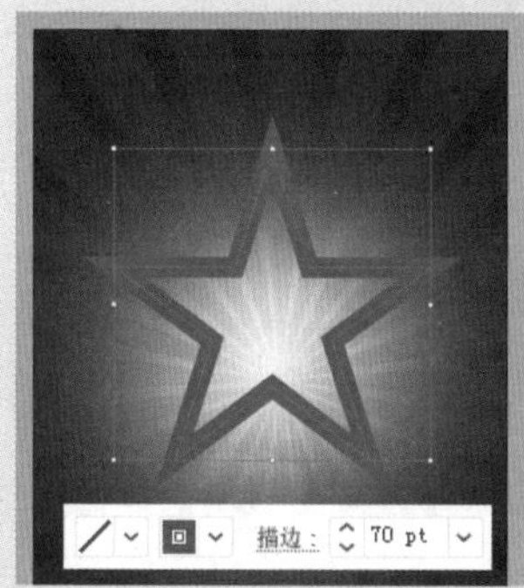

图 8-31

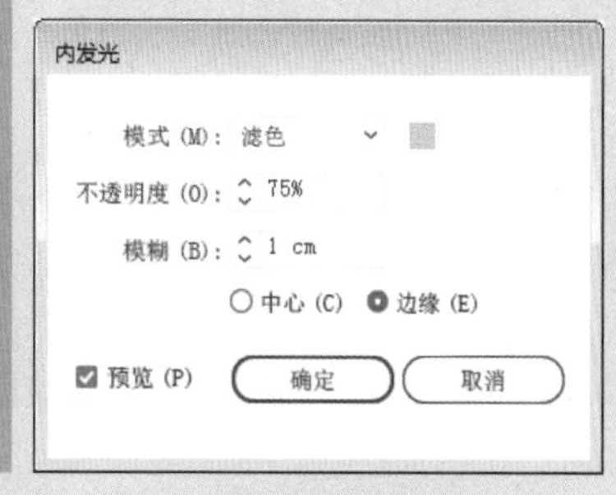

图 8-32

28 执行【编辑】|【复制】和【编辑】|【原地粘贴】命令复制图形，如图 8-33 所示。

29 在【外观】面板中删除内发光效果，如图 8-34 所示。

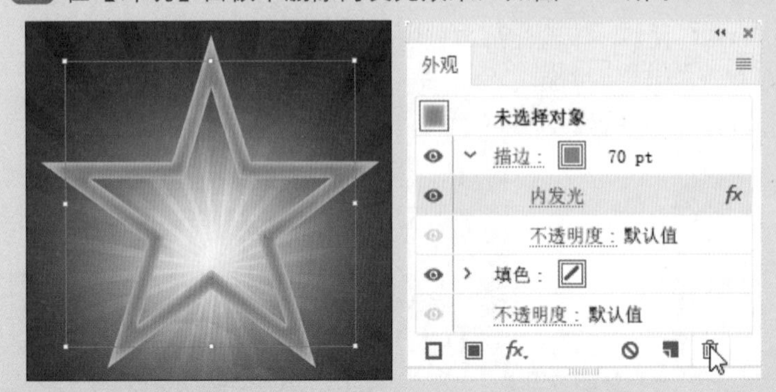

图 8-33　　图 8-34

30 调整图形的描边色，如图 8-35 所示。

31 在【图层】面板中向下调整图层顺序，如图 8-36 所示。

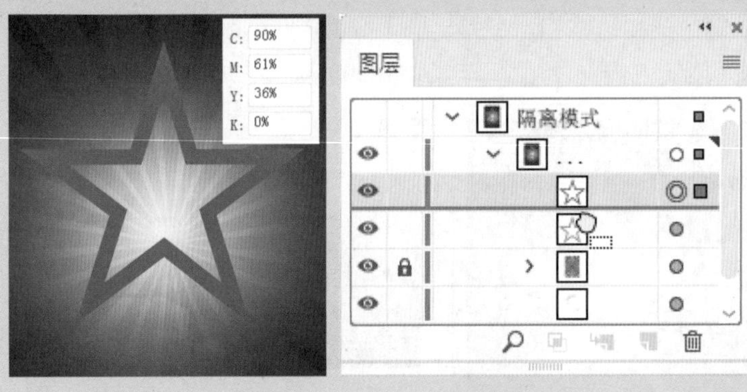

图 8-35　　图 8-36

32 按 Shift 键等比例缩小复制的星形，如图 8-37 所示。

33 使用【文字工具】T 添加文字信息，如图 8-38 所示。

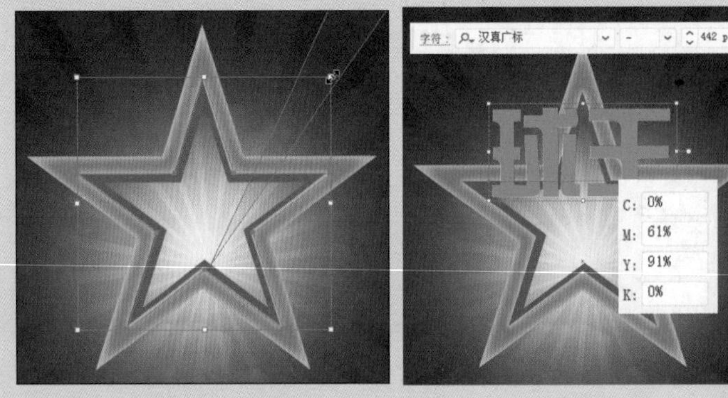

图 8-37　　图 8-38

8.2 制作立体文字

首先在 Illustrator CC 中添加文字并进行变形，运用软件自带的立体功能创建立体文字，通过对文字添加渐变和内发光等效果，突出文字质感。在 Photoshop CC 中创建立体足球，并将其导入 Illustrator CC 软件中，最后添加装饰性图形和文字。

具体操作步骤如下。

01 单击属性栏中的【制作封套】按钮，在弹出的【变形选项】对话框中进行设置，如图 8-39、图 8-40 所示。

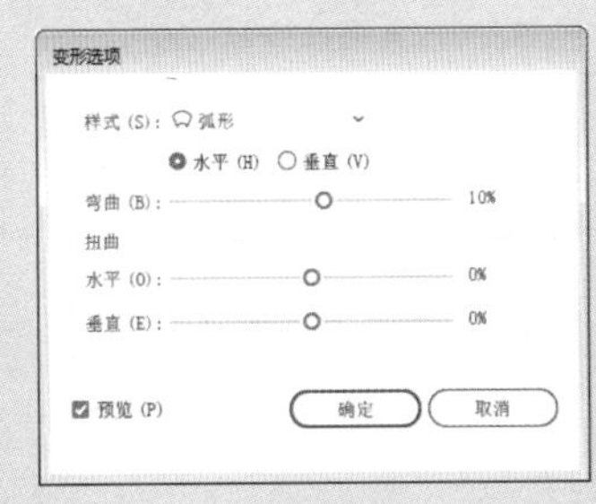

图 8-39

图 8-40

02 执行【效果】|【3D 凸出和斜角】命令，在弹出的【3D 凸出和斜角选项】对话框中进行设置，创建立体文字，如图 8-41、图 8-42 所示。

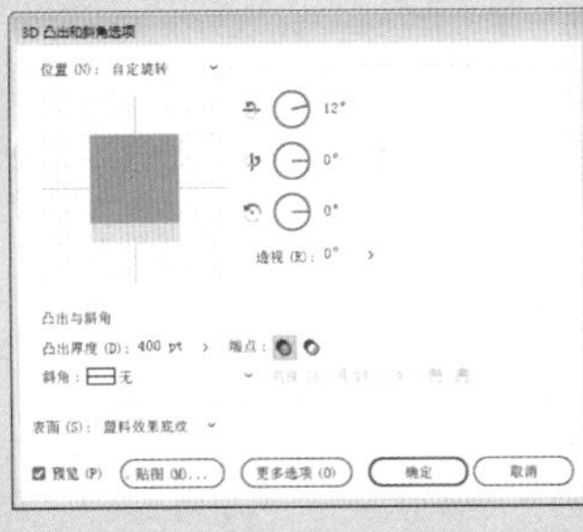

图 8-41

图 8-42

03 将上一步骤创建的文字所在图层拖至【图层】面板底部的【创建新图层】按钮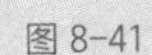上，复制图层，如图 8-43 所示。

04 在【外观】面板中删除【3D 凸出和斜角】效果，如图 8-44 所示。

图 8-43　　图 8-44

05 单击【外观】面板底部的【添加新填色】按钮▣，为文字添加填充色，如图 8-45 所示。

06 在【渐变】面板中设置渐变填充效果，如图 8-46 所示。

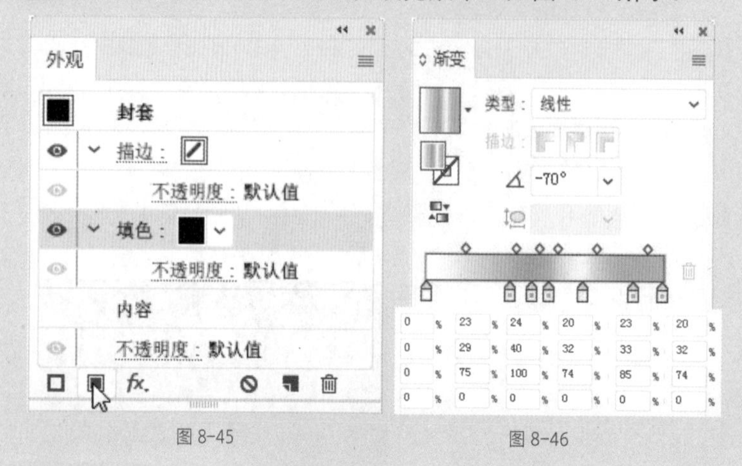

图 8-45　　图 8-46

07 使用方向键向上移动文字的位置，如图 8-47、图 8-48 所示。

图 8-47

图 8-48

08 执行【效果】|【风格化】|【内发光】命令，在弹出的【内发光】对话框中进行设置，如图 8-49、图 8-50 所示。

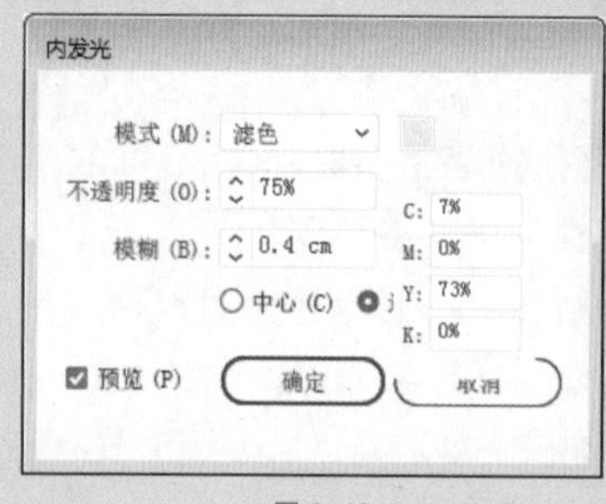

图 8-49

图 8-50

09 执行【效果】|【风格化】|【投影】命令，在弹出的【投影】对话框中进行设置，如图 8-51、图 8-52 所示。

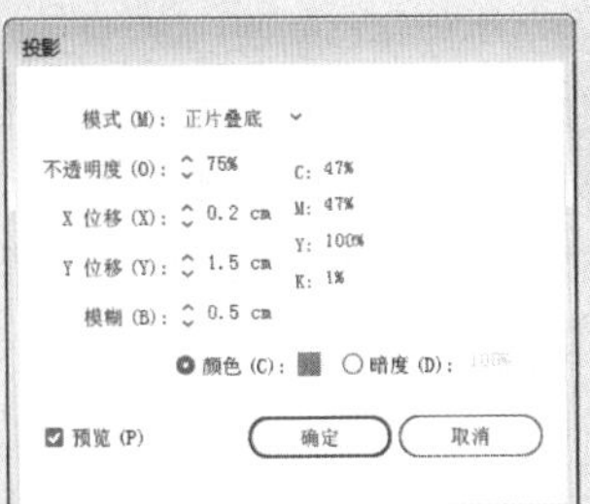

图 8-51

图 8-52

10 继续使用【文字工具】T 添加文字信息。单击属性栏中的【制作封套】按钮，如图 8-53 所示。

11 在弹出的【变形选项】对话框中进行设置，如图 8-54 所示。

图 8-53

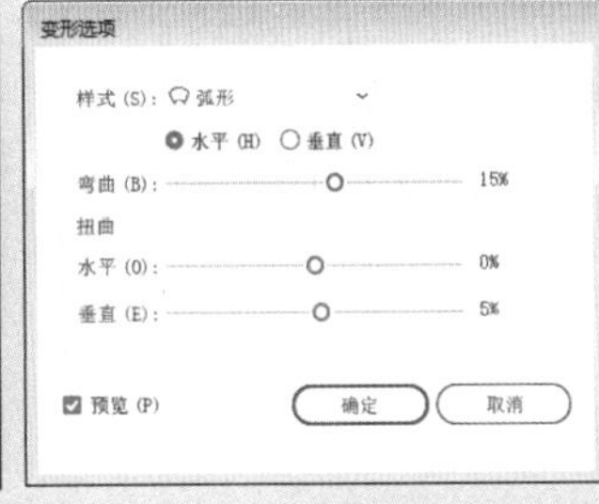

图 8-54

12 在【图层】面板中选中外观样式，如图 8-55 所示。

13 按 Alt 键复制外观至“争霸赛”文字所在图层，如图 8-56 所示。

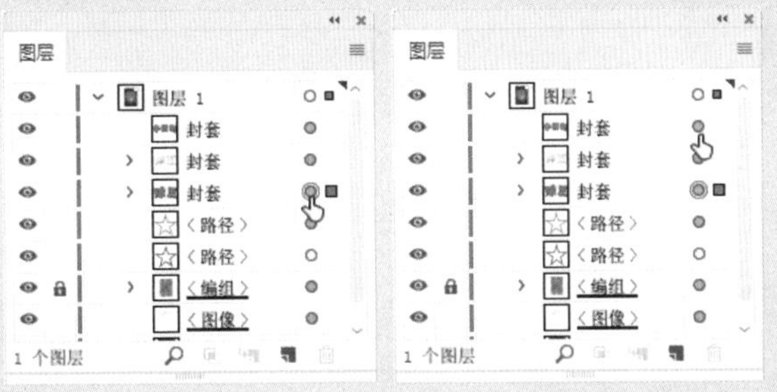

图 8-55　　图 8-56

14 复制“争霸赛”文字所在图层，如图 8-57、图 8-58 所示。

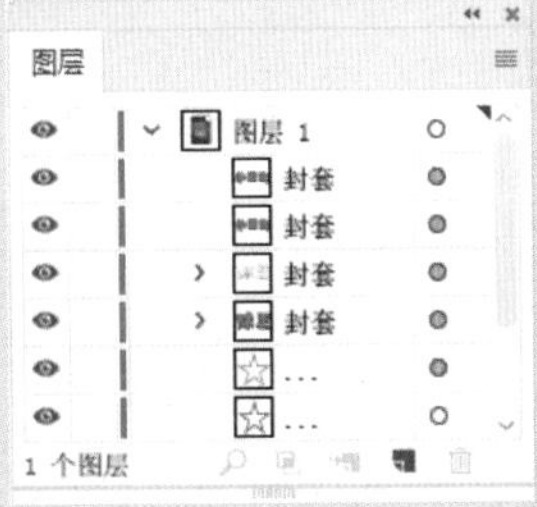

图 8-57

图 8-58

15 选中“球王”渐变文字所在图层的外观样式，按 Alt 键复制外观至上一步复制的“争霸赛”文字所在图层，如图 8-59、图 8-60 所示。

16 使用方向键向上移动“争霸赛”文字的位置，如图 8-61 所示。

图 8-59

图 8-60

图 8-61

17 启动 Photoshop CC 2017，执行【文件】|【新建】命令，在弹出的【新建文档】对话框中进行设置，单击【创建】按钮，如图 8-62 所示。

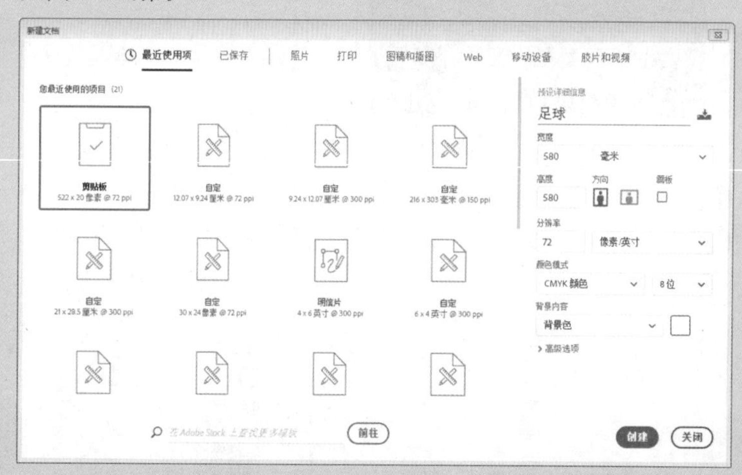

图 8-62

18 选择【多边形工具】，在属性栏中进行设置。按 Shift 键绘制正多边形，如图 8-63 所示。

19 使用【移动工具】，按 Shift+Alt 组合键复制并垂直向下移动图形，如图 8-64 所示。

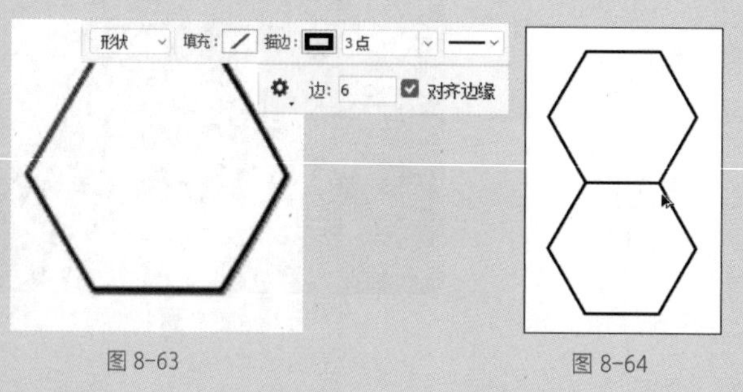

图 8-63

图 8-64

20 继续复制图形，如图 8-65 所示。

21 使用【路径选择工具】，选中最上方的多边形并设置图形的填充色，如图 8-66 所示。

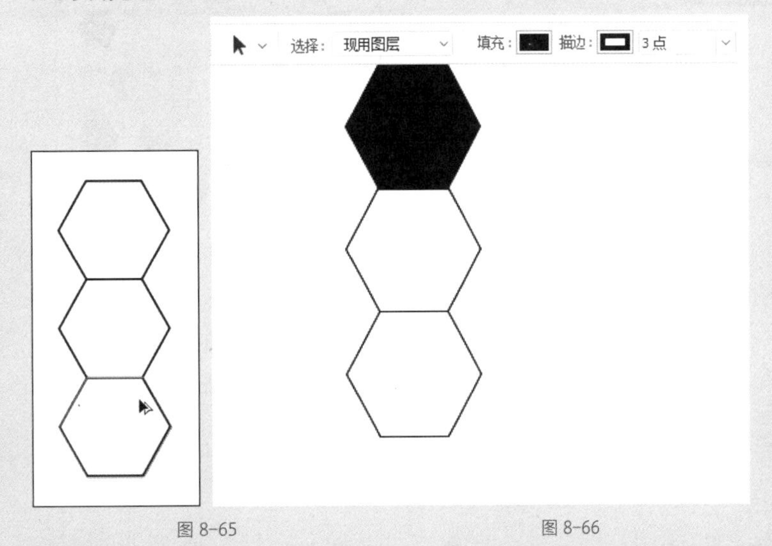

图 8-65　　图 8-66

22 选择【移动工具】，复制并移动之前创建的多变形，复制一列多边形，并向右下方移动图形，移动多边形的位置，继续以两列为一组复制图形，如图 8-67、图 8-68、图 8-69、图 8-70 所示。

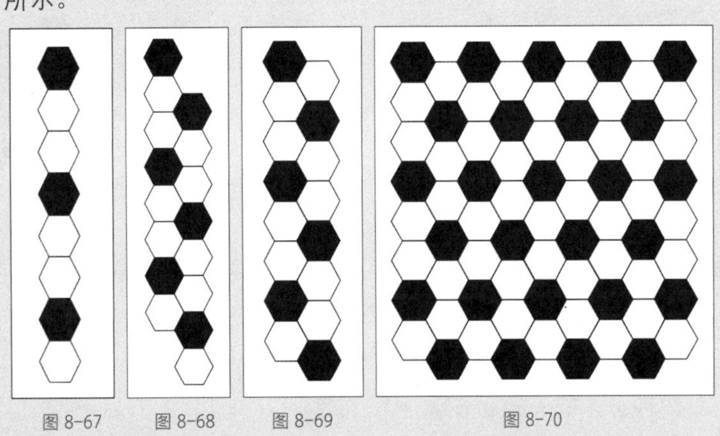

图 8-67　图 8-68　图 8-69　图 8-70

23 选中所有多边形，执行【图层】|【智能对象】|【转换为智能对象】命令，合并图层，如图 8-71 所示。

24 使用椭圆工具，并按 Shift 键绘制正圆图形，如图 8-72 所示。

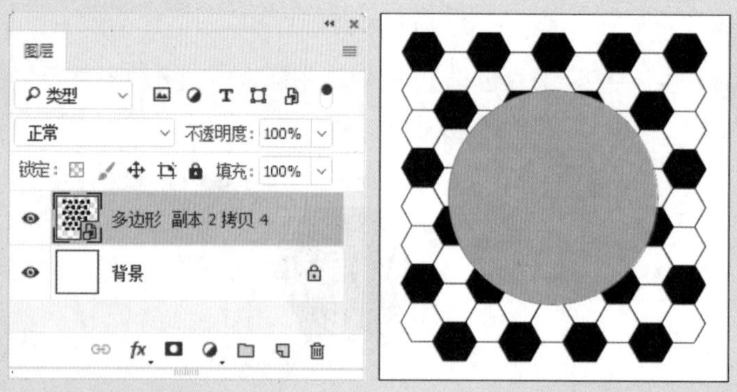

图 8-71　　　　图 8-72

25 单击【图层】面板底部的【添加图层样式】按钮 fx，在弹出的菜单中选择【渐变叠加】命令，在弹出的【图层样式】对话框中进行设置，应用渐变叠加效果，如图 8-73、图 8-74 所示。

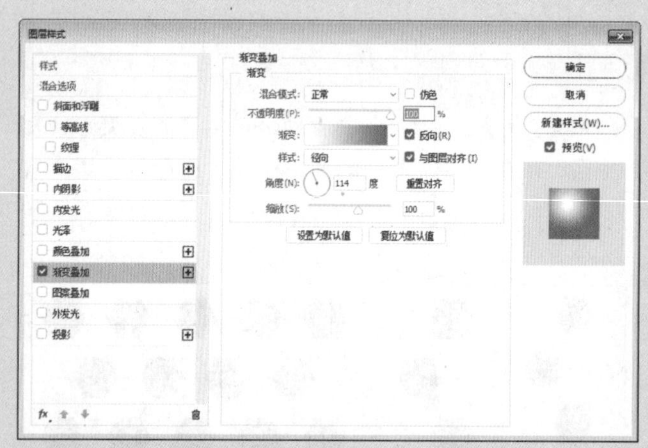

图 8-73

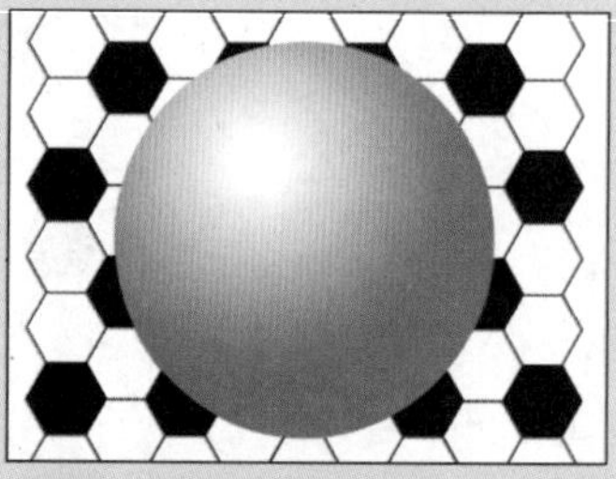

图 8-74

26 调整图层顺序，执行【图层】|【智能对象】|【栅格化】命令，转换为普通图层，如图 8-75、图 8-76 所示。

图 8-75　　　　图 8-76

27 按 Ctrl 键并单击【椭圆 1】图层缩览图，将正圆图形载入选区，如图 8-77 所示。

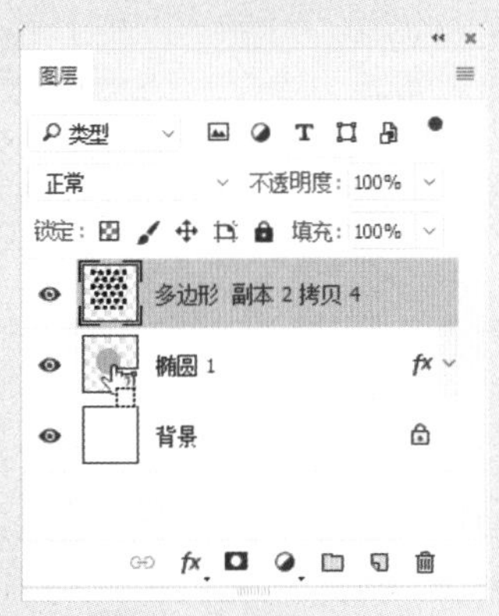

图 8-77

28 执行【滤镜】|【扭曲】|【球面化】命令，在弹出的【球面化】对话框中进行设置，单击【确定】按钮，应用球面化效果，如图 8-78、图 8-79 所示。

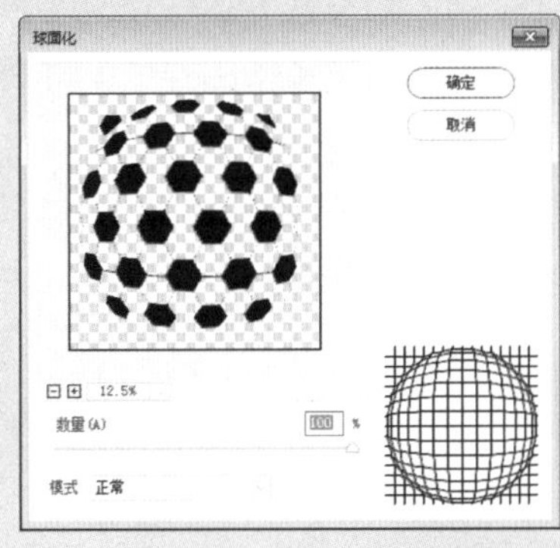

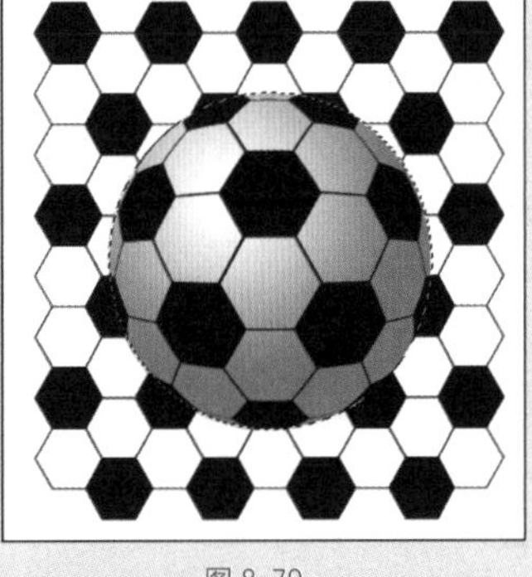

图 8-78

图 8-79

29 执行【选择】|【反向】命令，反转选区，并删除选区中的多边形图像，如图 8-80 所示。

图 8-80

30 按 Ctrl+D 组合键取消选区，单击【图层】面板底部的【添加图层样式】按钮 fx，在弹出的菜单中选择【斜面和浮雕】命令，在弹出的【图层样式】对话框中进行设置，应用浮雕效果，如图 8-81、图 8-82 所示。

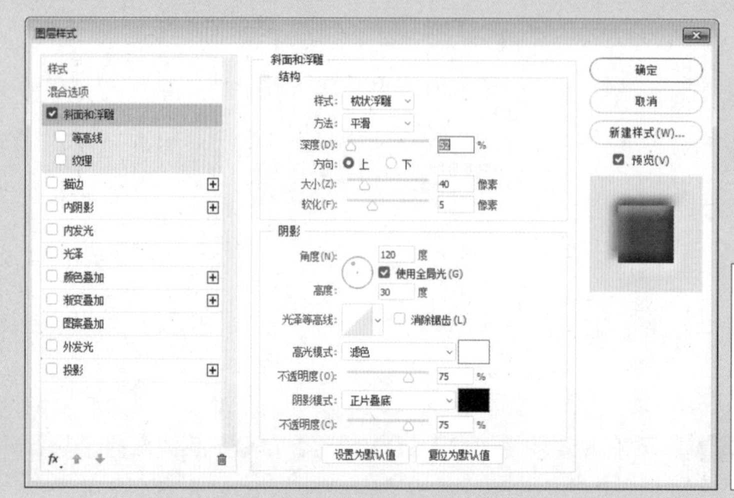

图 8-81

图 8-82

31 单击【图层】面板底部的【添加图层样式】fx.按钮，在弹出的菜单中选择【内发光】命令，在弹出的【图层样式】对话框中进行设置，应用内发光效果，如图 8-83、图 8-84 所示。

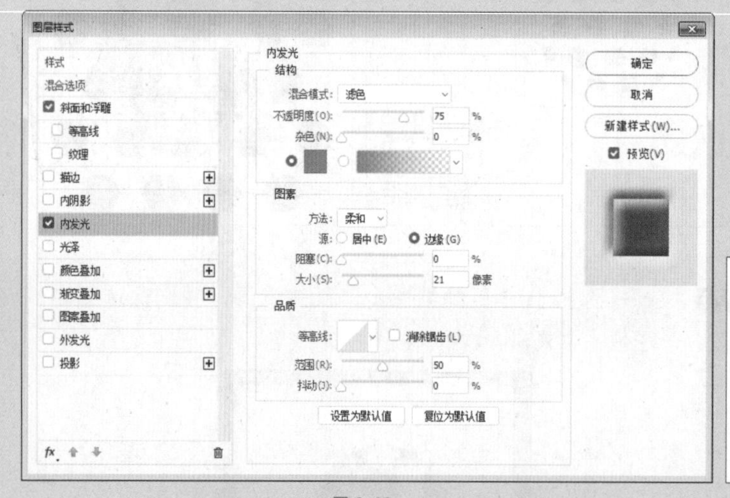

图 8-83

图 8-84

32 选中所有图层，执行【图层】|【栅格化】|【图层样式】命令，栅格化图层，如图 8-85 所示。

33 继续将正圆图形载入选区，如图 8-86 所示。

34 执行【选择】|【反向】命令，反转选区，并删除选区中的多边形图像，如图 8-87 所示。

35 按Ctrl+D组合键取消选区，删除【背景】图层，如图8-88所示。

图 8-85　　图 8-86

图 8-87　　图 8-88

36 执行【图像】|【裁切】命令，在弹出的【裁切】对话框中进行设置，裁切透明画布，如图 8-89 所示。

37 将文件以 PSD 格式保存在桌面上，如图 8-90 所示。

图 8-89　　图 8-90

38 在“球赛海报设计 .ai”文档中执行【文件】|【置入】命令，置入桌面上的“足球 .psd”素材图像，按 Shift 键等比例缩小并调整图像的位置，如图 8-91 所示。

39 单击属性栏中的 嵌入 按钮，取消图像的链接，使用【矩形工具】，绘制矩形，设置填充为白色并取消描边色，如图 8-92 所示。

图 8-91

图 8-92

40 在【渐变】面板中为矩形添加渐变填充效果，如图8-93、图8-94所示。

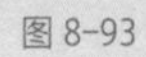

图 8-93

图 8-94

41 执行【对象】|【封套扭曲】|【用变形建立】命令，在弹出的【变形选项】对话框中进行设置，调整矩形，如图8-95、图8-96所示。

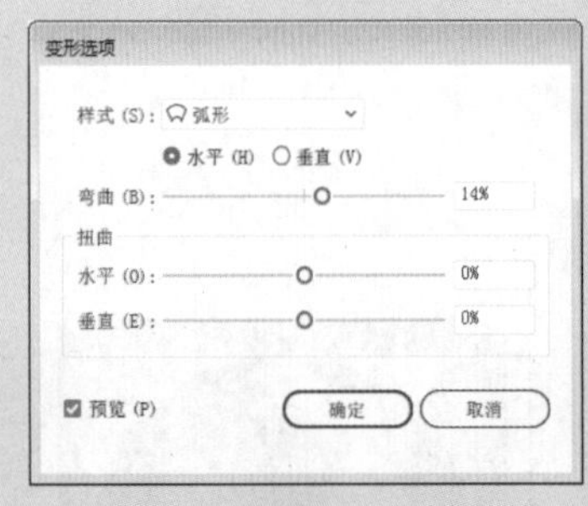

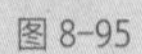

图 8-95

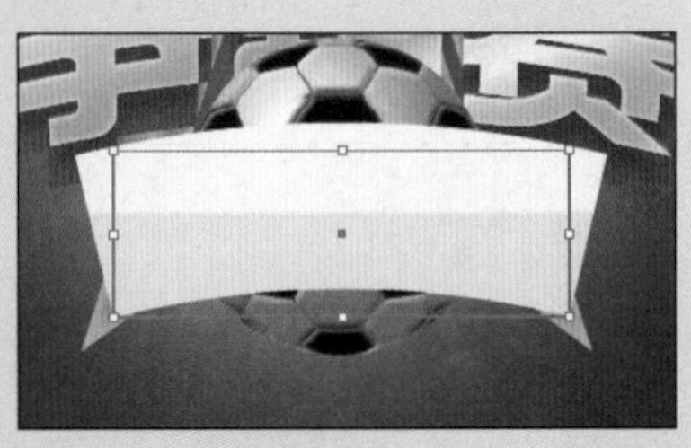

图 8-96

42 执行【效果】|【风格化】|【投影】命令，在弹出的【投影】对话框中进行设置，为矩形添加投影效果，如图8-97、图8-98所示。

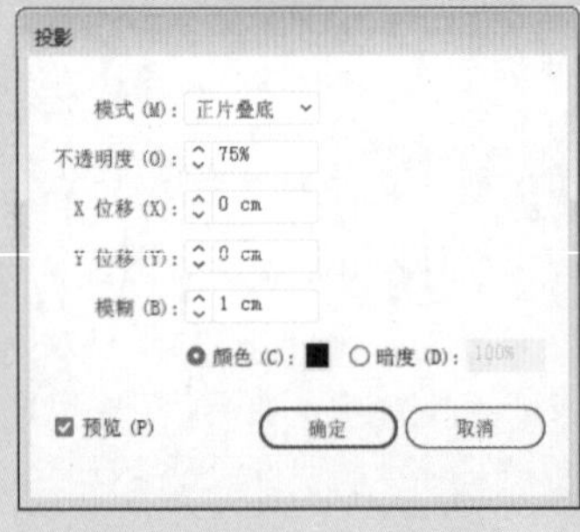

图 8-97

图 8-98

43 选择矩形工具绘制矩形，使用【钢笔工具】在矩形路径上添加锚点，按 Alt 键调整锚点，如图 8-99、图 8-100 所示。

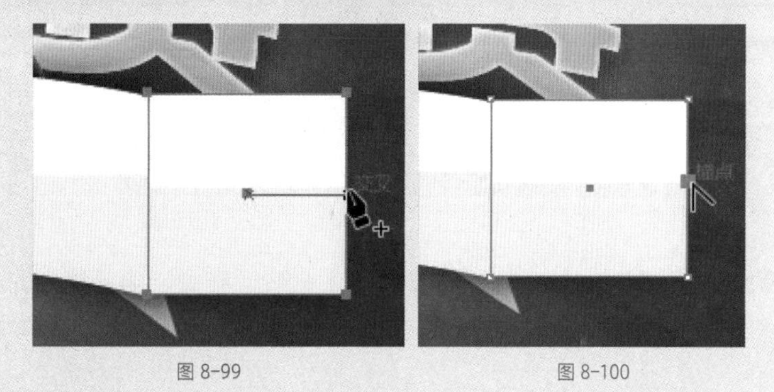

图 8-99　　图 8-100

44 按 Ctrl 键切换到【直接选择工具】移动锚点的位置。按 Alt 键复制变形矩形的外观效果至当前图层，如图 8-101、图 8-102 所示。

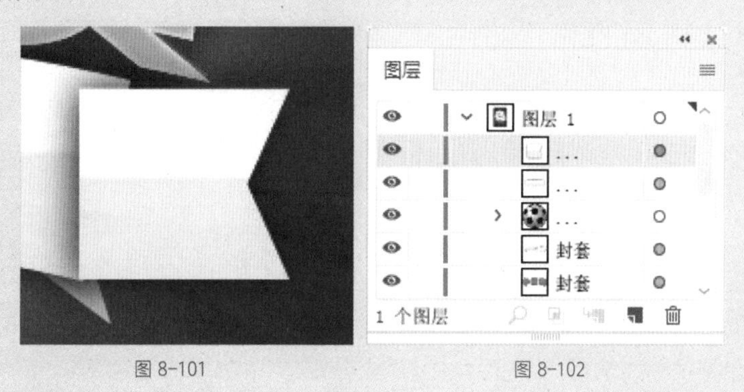

图 8-101　　图 8-102

45 在【外观】面板中删除【变形】效果，如图 8-103、图 8-104 所示。

图 8-103　　图 8-104

46 按 Ctrl+【组合键调整图层顺序，按 Shift+Alt 组合键复制并向左移动图形，如图 8-105、图 8-106 所示。

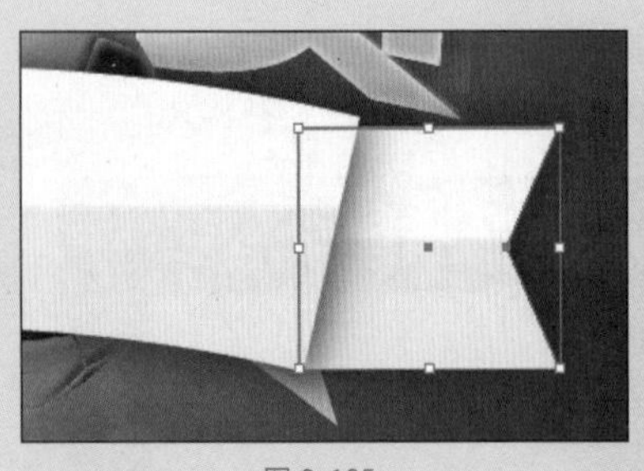
图 8-105

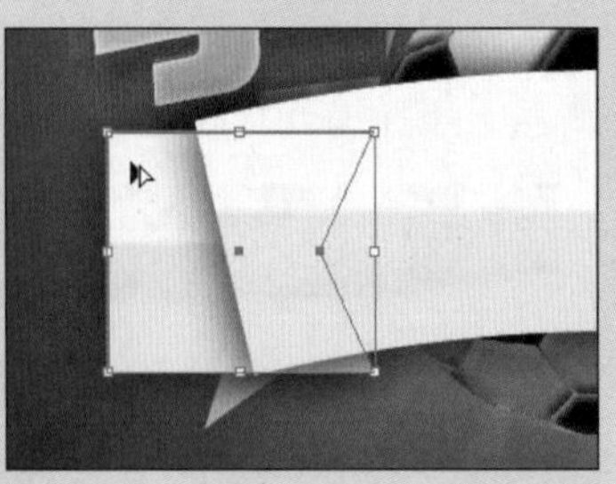
图 8-106

47 执行【对象】|【变换】|【对称】命令，在弹出的【镜像】对话框中进行设置，单击【确定】按钮，翻转图像，如图 8-107、图 8-108 所示。

图 8-107

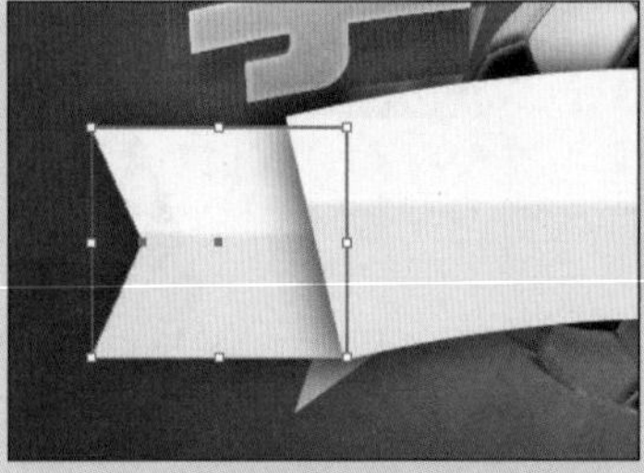
图 8-108

48 使用【星形工具】，按 Shift+Ctrl 组合键绘制星形。复制上一步创建图形的图层外观样式至该图层，如图 8-109、图 8-110 所示。

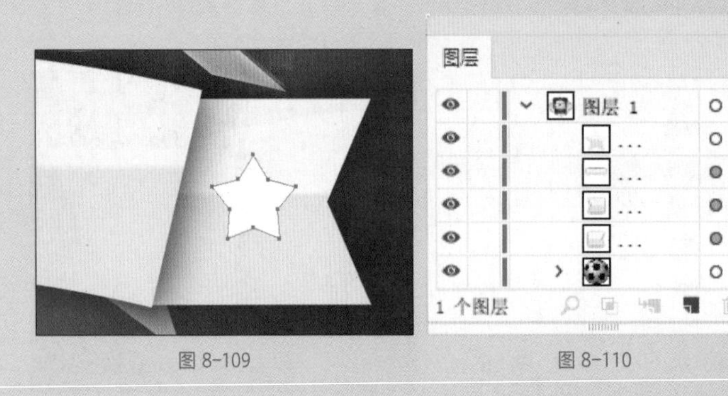

图 8-109　图 8-110

49 在【外观】面板中删除【变形】和【投影】样式，如图 8-111、图 8-112 所示。

图 8-111　　图 8-112

50 执行【效果】|【风格化】|【内发光】命令，在弹出的【内发光】对话框中进行设置，单击【确定】按钮，应用内发光效果，如图 8-113、图 8-114 所示。

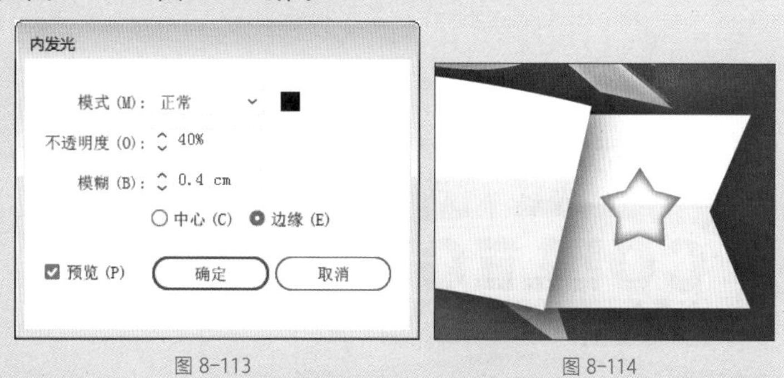

图 8-113　　图 8-114

51 选中上一步绘制的星形，按 Alt+Shift 组合键复制并水平向左移动星形，如图 8-115 所示。

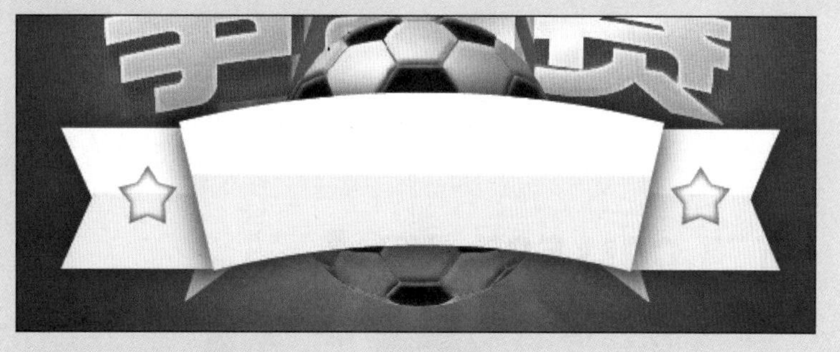

图 8-115

52 使用【文字工具】T 在视图中单击并添加文字信息，如图 8-116 所示。

53 在【字符】面板中调整文字，如图 8-117 所示。

图 8-116

图 8-117

54 继续调整文字信息，如图 8-118、图 8-119 所示。

图 8-118

图 8-119

55 继续使用【文字工具】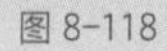添加文字信息，如图 8-120 所示。

56 在【外观】面板中单击【添加新填色】按钮，添加填充色，如图 8-121 所示。

图 8-120

图 8-121

57 在【渐变】面板中为文字添加渐变填充效果，如图 8-122、图 8-123 所示。

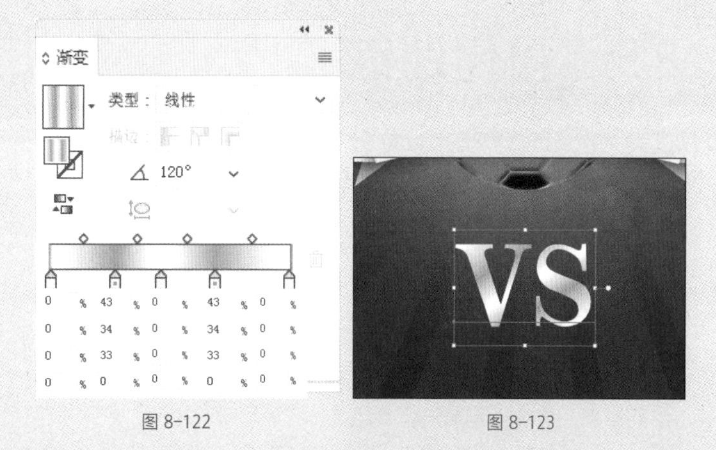

图 8-122　　图 8-123

58 单击【渐变】面板底部的【添加新效果】按钮 fx，在弹出的菜单中执行【风格化】|【投影】命令，在弹出的【投影】对话框中进行设置，单击【确定】按钮，为文字添加投影效果，如图 8-124、图 8-125 所示。

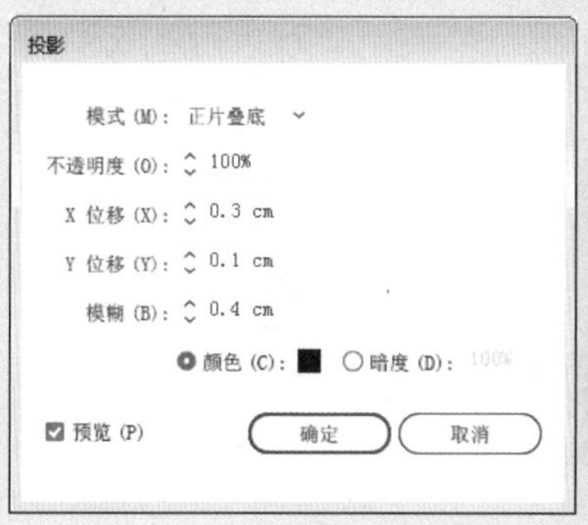

图 8-124　　图 8-125

59 使用【文字工具】T 添加文字信息，如图 8-126 所示。

60 完成制作，效果如图 8-127 所示。

图 8-126　　图 8-127

8.3 强化训练

项目名称　时尚休闲鞋海报

项目需求

受某店面的委托，制作时尚休闲鞋海报，要求形象和色彩简单明了，造型与色彩统一和谐，整个画面具有张力感与均衡效果，在形式和内容上都要创新，构成要素简洁，有重点。

项目分析

画面上用花藤缠绕鞋子，象征鞋子的舒适透气，像是直接踩在大自然中的花花草草上面。画面简洁，色调统一，给人以休闲舒适的感受。

项目效果

项目效果如图 8-128 所示。

图 8-128

操作提示

01 使用矩形工具绘制装饰的花藤。

02 使用图像调整、蒙版制作背景。

03 使用文字工具输入文字信息，设置字体、字号。

CHAPTER 09

商品包装设计

本章概述 SUMMARY

商品包装除用于盛装商品外，更重要的是展示商品特色，突出卖点，以吸引消费者的注意，进而引起购买欲望，因此在设计商品包装时应注重构图的新颖、色彩的和谐等。

■ 学习目标

√ 熟悉 Illustrator Photoshop 绘图工具

√ 熟练应用 Illustrator 镜像工具

√ 熟练应用 Illustrator 符号库

√ 熟练应用 Photoshop 魔法棒

◎营养粉包装设计展示效果

◎蛋糕包装设计展示效果

9.1 创建包装刀版

刀版是制作包装必不可少的环节，只有在了解包装的尺寸和构造的基础上才能对包装的外观进行设计，所以首先创建包装的刀版。

具体操作步骤如下。

01 启动 Illustrator CC 2017，执行【文件】|【新建】命令，在弹出的【新建文档】对话框中进行设置，单击【创建】按钮，如图 9-1 所示。

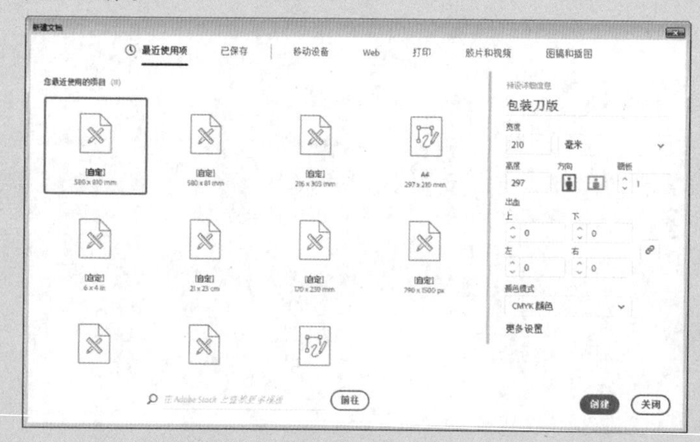

图 9-1

02 绘制包装正面。选择【矩形工具】，单击绘图区，在弹出的【矩形】对话框中进行设置，如图 9-2 所示。

03 绘制包装顶部。选择【矩形工具】，单击绘图区，在弹出的【矩形】对话框中设置参数，绘制矩形，并调整位置，如图 9-3、图 9-4 所示。

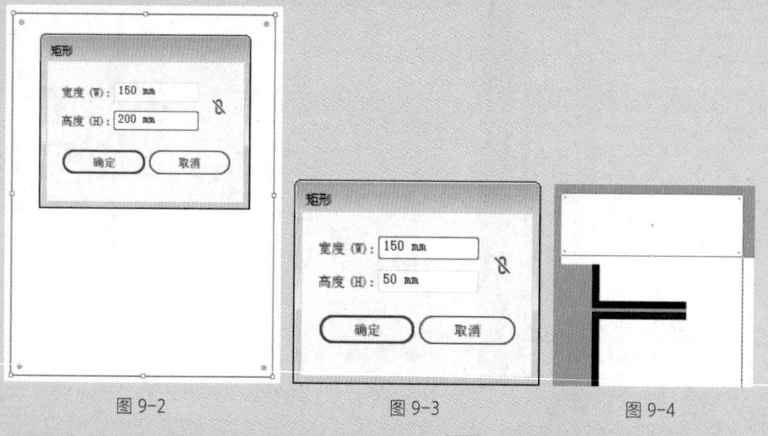

图 9-2　图 9-3　图 9-4

04 绘制包装侧面。选择【矩形工具】，单击绘图区，在弹出的【矩形】对话框中进行设置，绘制矩形，并调整位置，如图 9-5、图 9-6 所示。

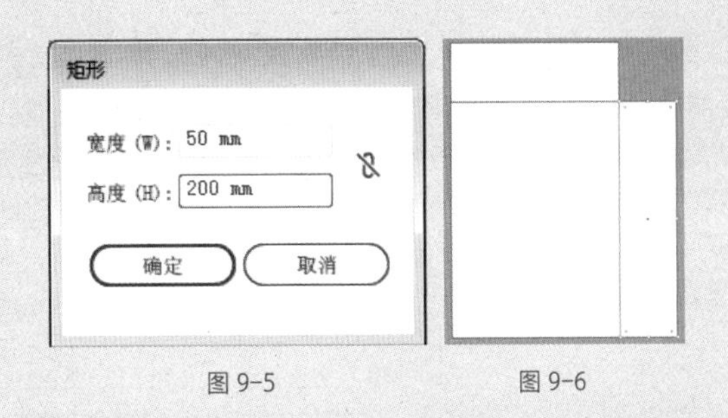

图 9-5　　图 9-6

> **操作技法**
>
> 刀版就是后期模切的工具，如同美工刀，复杂的包装外形只需要机器按压即可将轮廓裁剪出来，并添加折痕，以方便包装的折叠。

05 绘制包装接口，选择【矩形工具】，单击绘图区，在弹出的【矩形】对话框中进行设置，绘制矩形，并调整位置，如图 9-7、图 9-8 所示。

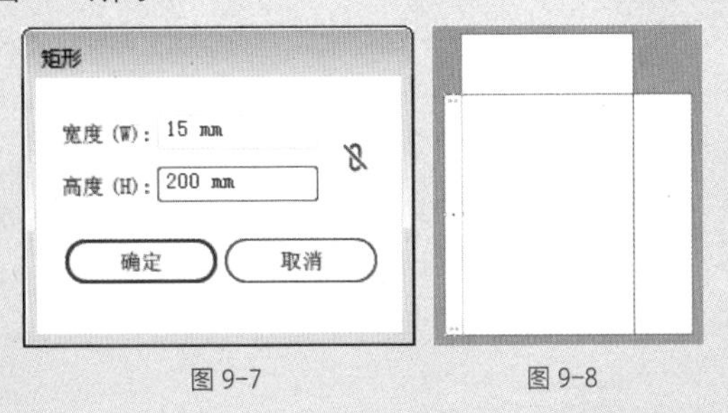

图 9-7　　图 9-8

06 选择【矩形工具】，单击绘图区，在弹出的【矩形】对话框中进行设置，绘制矩形，并调整位置，如图 9-9、图 9-10 所示。

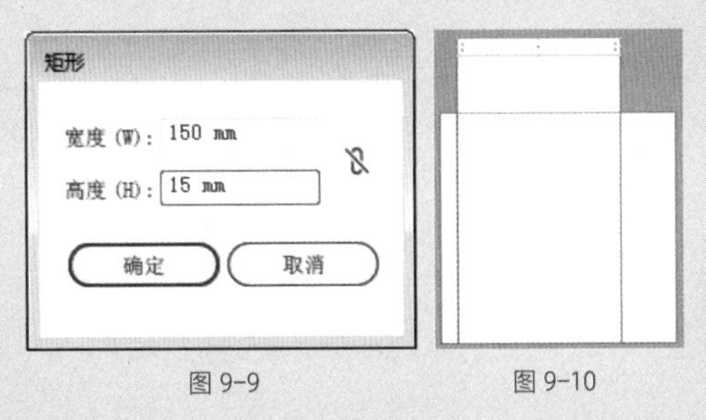

图 9-9　　图 9-10

07 选择【圆角矩形工具】，单击绘图区，在弹出的【矩形】对话框中进行设置，绘制圆角矩形，并调整位置，按 Shift 键加选矩形，如图 9-11、图 9-12 所示。

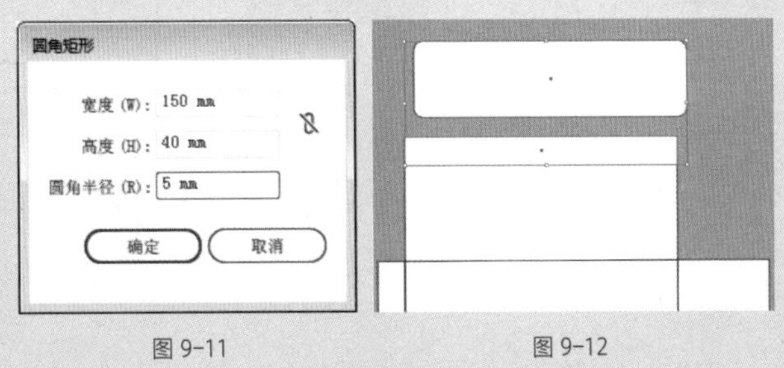

图 9-11　　图 9-12

08 单击属性栏中的【水平左对齐】按钮 和【垂直顶对齐】按钮 ，对齐图形，如图 9-13、图 9-14 所示。

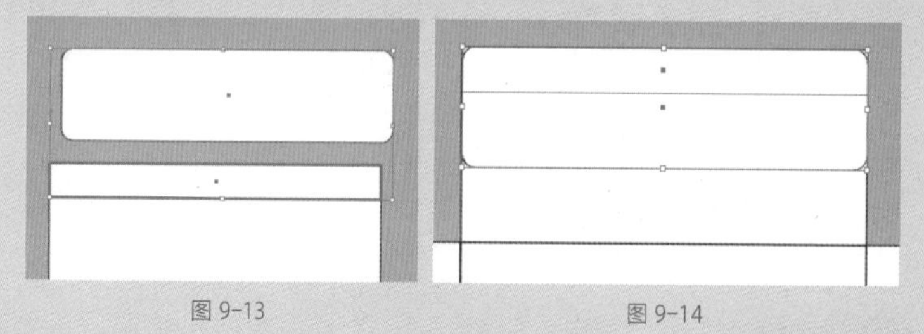

图 9-13　　图 9-14

09 单击【路径查找器】面板中的【交集】按钮 ，创建相交图形，如图 9-15、图 9-16 所示。

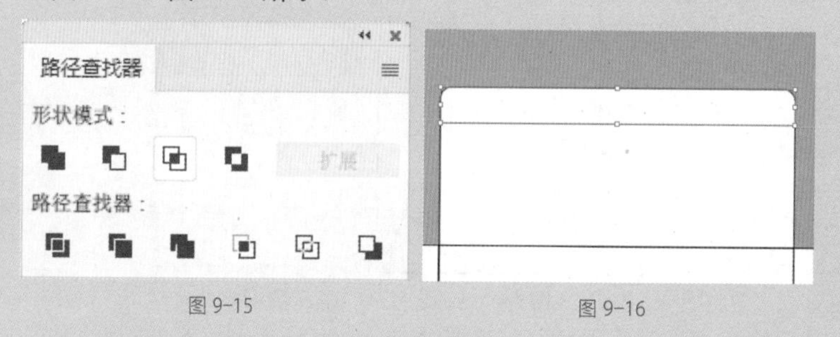

图 9-15　　图 9-16

10 使用【直接选择工具】 ，选中锚点并在属性栏中调整锚点的位置，如图 9-17、图 9-18 所示。

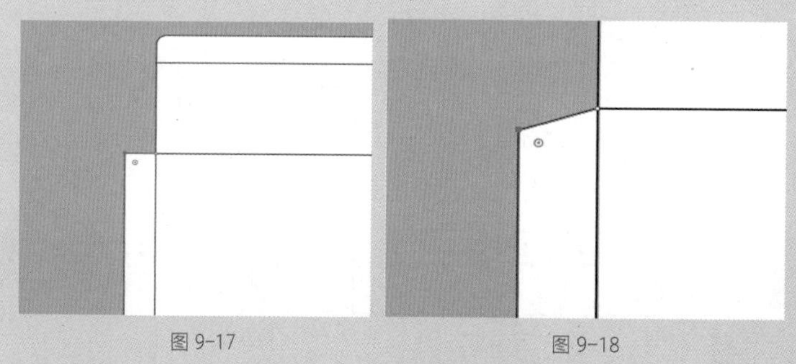

图 9-17　　图 9-18

11 继续调整锚点的位置，如图 9-19、图 9-20 所示。

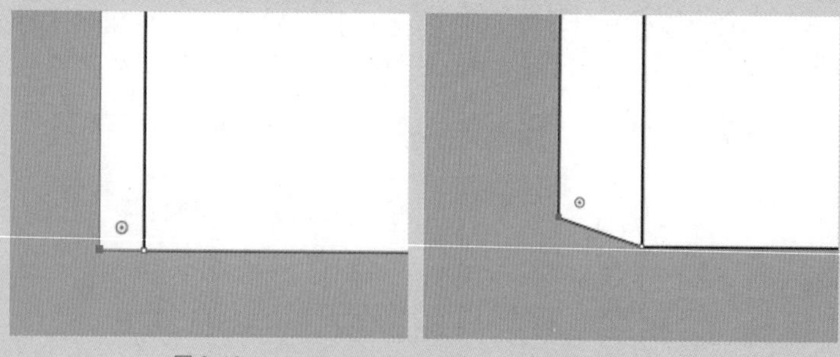

图 9-19　　图 9-20

12 选择【矩形工具】，单击绘图区，在弹出的【矩形】面板中设置参数，创建矩形，如图 9-21、图 9-22 所示。

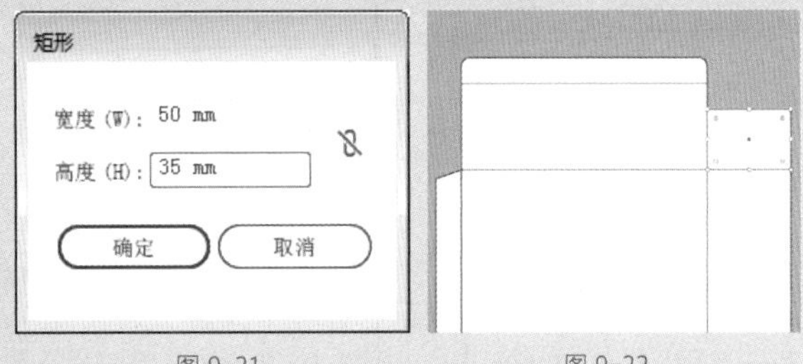

图 9-21　　图 9-22

13 选择【圆角矩形工具】，单击绘图区，在弹出的【矩形】面板中设置参数，如图 9-23 所示。

14 创建圆角矩形，按Shift键加选上一步创建的矩形，如图9-24所示。

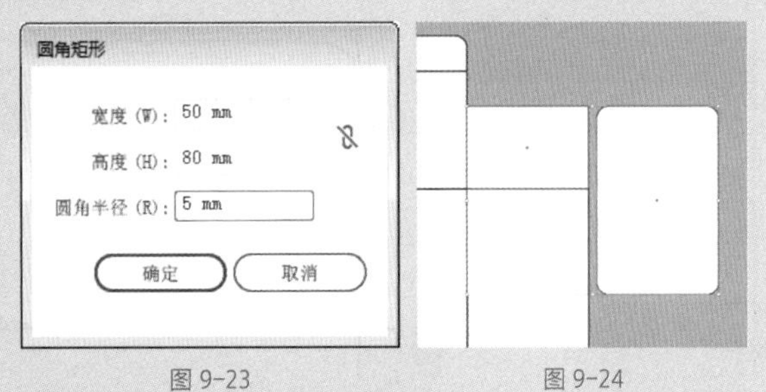

图 9-23　　图 9-24

15 单击属性栏中的【水平左对齐】按钮和【垂直顶对齐】按钮，调整图形的对齐，如图 9-25、图 9-26 所示。

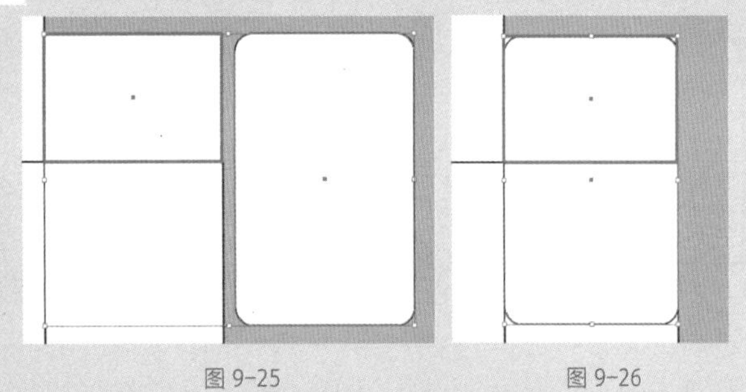

图 9-25　　图 9-26

16 单击【路径查找器】面板中的【交集】按钮，创建相交图形。使用【钢笔工具】添加锚点，如图 9-27、图 9-28 所示。

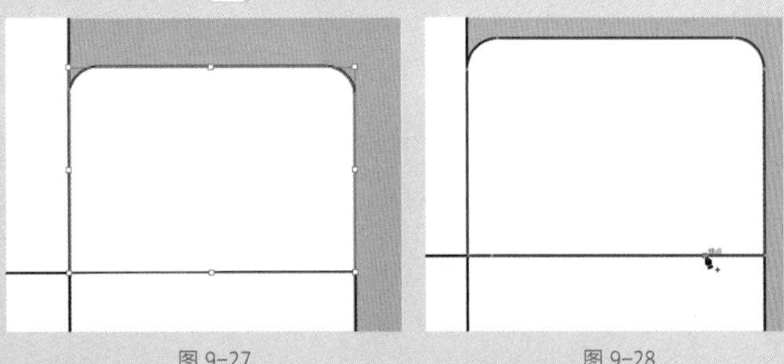

图 9-27　　图 9-28

17 使用【直接选择工具】[▷]选中锚点，并调整锚点的位置，如图 9-29、图 9-30 所示。

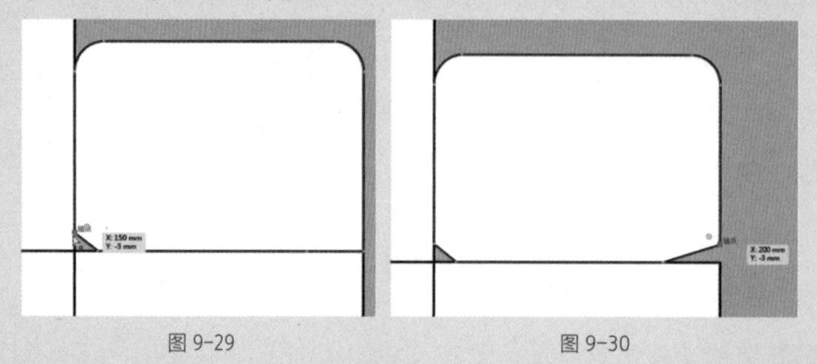

图 9-29　　图 9-30

18 选中锚点并按 Shift 键，水平移动锚点位置，如图 9-31、图 9-32 所示。

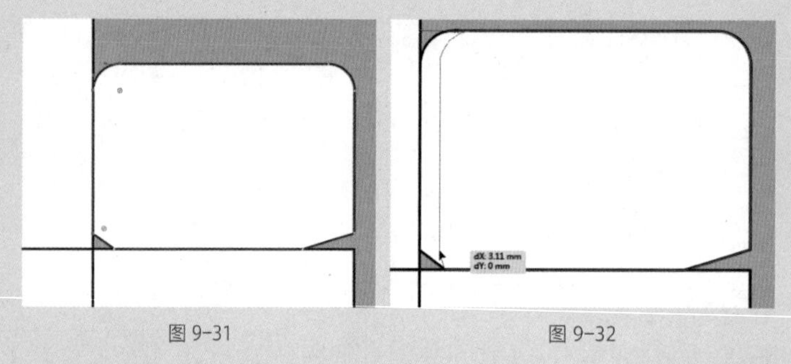

图 9-31　　图 9-32

19 继续移动锚点的位置，如图 9-33、图 9-34 所示。

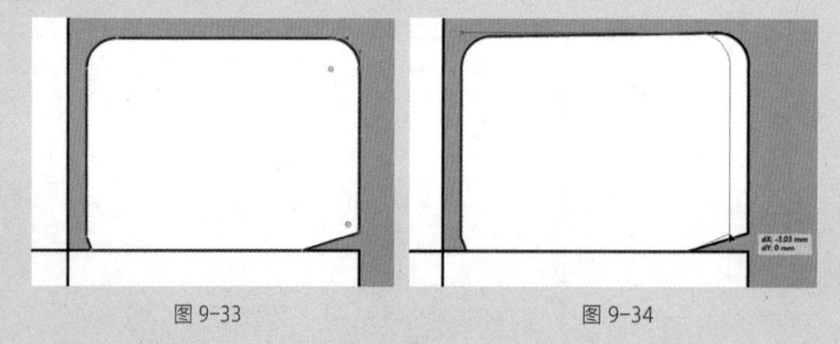

图 9-33　　图 9-34

20 选中并拖动锚点，并调整位置，如图 9-35、图 9-36 所示。

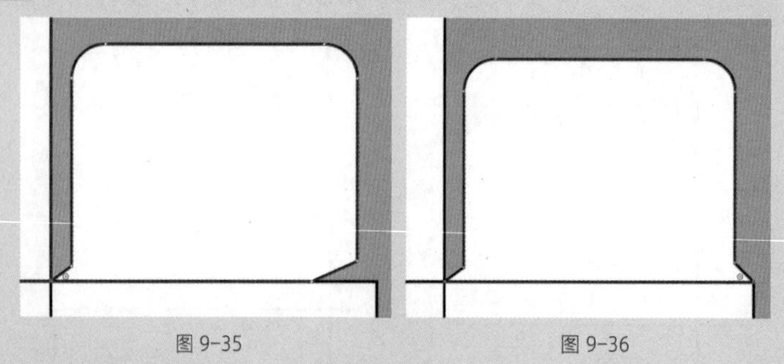

图 9-35　　图 9-36

21 选中图形，双击【镜像工具】复制图形，在弹出的【镜像】对话框中进行设置，复制镜像图像，如图 9-37、图 9-38 所示。

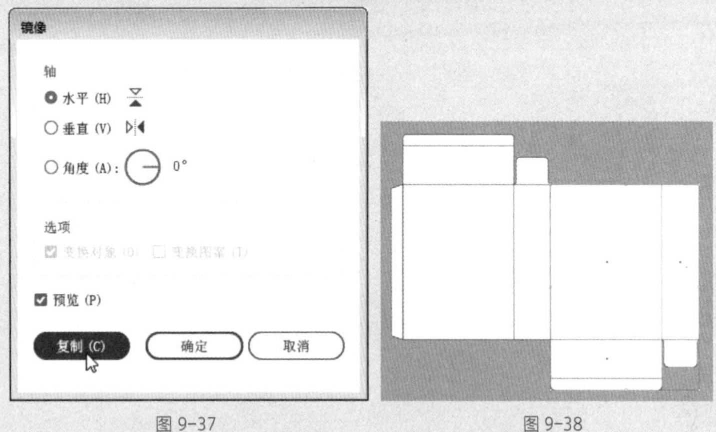

图 9-37　　图 9-38

22 选中图形，在【路径查找器】面板中单击【联合】按钮，复合形状，如图 9-39 所示。

23 使用【直线段工具】，在原来有线段的位置绘制直线，如图 9-40 所示。

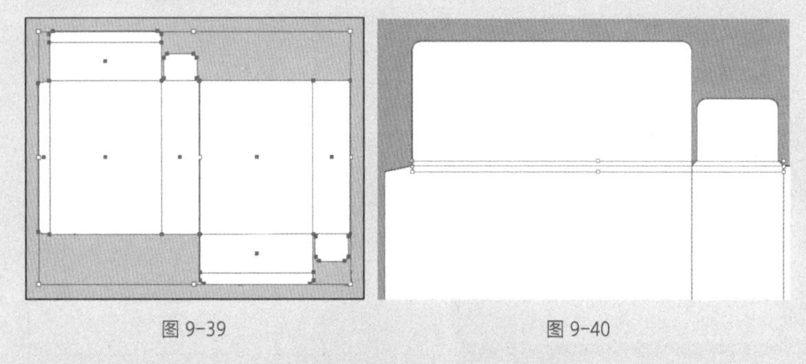

图 9-39　　图 9-40

24 继续在原来的位置添加直线，如图 9-41 所示。

25 选中添加的线段，创建虚线效果，如图 9-42 所示。

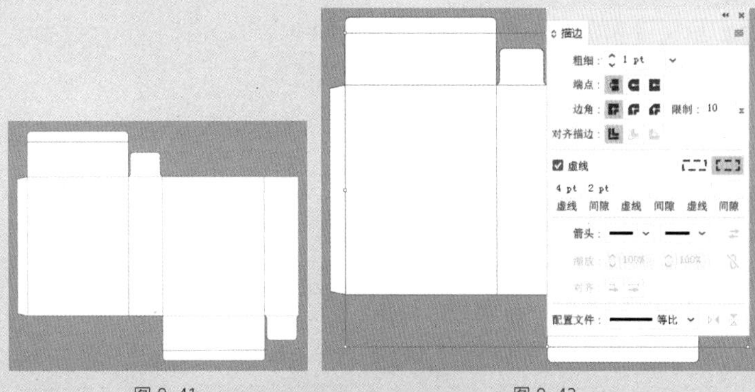

图 9-41　　图 9-42

26 按 Ctrl+A 组合键，选中所有图形，单击鼠标右键，将图形进行编组，在属性栏中查看图形的大小，如图 9-43、图 9-44 所示。

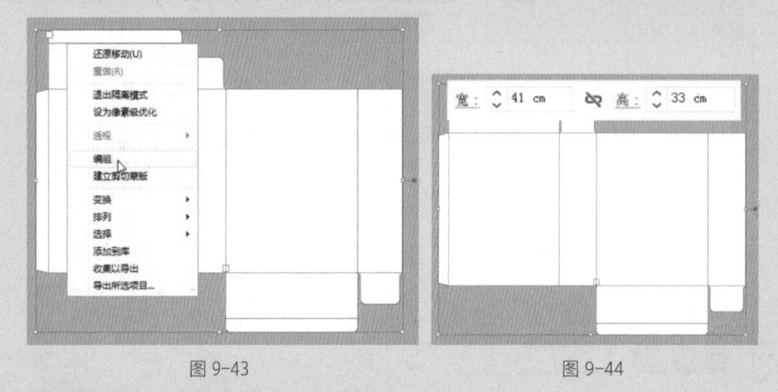

图 9-43　　图 9-44

27 使用【画板工具】，在属性栏中调整画板尺寸，如图 9-45 所示。

28 执行【文件】|【文档设置】命令，弹出【文档设置】对话框，添加出血线，如图 9-46 所示。

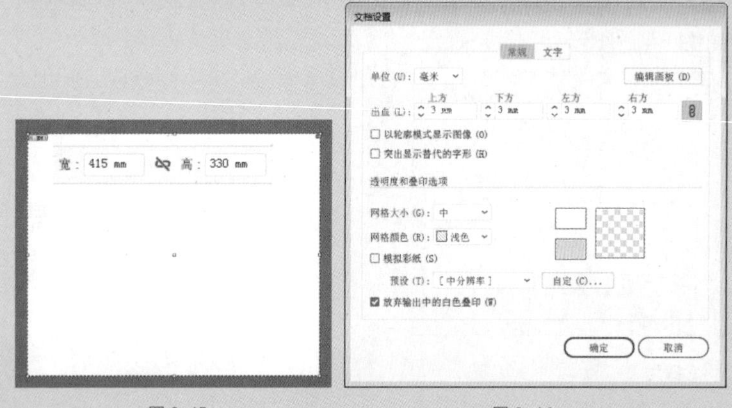

图 9-45　　图 9-46

29 选中图形编组，在属性栏中进行设置，如图 9-47 所示。

30 单击【水平居中对齐】按钮和【垂直居中对齐】按钮，调整图形与画板中心对齐，如图 9-48 所示。

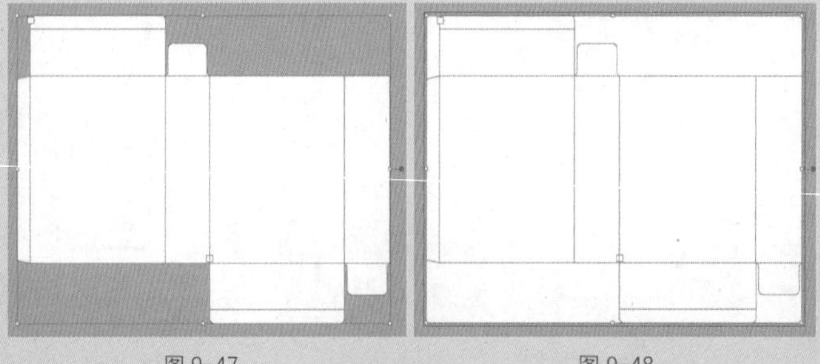

图 9-47　　图 9-48

9.2　添加主题图像

选用鲜艳的黄色作为包装主色调，以吸引儿童的注意。包装正面添加爱心图形，使背景看起来更具层次感。然后添加商品图像，更直观地展现商品卖点、口味及特点，最后添加文字描述。

具体操作步骤如下。

01 使用【矩形工具】□，绘制矩形，取消矩形的轮廓色，如图 9-49 所示。

02 在【渐变】面板中进行设置，为矩形添加径向渐变填充效果，如图 9-50 所示。

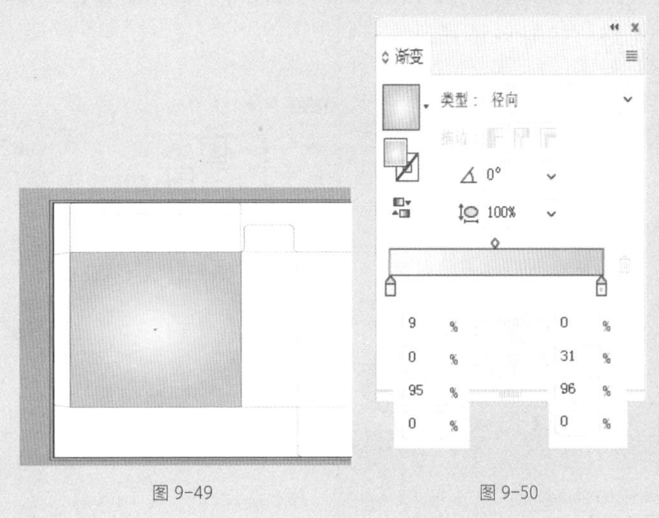

图 9-49　　图 9-50

03 使用同样方法，在矩形上方继续绘制矩形，如图 9-51 所示。

04 使用同样方法，在右侧继续绘制矩形，如图 9-52 所示。

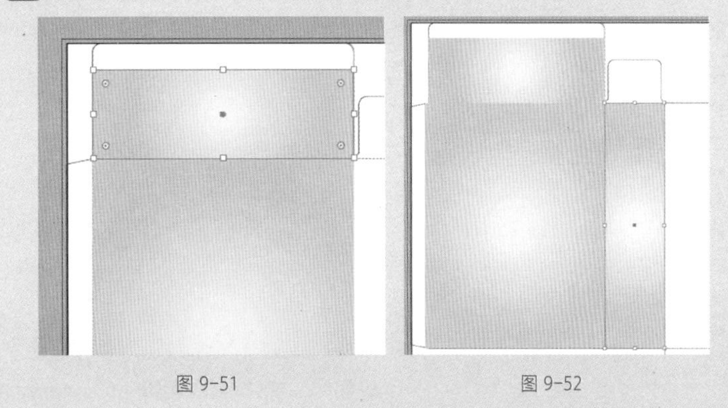

图 9-51　　图 9-52

05 使用【椭圆工具】◯，绘制椭圆，如图 9-53 所示。

06 设置填充色为浅绿色，取消轮廓色，如图 9-54 所示。

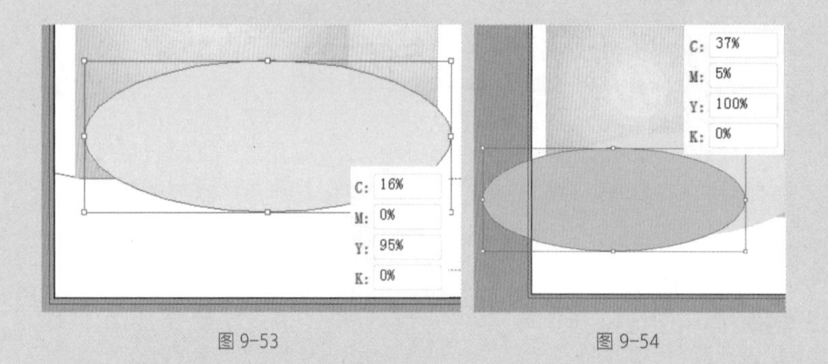

图 9-53　　图 9-54

07 继续绘制椭圆图形，如图 9-55 所示。

08 将图层拖至【图层】面板底部的【创建新图层】按钮上，复制图层，如图 9-56 所示。

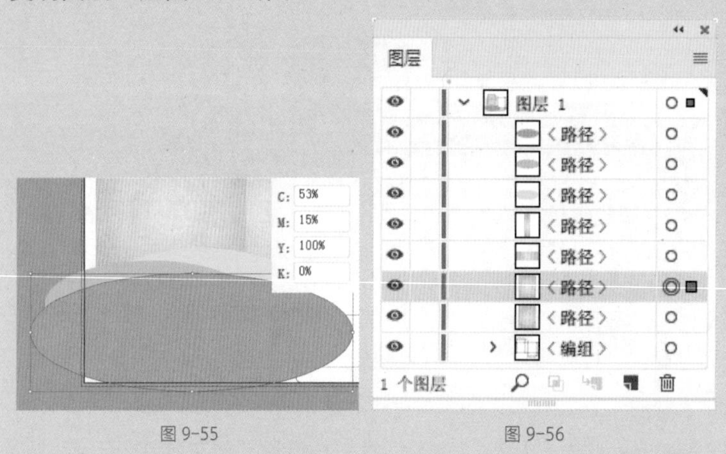

图 9-55　　图 9-56

09 在【图层】面板中，调整图层顺序并按 Shift 键加选椭圆图形，如图 9-57、图 9-58 所示。

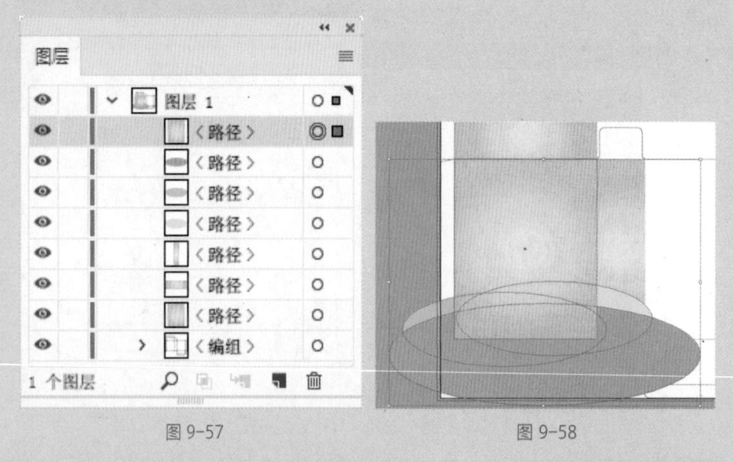

图 9-57　　图 9-58

10 执行【对象】|【剪切蒙版】|【建立】命令，创建剪切蒙版，如图 9-59 所示。

11 单击【符号】面板底部的【符号库菜单】按钮，在弹出的菜单中选择【网页图标】命令，如图 9-60 所示。

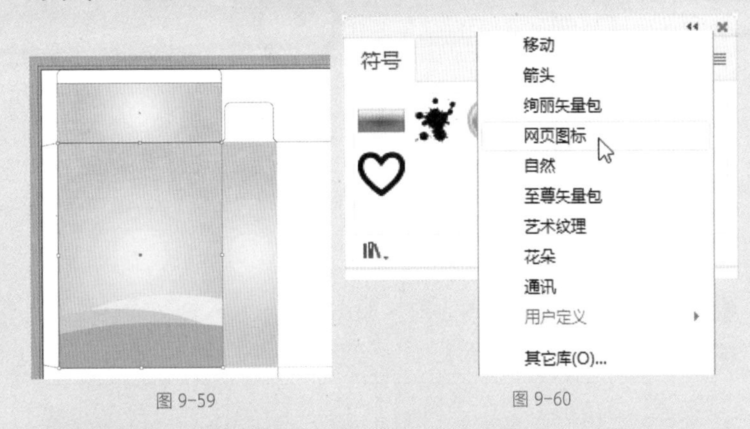

图 9-59　　图 9-60

12 选中图标并将其拖至画板中，单击鼠标右键，断开符号的链接，如图 9-61、图 9-62 所示。

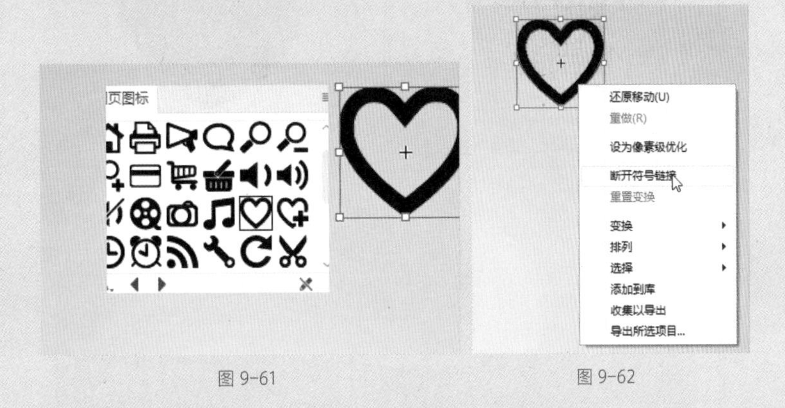

图 9-61　　图 9-62

13 在【图层】面板中调整图层顺序，如图 9-63、图 9-64 所示。

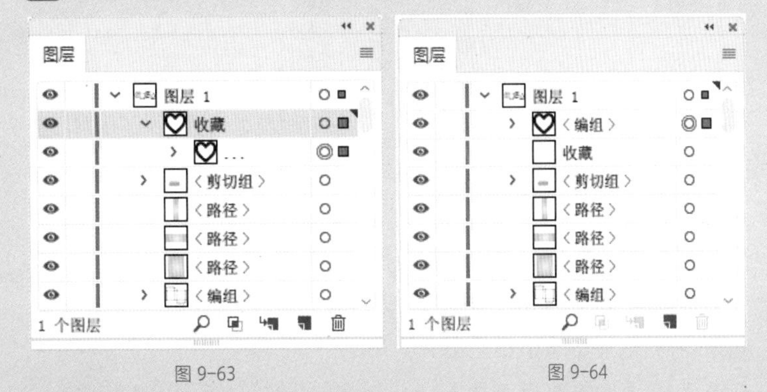

图 9-63　　图 9-64

14 删除“收藏”图层，如图 9-65 所示。

15 选中图像，单击鼠标右键，取消编组，再次单击鼠标右键，在弹出的菜单中选择【释放复合路径】命令，如图 9-66 所示。

图 9-65　　图 9-66

16 选中并删除小一点的心形，如图 9-67 所示。

17 使用【直接选择工具】，调整锚点，如图 9-68 所示。

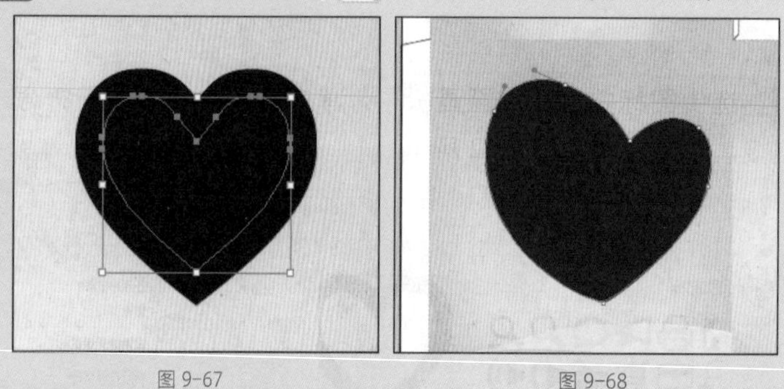

图 9-67　　图 9-68

18 设置填充色为白色并取消轮廓色，执行【编辑】|【复制】和【编辑】|【就地粘贴】命令复制图形，如图 9-69 所示。

19 按 Shift+Alt 组合键等比例缩小图形，如图 9-70 所示。

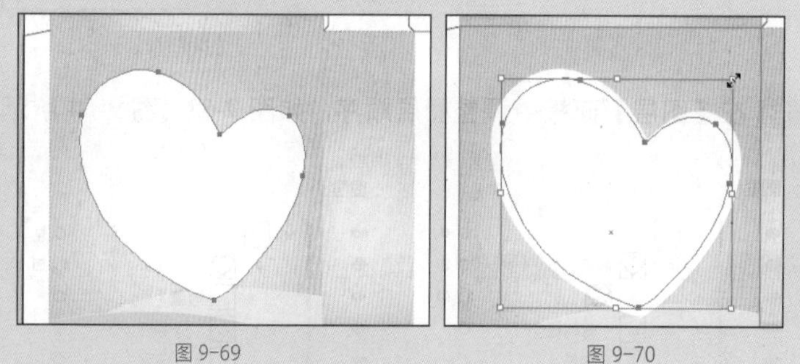

图 9-69　　图 9-70

20 选中图层外观，按 Alt 键移动外观至复制的心形图层上，复制渐变填充效果，如图 9-71、图 9-72 所示。

21 继续复制并缩小白色心形，如图 9-73 所示。

22 选择【直接选择工具】，调整图形，如图 9-74 所示。

23 选中最大的心形，执行【效果】|【模糊】|【高斯模糊】命令，在弹出的【高斯模糊】对话框中进行设置，创建模糊效果，如图 9-75、图 9-76 所示。

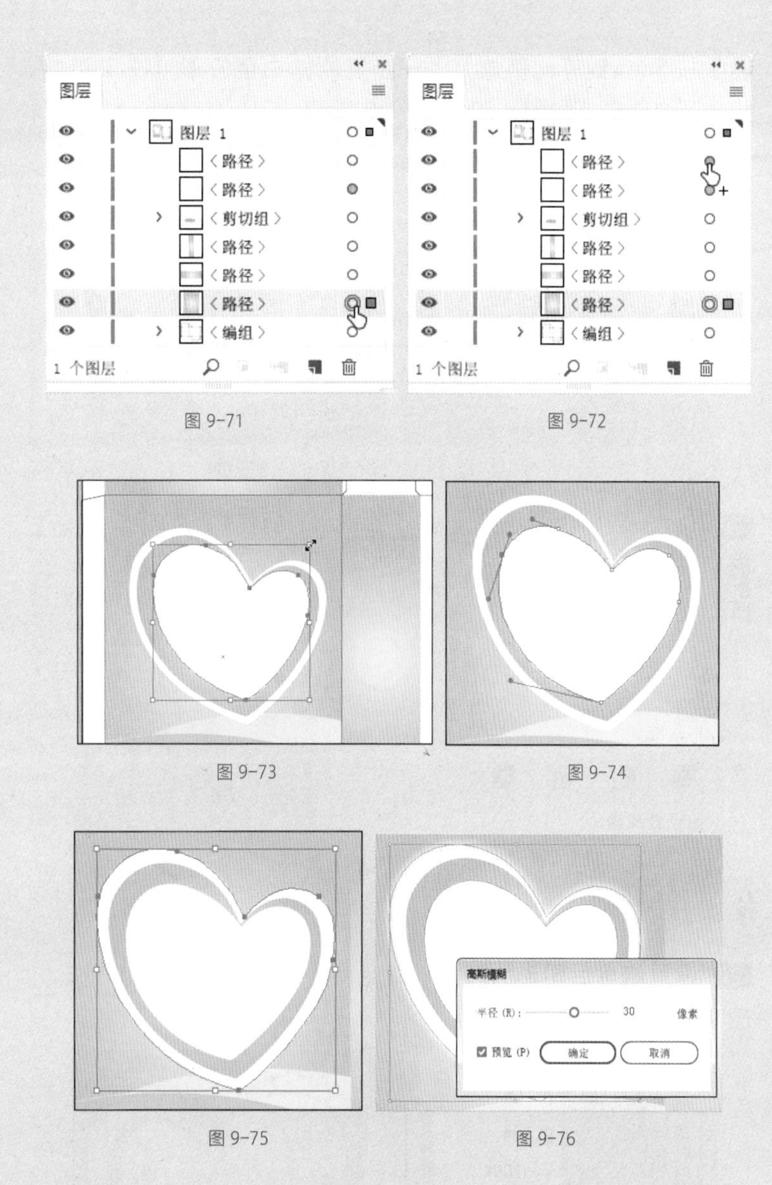

图 9-71　　图 9-72

图 9-73　　图 9-74

图 9-75　　图 9-76

24 复制渐变心形和小的白色心形，如图 9-77、图 9-78 所示。

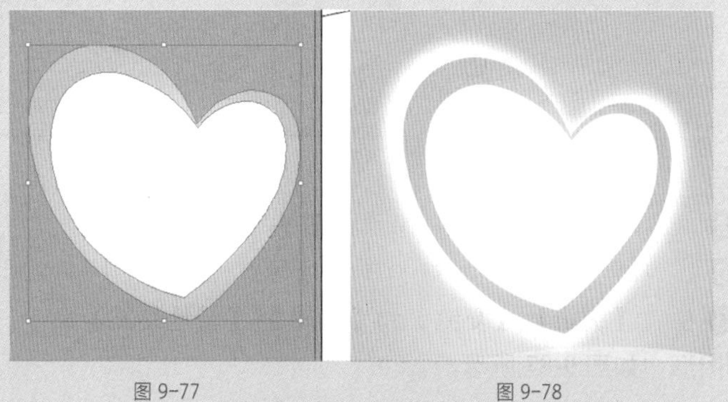

图 9-77　　图 9-78

25 按 Shift 键等比例放大上一步复制的白色心形，按 Shift 键加选渐变心形，如图 9-79、图 9-80 所示。

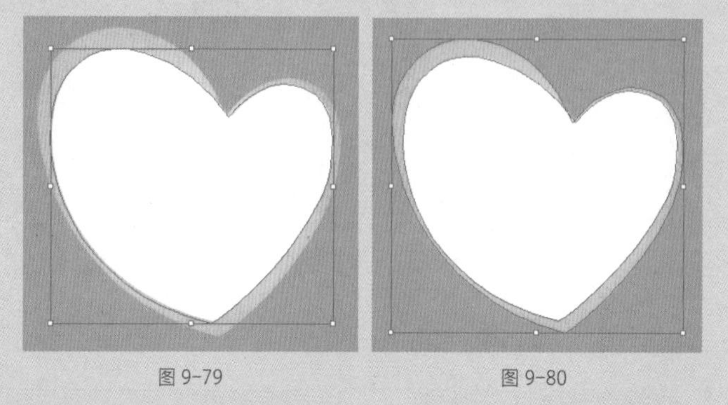

图 9-79　　图 9-80

26 执行【窗口】|【路径查找器】命令，在打开的【路径查找器】面板中单击【减去顶层】按钮，修剪图形，如图 9-81、图 9-82 所示。

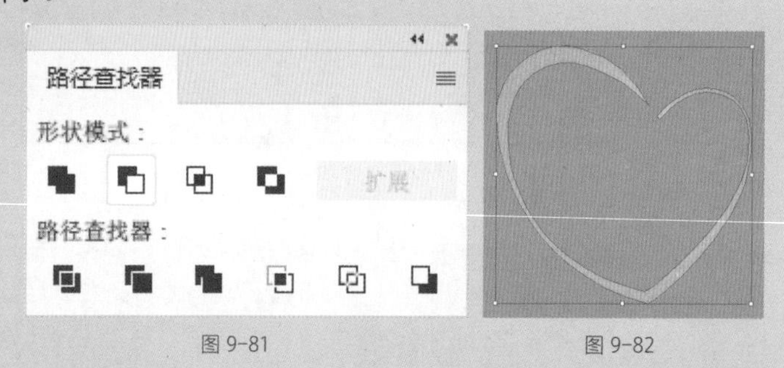

图 9-81　　图 9-82

27 设置修剪后图形的颜色为黄色，并调整位置，如图 9-83、图 9-84 所示。

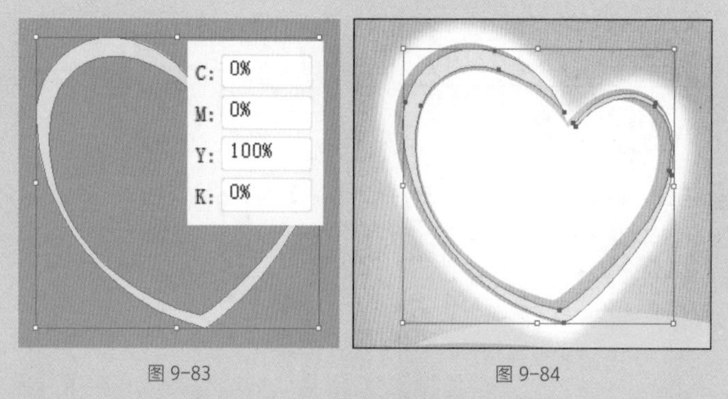

图 9-83　　图 9-84

28 为图形添加高斯模糊效果，如图 9-85 所示。

29 选中白色模糊心形，如图 9-86 所示。

30 执行【编辑】|【复制】和【编辑】|【就地粘贴】命令，复制图形，如图 9-87 所示。

31 按 Shift 键等比例缩小图形，使用【文字工具】T添加文字信息，如图 9-88 所示。

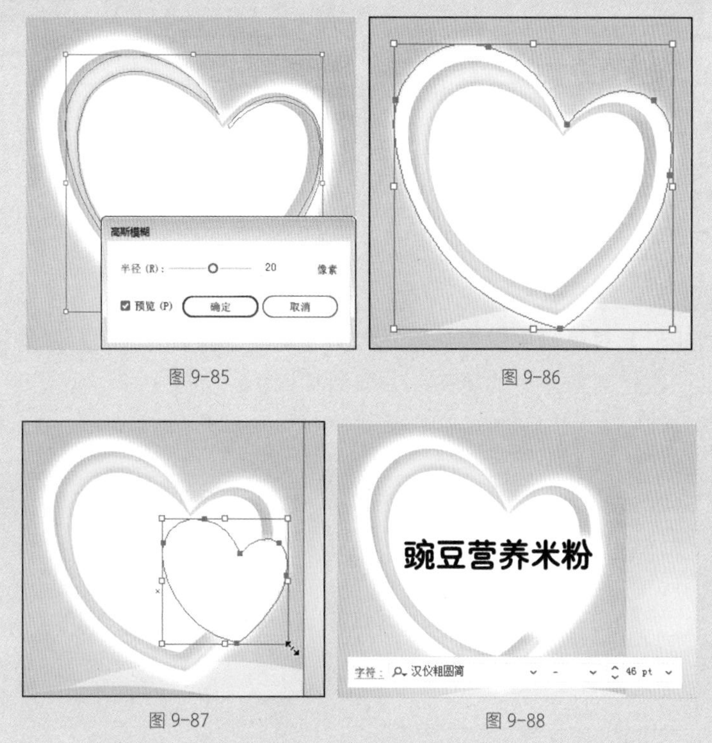

图 9-85　　图 9-86

图 9-87　　图 9-88

32 单击【外观】面板底部的【添加新填色】按钮，添加填充色，在弹出的【渐变】面板中添加渐变色填充效果，如图 9-89、图 9-90 所示。

图 9-89　　图 9-90

33 继续添加文字信息，在【字符】面板中设置参数，如图 9-91、图 9-92 所示。

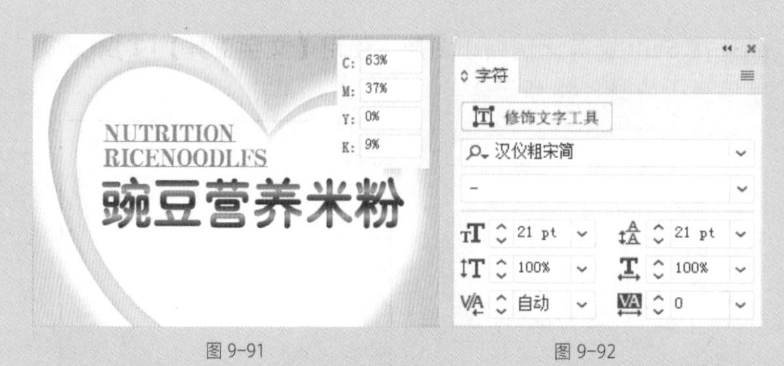

图 9-91　　图 9-92

34 使用【圆角矩形工具】，在画板中单击，在弹出的【圆角矩形】对话框中设置参数，单击【确定】按钮，创建圆角矩形，调整圆角矩形的填充色并取消轮廓色，如图 9-93、图 9-94 所示。

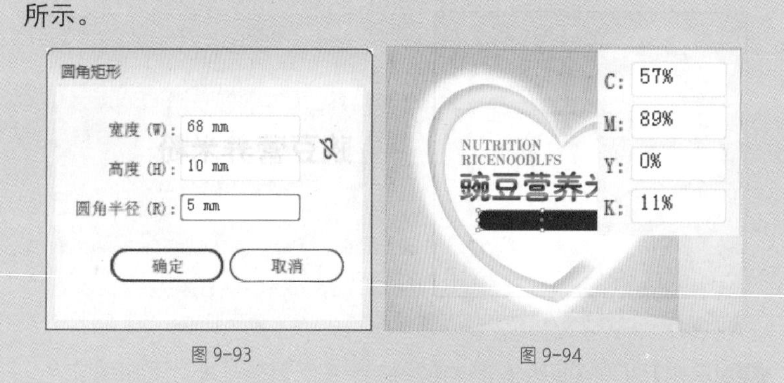

图 9-93　　图 9-94

35 使用【文本工具】T，添加文字信息，在【字符】面板中设置字体、字号，如图 9-95、图 9-96 所示。

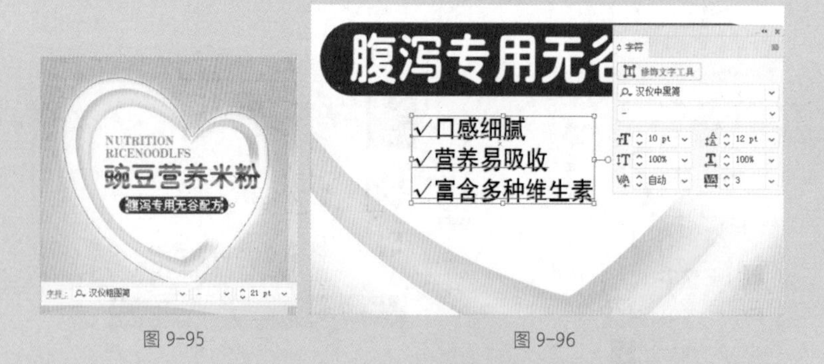

图 9-95　　图 9-96

36 使用【矩形工具】，按 Shift 键绘制正方形，按 Shift+Alt 组合键垂直向下复制图形，如图 9-97、图 9-98 所示。

37 将“米粉 .png”图像文件拖至当前文档中，单击属性栏中的【嵌入】按钮，取消文件链接，按 Shift 键等比例缩小图像，如图 9-99、图 9-100 所示。

图 9-97

图 9-98

图 9-99

图 9-100

38 启动 Photoshop CC 2017，执行【文件】|【打开】命令，打开“豌豆.jpg”图像文件，使用【魔棒工具】，在白色背景上单击，创建选区，如图 9-101 所示。

39 双击【背景】图层，解锁图层，按 Delete 键删除选区中的图像，如图 9-102 所示。

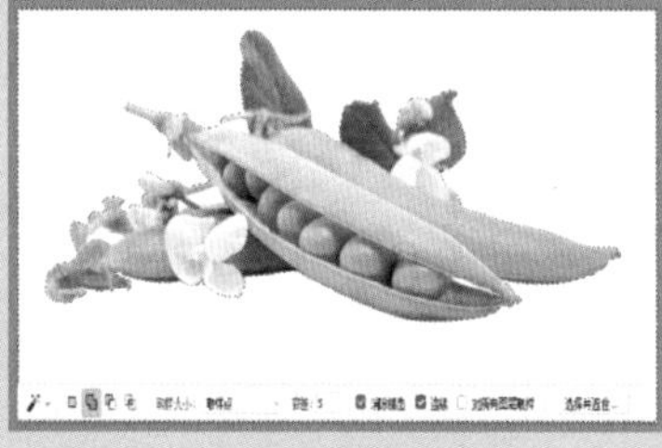

图 9-101

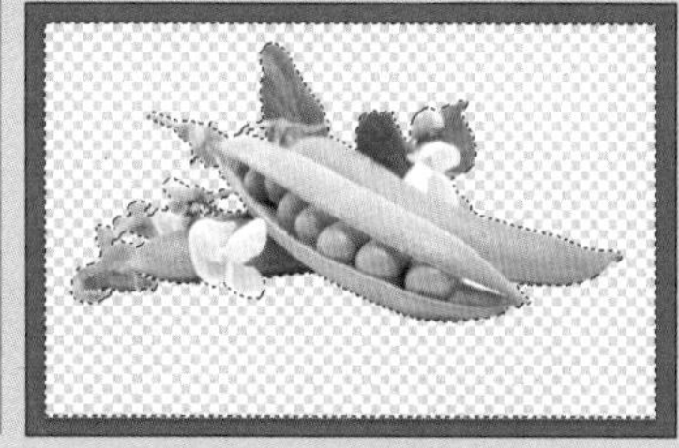

图 9-102

40 执行【图像】|【裁切】命令，在弹出的【裁切】对话框中选中【透明像素】单选按钮，如图 9-103 所示。

41 将图像以 psd 格式保存在桌面上，如图 9-104 所示。

图 9-103

图 9-104

42 将“豌豆 .psd”素材文件拖至当前的 Illustrator 文档中，取消文件链接，如图 9-105 所示。

43 使用【文本工具】T.添加文本，如图 9-106 所示。

图 9-105

图 9-106

44 调整并添加文本，设置字体、字号，如图 9-107、图 9-108 所示。

图 9-107

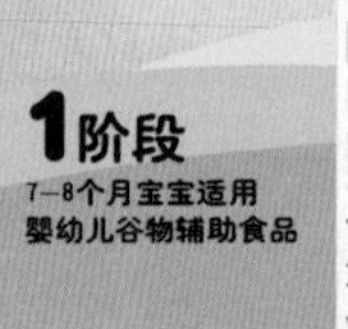

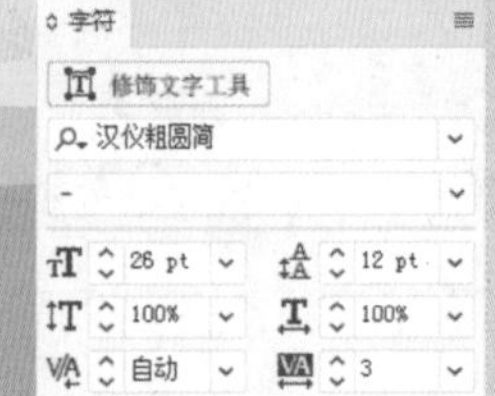

图 9-108

45 继续调整文字，选中“豌豆营养米粉”外观样式，如图 9-109、图 9-110 所示。

图 9-109

图 9-110

46 按 Alt 键移动选中的外观样式至上一步创建的文字图层，如图 9-111、图 9-112 所示。

47 复制文字图层并在属性栏中为选中的文字添加描边效果，如图 9-113、图 9-114 所示。

图 9-111　　图 9-112

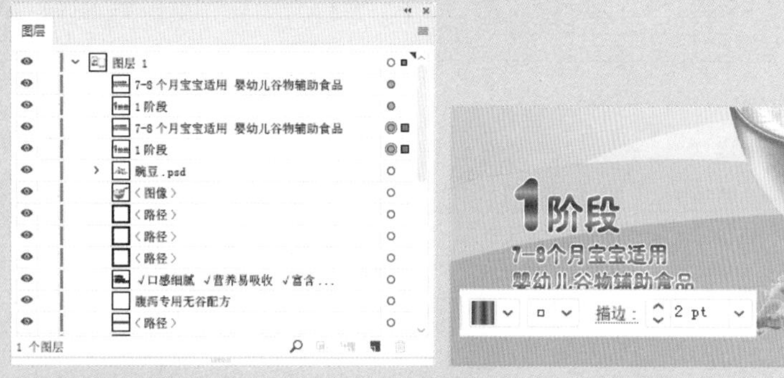

图 9-113　　图 9-114

48 继续添加文字并进行调整，如图 9-115、图 9-116 所示。

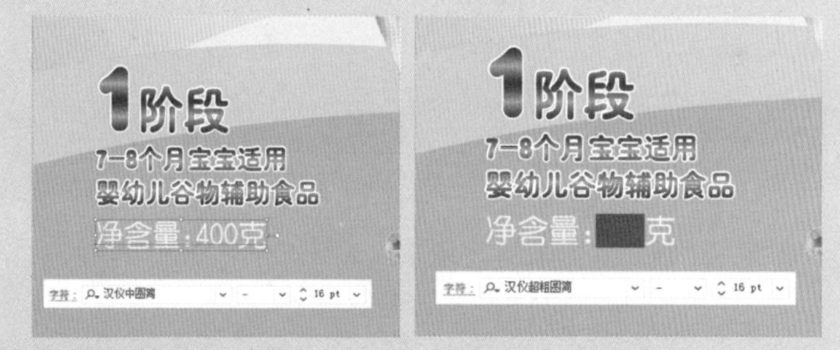

图 9-115　　图 9-116

49 复制文字所在图层，并为选中的文字图层添加描边效果，如图 9-117 所示。

50 使用【椭圆工具】，按 Shift 键绘制正圆图形，如图 9-118 所示。

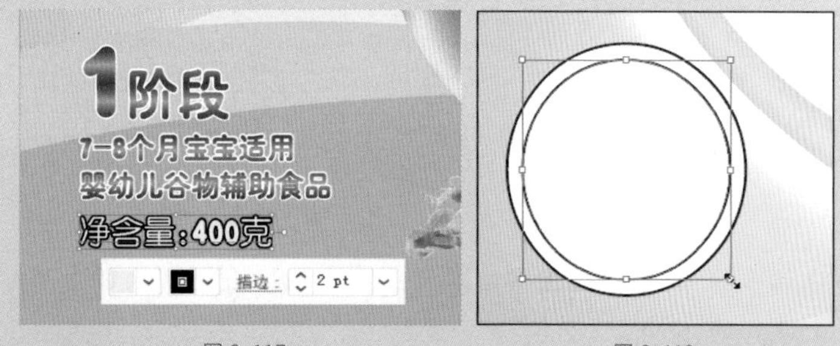

图 9-117　　图 9-118

51 再次执行【编辑】|【复制】和【编辑】|【就地粘贴】命令，复制正圆，如图 9-119 所示。

52 按 Shift 键加选大圆图形，单击【路径查找器】面板中的【减去顶层】按钮，如图 9-120 所示。

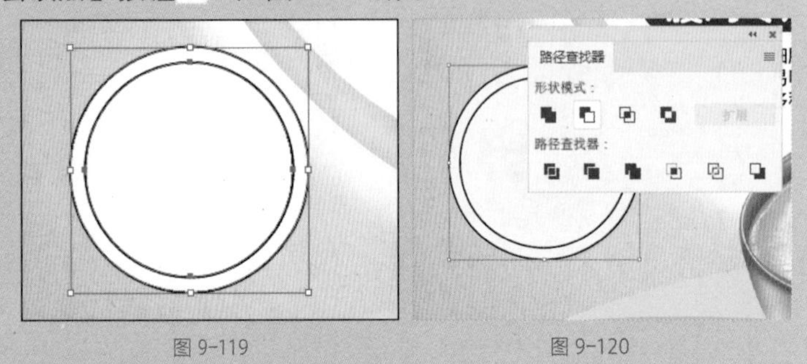

图 9-119　　图 9-120

53 取消上一步创建的圆环图形的轮廓色，在【渐变】面板中设置填充色，如图 9-121、图 9-122 所示。

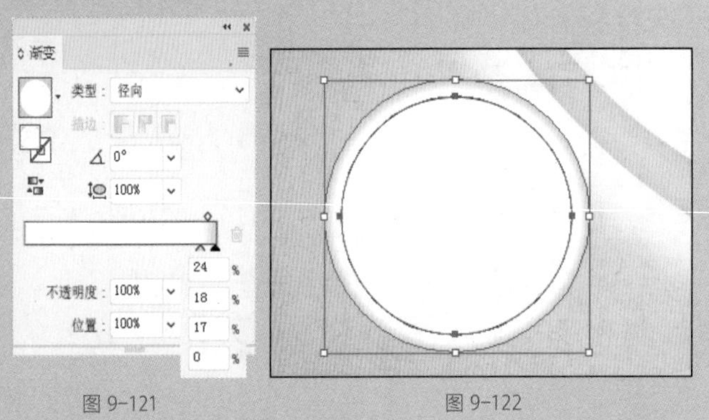

图 9-121　　图 9-122

54 继续为正圆添加渐变填充效果，如图 9-123、图 9-124 所示。

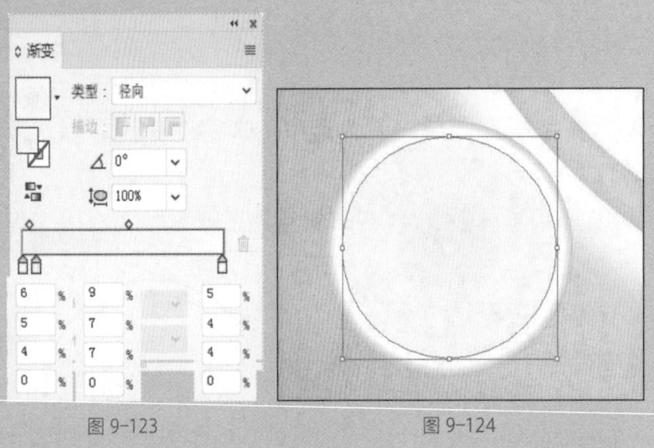

图 9-123　　图 9-124

55 按 Ctrl+Shift+] 组合键，调整正圆图形所在图层至最上方显

示，执行【效果】|【风格化】|【投影】命令，为正圆添加投影效果，如图 9-125、图 9-126 所示。

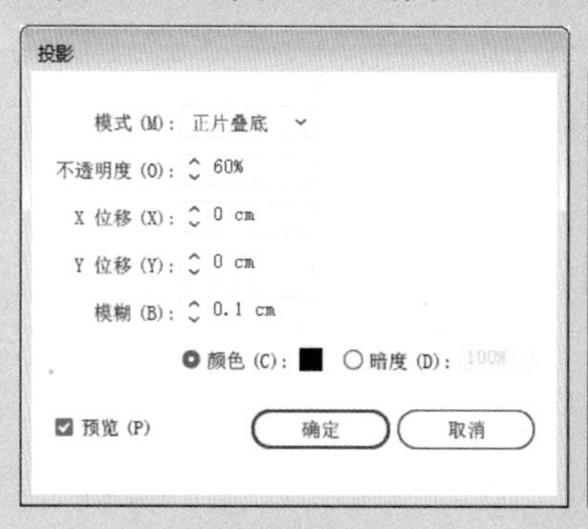

图 9-125

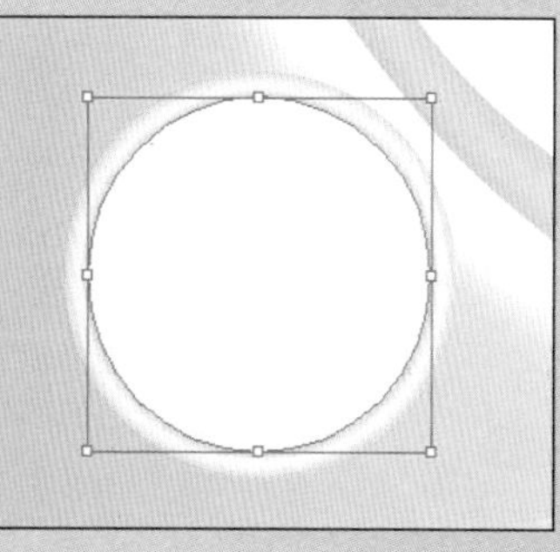

图 9-126

56 使用【椭圆工具】，绘制图形并按 Shift+Alt 组合键垂直向下复制椭圆，如图 9-127、图 9-128 所示。

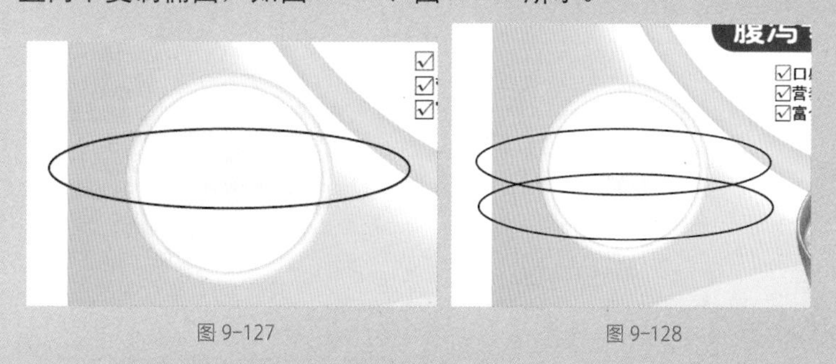

图 9-127　图 9-128

57 按 Shift 键加选原来的椭圆，如图 9-129 所示。

58 单击【路径查找器】面板中的【减去顶层】按钮，修剪图形，如图 9-130 所示。

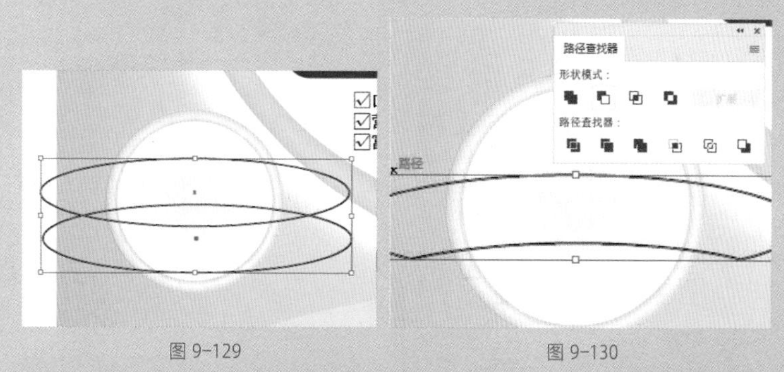

图 9-129　图 9-130

59 选择【多边形工具】，在画板中单击，在弹出的【多边形】对话框中设置边数，如图 9-131 所示。

60 创建三角形，拉长三角形的高度，如图 9-132 所示。

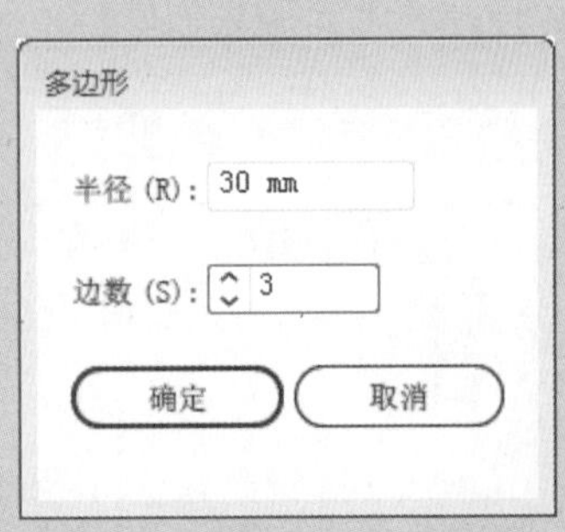

图 9-131

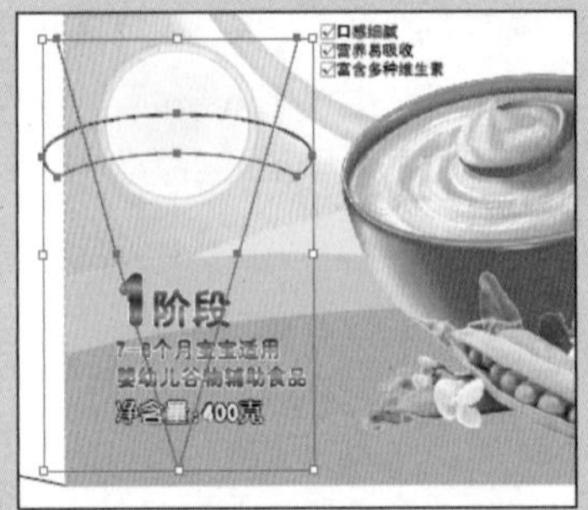

图 9-132

61 按 Shift 键加选修剪后得到的图形，单击【路径查找器】面板中的【交集】按钮，创建相交图形，如图 9-133、图 9-134 所示。

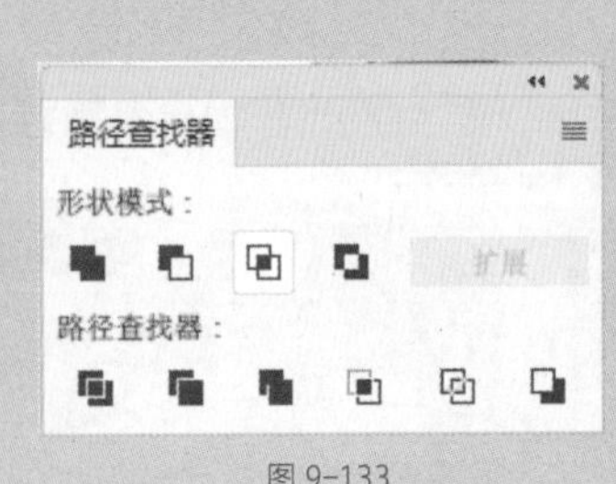

图 9-133

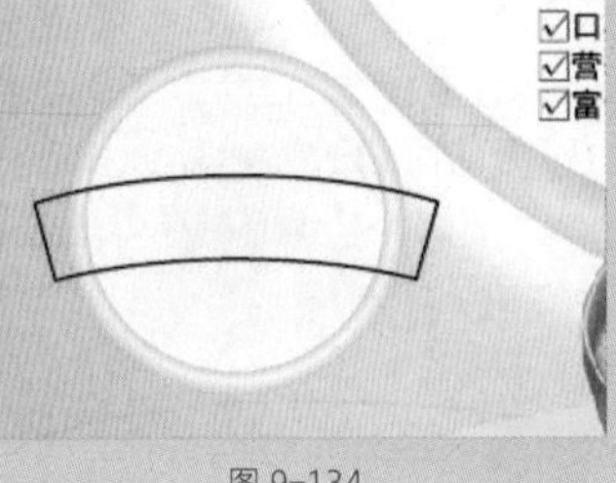

图 9-134

62 为上一步创建的图形添加绿色填充并取消轮廓色，如图 9-135 所示。

63 使用【椭圆工具】绘制椭圆，如图 9-136 所示。

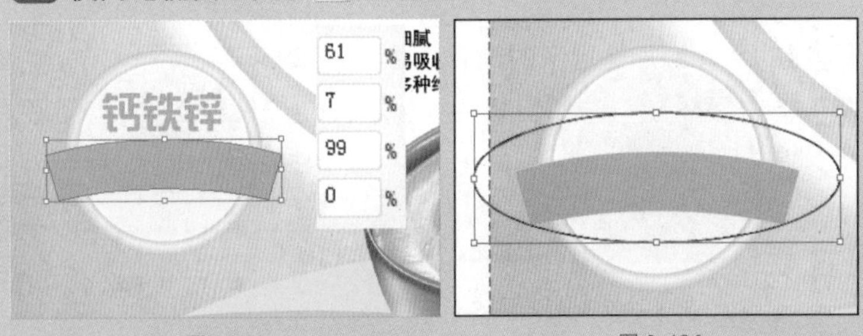

图 9-135　　图 9-136

64 使用【钢笔工具】绘制不规则图形，如图 9-137 所示。

65 按 Shift 键加选椭圆，如图 9-138 所示。

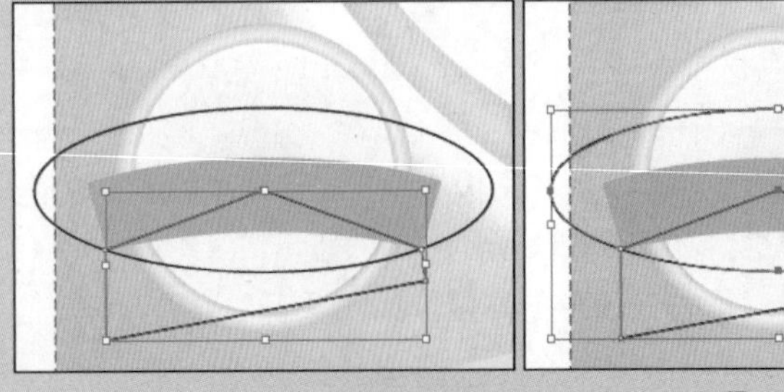

图 9-137　　图 9-138

66 创建椭圆与不规则图形的相交图形，如图 9-139 所示。

67 调整图形的填充色和轮廓色，如图 9-140 所示。

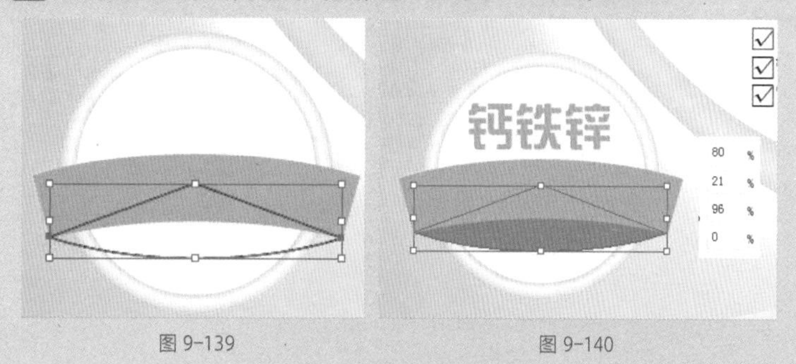

图 9-139　　图 9-140

68 按 Ctrl+[组合键调整图层顺序，如图 9-141 所示。

69 复制绿色图形，取消填充色并设置轮廓色为黑色，如图 9-142 所示。

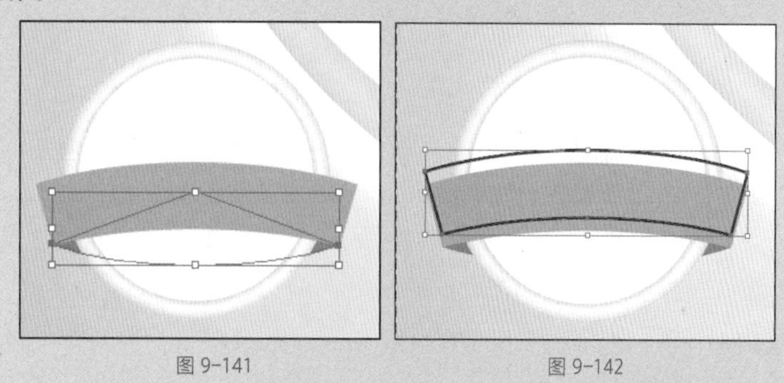

图 9-141　　图 9-142

70 使用【直接选择工具】，选中并删除锚点，如图 9-143 所示。

71 使用【文本工具】，在曲线上添加文字信息，如图 9-144 所示。

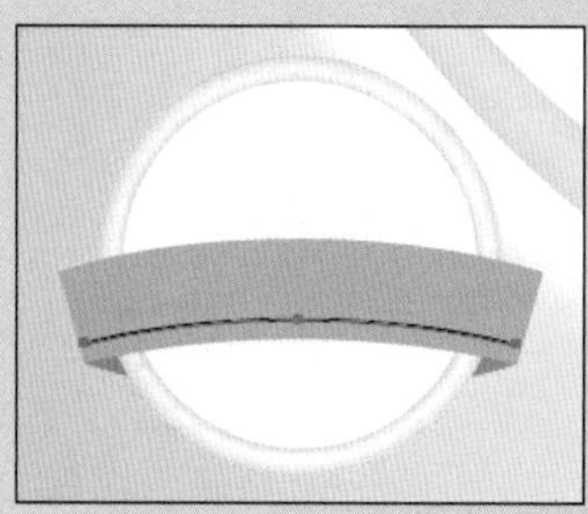

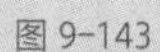

图 9-143　　图 9-144

72 继续添加文字信息，如图 9-145 所示。

73 选中图形并按 Ctrl+G 组合键将图形编组，如图 9-146 所示。

74 继续选中图形并进行编组，如图 9-147 所示。

75 复制图形，双击【镜像工具】调整图形，如图 9-148 所示。

图 9-145

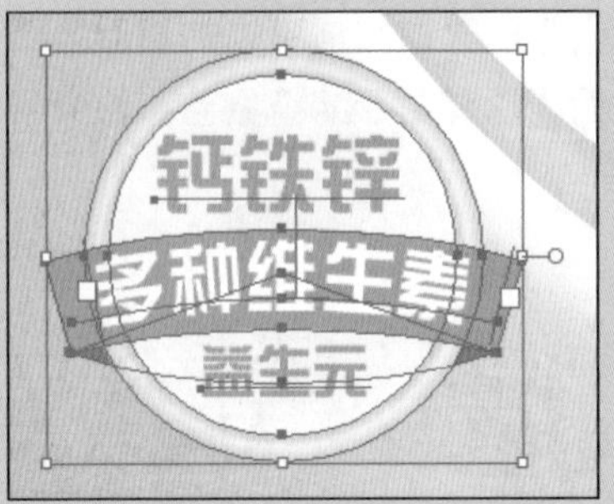

图 9-146

图 9-147

图 9-148

76 继续镜像图形，如图 9-149 所示。

77 按 Shift 键加选最上方的渐变矩形，继续单击渐变矩形，如图 9-150 所示。

图 9-149

图 9-150

78 单击属性栏中的【水平居中对齐】按钮和【垂直居中对齐】按钮，调整图形的中心对齐，如图 9-151 所示。

79 选择矩形工具，按 Shift 键绘制正方形，如图 9-152 所示。

80 使用【钢笔工具】删除锚点，如图 9-153 所示。

81 使用【文本工具】添加文字信息，如图 9-154 所示。

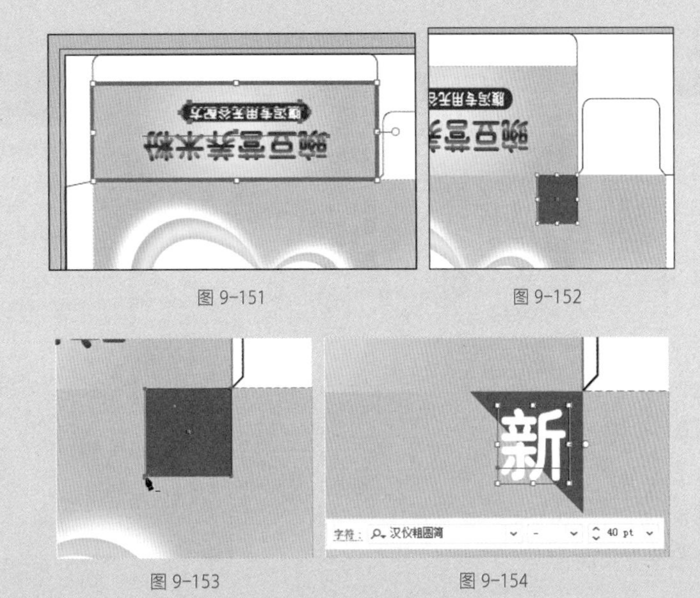

图 9-151　　图 9-152

图 9-153　　图 9-154

82 选中红色三角形，执行【编辑】|【复制】和【编辑】|【就地粘贴】命令，复制图形。使用【镜像工具】，按 Shift 键镜像图形，如图 9-155 所示。

83 为三角形添加渐变填充效果，如图 9-156 所示。

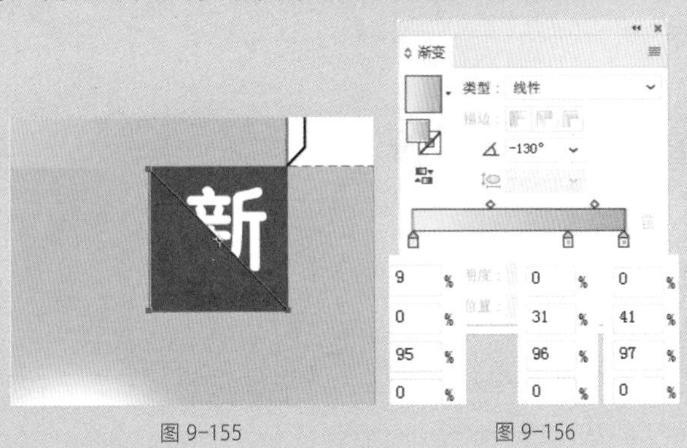

图 9-155　　图 9-156

84 使用【椭圆工具】，绘制黑色椭圆，如图 9-157 所示。

85 执行【效果】|【模糊】|【高斯模糊】命令，在弹出的【高斯模糊】对话框中进行设置，单击【确定】按钮，如图 9-158 所示。

图 9-157　　图 9-158

86 复制并调整图像的角度，如图 9-159 所示。

87 选中模糊图形，按 Ctrl+[组合键调整图层顺序，如图 9-160 所示。

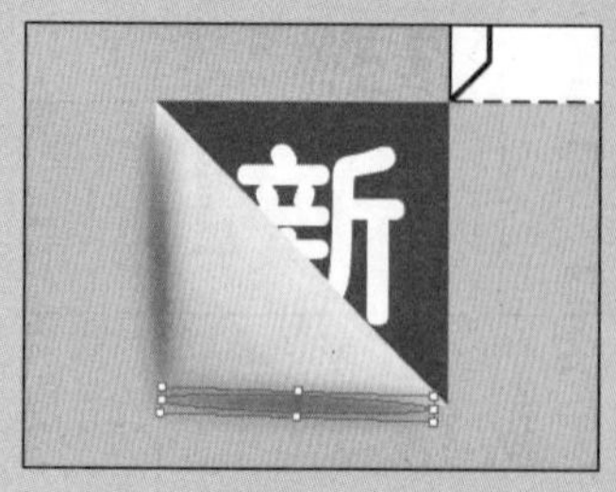

图 9-159

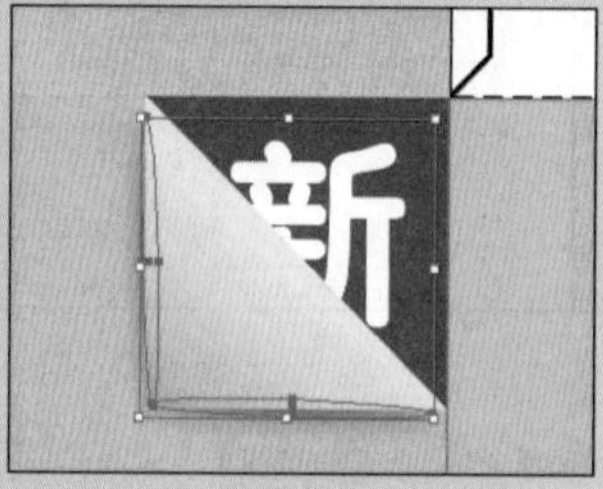

图 9-160

88 选中最上方的渐变填充矩形，为宽度添加 6mm，作为出血，如图 9-161 所示。

89 选中右侧的渐变填充矩形，为高度添加 6mm，作为出血，如图 9-162 所示。

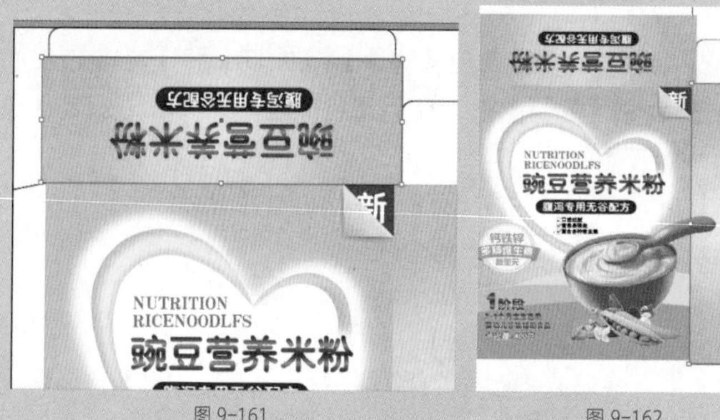

图 9-161　　图 9-162

90 选中渐变矩形左侧的锚点并水平向右往下移动锚点的位置，如图 9-163 所示。

91 选中剪切蒙版中矩形左侧的锚点并水平向右往下移动锚点的位置，如图 9-164 所示。

图 9-163

图 9-164

92 使用【矩形工具】□绘制矩形，如图 9-165 所示。

93 使用【矩形工具】□继续绘制矩形，将渐变矩形拉长 3mm，如图 9-166 所示。

图 9-165

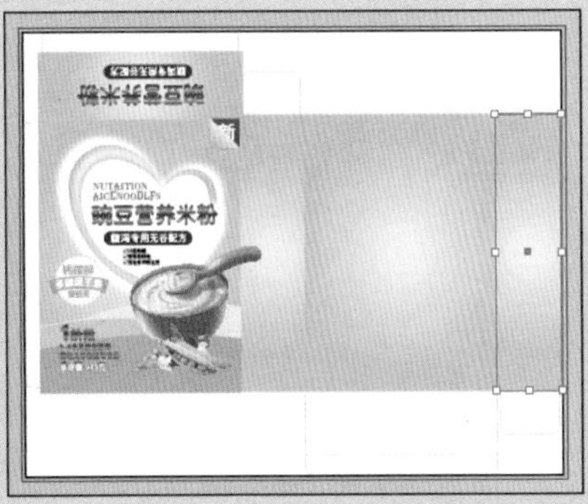

图 9-166

94 复制并移动图形，按 Ctrl+G 组合键将图形编组，移动图形的位置，如图 9-167、图 9-168 所示。

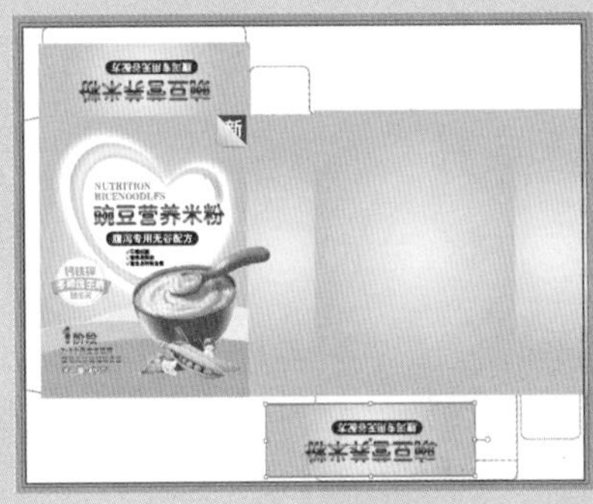

图 9-167

图 9-168

95 调整图形的水平居中对齐，如图 9-169 所示。

96 将“产品信息 .psd”素材文件拖至当前的 Illustrator 文档中，取消文件链接，调整图像位置，完成制作，如图 9-170 所示。

图 9-169

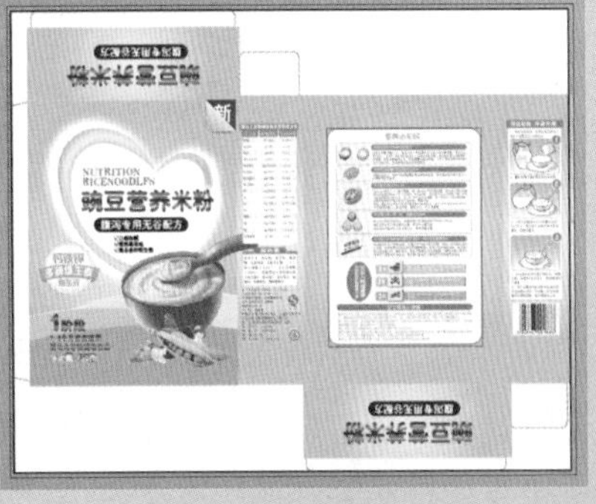

图 9-170

至此，完成商品包装的制作。

9.3 强化训练

项目名称 蛋糕包装设计

项目需求

某食品公司近期推出一款西式蛋糕，为了方便产品的运输和销售，委托制作外包装盒。

项目分析

包装以绿色和黄色为主，绿色代表无添加、无色素，倡导纯天然绿色食品的理念；黄色能引起食欲。英文字母和标志的添加，体现了食品的地域文化特色。整体包装外观简约大气，能够吸引眼球，增加蛋糕的销售量。

项目效果

项目效果如图 9-171 所示。

图 9-171

操作提示

01 使用矩形工具和钢笔工具绘制出刀版。

02 使用钢笔工具添加图案。

03 使用文字工具输入文字信息，设置字体、字号。

参考文献

[1] 姜洪侠，张楠楠 . Photoshop CC 图形图像处理标准教程 [M] . 北京：人民邮电出版社，2016.

[2] 周建国 .Photoshop CS6 图形图像处理标准教程 [M] . 北京：人民邮电出版社，2016.

[3] 孔翠，杨东宇，朱兆曦 . 平面设计制作标准教程 Photoshop CC+Illustrator CC [M] . 北京：人民邮电出版社，2016.

[4] 沿铭洋，聂清彬 .Illustrator CC 平面设计标准教程 [M] . 北京：人民邮电出版社，2016.

[5] [美] Adobe 公司 . Adobe InDesign CC 经典教程 [M] . 北京：人民邮电出版社，2014.